HERENCIA

CÓMO LOS GENES CAMBIAN NUESTRA VIDA,
Y LA VIDA CAMBIA NUESTROS GENES

SHARON MOALEM
con Matthew D. Laplante

HERENCIA

CÓMO LOS **GENES** CAMBIAN NUESTRA VIDA,
Y LA VIDA CAMBIA NUESTROS **GENES**

OCEANO

Los consejos e información contenidos en este libro no pretenden sustituir los consejos médicos o el tratamiento prescrito por el médico personal de cualquier lector; siempre debe consultarse al médico acerca de cualquier programa, tratamiento o terapia. El editor no es responsable de ningún resultado adverso o condición que pueda ocurrir al seguir el consejo o la información presentados o sugeridos en este libro.

Diseño de portada: Will Staehle / © 2014, Hachette Book Group, Inc.
Fotografías de portada: Shutterstock, Alexandra Lande / Spline_x
Fotografía del autor: Neil Ta

HERENCIA
Cómo los genes cambian nuestra vida, y la vida cambia nuestros genes

Título original: INHERITANCE. How Our Genes Change Our Lives-and Our Lives Change Our Genes

Tradujo: Enrique Mercado

© 2014, Sharon Moalem

Publicado según acuerdo con Grand Central Publishing, New York, New York, USA.
Todos los derechos reservados.

D. R. © 2015, Editorial Océano de México, S.A. de C.V.
Blvd. Manuel Ávila Camacho 76, piso 10
Col. Lomas de Chapultepec
Miguel Hidalgo, C.P. 11000, México, D.F.
Tel. (55) 9178 5100 • info@oceano.com.mx

Primera edición: 2015

ISBN: 978-607-735-650-9
Depósito legal: B-20997-2015

Todos los derechos reservados. Quedan rigurosamente prohibidas, sin la autorización escrita del editor, bajo las sanciones establecidas en las leyes, la reproducción parcial o total de esta obra por cualquier medio o procedimiento, comprendidos la reprografía y el tratamiento informático, y la distribución de ejemplares de ella mediante alquiler o préstamo público. ¿Necesitas reproducir una parte de esta obra? Solicita el permiso en info@cempro.org.mx

Hecho en México / Impreso en España
Made in Mexico / Printed in Spain

9004089010915

A Shira

ÍNDICE

Introducción Todo está a punto de cambiar **13**

1. Cómo piensa un genetista **17**

2. Cuando los genes se portan mal **37**

3. Cambiar nuestros genes **55**

4. Lo usas o lo pierdes **67**

5. Alimenta tus genes **89**

6. Dosificación genética **113**

7. ¿De qué lado estás? **127**

8. Todos somos hombres X **141**

9. Hackea tu genoma **155**

10. Niños por catálogo **173**

11. Ahora todo junto **193**

Epílogo Una última cosa **215**

Notas **217**

Agradecimientos **229**

Índice analítico **231**

Introducción

Todo está a punto de cambiar

¿Te acuerdas de cuando ibas en primero de secundaria?

¿Puedes recordar las caras de tus compañeros? ¿Consigues evocar los nombres de los maestros, la secretaria y el director? ¿Escuchas el timbre de la campana? ¿Y el aroma de la cafetería cuando preparaban hamburguesas? ¿Los desengaños de tu primer amor? ¿El horror de encontrarte en el baño al mismo tiempo que el acosador de la escuela?

Posiblemente lo tienes todo clarísimo. O tal vez, con el paso del tiempo, tus años de secundaria se han ido uniendo a las filas de tantos otros recuerdos borrosos.

Sea como sea, los llevas contigo.

Hace tiempo sabemos que llevamos todas nuestras experiencias a hombros, dentro de la mochila de nuestra psique. Incluso las cosas que no puedes recordar en forma consciente están por ahí, dando vueltas en tu inconsciente, listas para salir de pronto, para bien o para mal.

Pero hay mucho más, porque tu cuerpo se encuentra en un estado continuo de transformación y regeneración, y por más triviales que parezcan tus experiencias sobre los acosadores y los primeros amores y las hamburguesas, todas han dejado en ti una marca indeleble.

Y lo que es más importante, también la han dejado en tu genoma.

Claro que no es así como nos han enseñado a pensar, a la mayor parte de nosotros, sobre la ecuación de tres mil millones de letras que constituye nuestra *herencia* genética. Desde mediados del siglo XIX, cuando la investigación de Gregor Mendel[*] sobre los caracteres hereditarios —con ayuda de plantas de chícharo— se usó para sentar las bases de la genética,

---

[*] Gregor Mendel presentó su trabajo ante la Sociedad de Historia Natural de Brno el 8 de febrero y el 8 de marzo de 1865. Publicó sus resultados un año después en las *Actas de la Sociedad de Historia Natural de Brno*. El artículo se tradujo al inglés hasta 1901.

nos han enseñado que lo que somos no es más que el resultado predecible de los genes que recibimos de generaciones anteriores. Un poquito de mamá. Un poquito de papá. Lo mezclas bien, y tú eres el resultado.

A los alumnos de secundaria les siguen transmitiendo esta idea anquilosada de la herencia genética cuando les piden que dibujen árboles genealógicos para tratar de entender de dónde salió su color de ojos, su pelo rizado, sus dedos peludos o la habilidad de sus compañeros para hacer rollo la lengua. Y la lección, que parece emanar de Mendel mismo, como si de las tablas de la Ley se tratara, es que no podemos decidir qué recibimos o qué transmitimos, porque nuestro legado genético estaba completamente determinado desde el momento en el que nuestros padres nos concibieron.

Pero eso no es cierto.

Porque ahora mismo, ya sea que estés sentado en tu escritorio tomándote un café, acostado en un sillón en tu casa, andando en la bici fija en el gimnasio u orbitando el planeta a bordo de la Estación Espacial Internacional, tu ADN cambia constantemente. Como si se tratara de miles y miles de diminutos interruptores, unos se prenden y otros se apagan en respuesta a lo que estás haciendo, lo que estás viendo y lo que estás sintiendo.

Este proceso es arbitrado y orquestado por la forma en que vives, el lugar en el que lo haces, las presiones que enfrentas y las cosas que consumes.

Y todas esas cosas pueden ser modificadas. Lo cual quiere decir, en términos muy inequívocos, que puedes cambiar. Genéticamente.*

Esto no significa que nuestras vidas no estén moldeadas por nuestros genes; sin duda lo están. De hecho, estamos aprendiendo que nuestra herencia genética —hasta el último nucleótido, las "letras" que constituyen nuestro genoma— es indispensable e influye sobre nosotros de maneras que ni el escritor de ciencia ficción más original podría haber imaginado hace apenas unos pocos años.

Día a día adquirimos las herramientas y el conocimiento necesarios para emprender un nuevo viaje genético: para apoderarnos de un viejo mapa, extenderlo sobre la mesa de nuestras vidas y dibujar un nuevo curso para nosotros, para nuestros hijos y para el resto de nuestro linaje. Descubrimiento a descubrimiento, estamos logrando entender mejor la relación

---

* Esto puede incluirlo todo, desde las mutaciones adquiridas hasta las pequeñas modificaciones epigenéticas que pueden cambiar la expresión y la represión de tus genes.

entre lo que nuestros genes nos hacen y lo que le hacemos a nuestro[s ge]nes. Y esta idea —esta *herencia flexible*— lo está cambiando todo.

La comida y el ejercicio. La psicología y las relaciones personales. Los medicamentos. Las demandas legales. La educación. Nuestras leyes. Nuestros derechos. Viejos dogmas y creencias muy enraizadas.

Todo.

Incluso la muerte misma. Hasta muy recientemente todos suponíamos que las experiencias que vivimos terminan cuando morimos, pero eso también es falso. Somos la culminación de nuestras experiencias vitales, así como de las de nuestros padres y nuestros ancestros. Los genes tienen buena memoria.

La guerra, la paz, las comilonas, las hambrunas, la diáspora, la enfermedad... si nuestros ancestros las experimentaron, nosotros las heredamos. Y una vez que lo hicimos es muy probable que se las transmitamos, de un modo u otro, a la siguiente generación.

Puede significar cáncer. Puede significar enfermedad de Alzheimer. Puede significar obesidad. Pero también puede significar longevidad. Puede significar tolerancia al estrés. E incluso puede significar la felicidad misma.

Para mejor o para peor estamos aprendiendo que es posible aceptar o rechazar nuestra herencia.

Ésta es una guía para ese viaje.

En este libro voy a hablar de las herramientas que uso, como médico y como científico, para aplicar los últimos avances en el campo de la genética humana a mi práctica cotidiana. Te voy a presentar a algunos de mis pacientes. Voy a excavar en el paisaje de las investigaciones clínicas para encontrar ejemplos que resulten relevantes para nuestras vidas, y te contaré sobre algunas de las investigaciones en las que participo. Te hablaré sobre historia. Sobre arte. Sobre superhéroes, estrellas del deporte y trabajadores sexuales. Y estableceré conexiones que cambiarán cómo ves el mundo e incluso la forma en que te entiendes a ti mismo.

Te animo a caminar por la cuerda floja que separa la frontera entre lo conocido y lo desconocido. Se mueve un poco cuando estás arriba, es cierto, pero la vista es inolvidable.

Es verdad que veo el mundo de forma poco convencional. Pero al emplear las enfermedades genéticas como modelo para entender nuestra biología he realizado descubrimientos revolucionarios en campos que parecen no tener relación entre sí. Este enfoque me ha funcionado bien: me ha permitido descubrir un nuevo antibiótico llamado siderocilina, que ataca específicamente las infecciones por superbacterias, y obtener veinte patentes mundiales por innovaciones biotecnológicas que tienen el objetivo de mejorar nuestra salud.

También he tenido la suerte de colaborar con algunos de los mejores doctores e investigadores del mundo, y he estado al tanto de los casos genéticos más raros y complejos que conocemos. A lo largo de los años mi carrera me ha puesto en contacto con las vidas de cientos de personas que me han confiado lo más importante que tienen: sus hijos.

En resumen, me tomo esto muy en serio.

Lo cual no quiere decir que vaya a ser una experiencia sombría. Sí, vamos a hablar de cosas desgarradoras. Ciertas ideas pueden entrar en conflicto con algunas de tus nociones básicas. Otras pueden ser directamente atemorizantes.

Pero si te abres a este asombroso mundo nuevo tal vez decidas cambiar de dirección. Reflexionar sobre la forma en que vives. Reconsiderar cómo llegaste a este punto de tu vida, genéticamente hablando.

Te aseguro que cuando termines de leer tu genoma y la vida que te ha ayudado a construir no volverán a verse o sentirse igual.

Así que si estás listo para ver la genética bajo una nueva luz me gustaría ser tu guía durante este viaje por distintos puntos de nuestro pasado común, a través de una confusa maraña de momentos en nuestro presente y hacia un futuro lleno de promesas, pero también de obstáculos.

Para hacerlo te voy a invitar a mi mundo, y te mostraré cómo entiendo la herencia genética. Para empezar te contaré cómo pienso, porque una vez que entiendes cómo piensan los genetistas estarás mejor preparado para el mundo hacia el que estamos a punto de catapultarnos.

Te diré que es un lugar extremadamente emocionante. Abriste este libro en el umbral de una época de increíbles descubrimientos. ¿De dónde venimos? ¿Adónde vamos? ¿Qué cosas recibimos? ¿Qué cosas vamos a transmitir? Todas éstas son preguntas abiertas.

Éste es nuestro futuro inmediato e inexorable.

Ésta es nuestra *Herencia*.

Capítulo 1

Cómo piensa un genetista

Durante un tiempo tuve la impresión de que todos los restaurantes de Nueva York estaban decididos a internar a sus clientes en un saludable laberinto de comida vegetariana, libre de gluten y con triple certificación orgánica. Los menús venían con asteriscos y notas al pie. Los meseros se volvieron expertos en denominaciones de origen, maridajes y certificaciones de comercio justo, así como en un popurrí de grasas de diversas clases, entre ellas esas confusas grasas omega que son buenas para unas cosas pero malas para otras.

Pero Jeff[1] no se inmutó. Joven, chef, bien entrenado y perfectamente atento a los cambiantes paladares de los comensales de su ciudad, no es que estuviera contra comer sano; sencillamente no le parecía que los menús saludables tuvieran que ser su prioridad. De modo que mientras todos los demás experimentaban con trigo zorollo y semillas de chía, Jeff seguía cocinando enormes y deliciosos trozos de carne suculenta acompañada de papas, queso y toda clase de manjares celestiales, de esos que tapan las arterias.

Seguro tu mamá te decía que hay que predicar con el ejemplo. La mamá de Jeff siempre le decía que se comiera lo que cocinaba. Así que eso hacía. Y vaya que lo hacía.

Pero cuando sus exámenes de sangre empezaron a revelar niveles elevados de una lipoproteína de baja densidad llamada colesterol, asociada con un aumento en el riesgo de sufrir enfermedades cardiacas y con frecuencia conocida simplemente como LDL, decidió que ya era hora de hacer algunos cambios. Cuando el doctor de Jeff descubrió que el joven chef también tenía una historia familiar de enfermedades cardiovasculares insistió en que esos cambios se hicieran de inmediato. El doctor afirmó que si Jeff no empezaba a incluir una buena cantidad de frutas y verduras en su alimentación diaria la única forma de reducir su riesgo de sufrir un ataque cardiaco futuro sería recetándole medicamentos.

Para el doctor no fue un diagnóstico difícil de hacer; le habían enseñado que debía darle el mismo consejo a todos los pacientes que tuvieran los antecedentes familiares de Jeff y sus niveles de LDL.

Al principio Jeff mostró resistencia. No por nada en la industria de los restaurantes lo apodaban "El Bistec", dados sus prodigiosos hábitos de cocina y de alimentación; pensaba que comer más frutas y verduras le haría daño a su reputación. Eventualmente, y animado por una novia joven y hermosa que quería que envejecieran juntos, terminó por ceder. Con ayuda de su propia capacitación culinaria y su habilidad para las reducciones decidió comenzar este nuevo capítulo de su vida añadiendo las frutas y las verduras a su repertorio cotidiano, lo cual requería que disfrazara algunas que no le gustaba comer solas. Como los padres que en medio de un ataque de salud esconden calabacitas en los panqués del desayuno de sus hijos, Jeff empezó a usar muchas más frutas y verduras en los glaseados y las reducciones que acompañaban sus filetes porterhouse. Pronto hizo más que sólo seguir la teoría del equilibrio dietético que pregonaba su doctor: era un ejemplo vivo de ella. Porciones más pequeñas de carne. Raciones mucho más abundantes de frutas y verduras. Desayunos y comidas sensatos.

Después de tres largos años de "comer bien", y con niveles de colesterol cada vez más bajos, Jeff pensó que había triunfado sobre sus problemas médicos. Estaba orgulloso de sí mismo por haber retomado las riendas de su salud mediante la dieta; una hazaña para casi cualquiera.

Jeff pensaba que apegarse estrictamente a su nueva dieta lo haría sentirse muy bien, pero la verdad es que se sentía peor. En vez de tener más energía comenzó a sentirse hinchado, con náuseas y cansado. Cuando comenzaron a investigar sus síntomas descubrieron algunas anormalidades en sus pruebas de función hepática. Luego vino un ultrasonido del abdomen, luego vino una resonancia magnética y, eventualmente, una biopsia de hígado, que reveló que tenía cáncer.

Fue una sorpresa para todos —en especial para su doctor—, porque Jeff no estaba infectado con hepatitis B o C (que puede provocar cáncer de hígado). No era alcohólico. No había estado expuesto a sustancias tóxicas. No había hecho nada que estuviera asociado con el cáncer de hígado en una persona tan joven y relativamente sana. Todo lo que hizo fue cambiar su dieta, justo como lo ordenó el doctor. Jeff no podía creer lo que estaba pasando.

Para la mayor parte de la gente, la fructosa es lo que le da a la fruta su agradable dulzura. Pero si tú, como Jeff, sufres de una rara enfermedad genética llamada *intolerancia hereditaria a la fructosa*, o HFI por sus siglas en inglés, no puedes metabolizar por completo la fructosa que obtienes de tu dieta.* Esto provoca una acumulación de metabolitos tóxicos en el cuerpo —especialmente en el hígado— porque no puedes producir cantidades suficientes de una enzima llamada fructosa difosfato aldolasa B, lo cual quiere decir que para algunas personas, como Jeff, una manzana al día no es saludable, sino letal.

Por suerte identificaron pronto el cáncer de Jeff, y fue tratable. Gracias a un nuevo cambio en la dieta —esta vez a la correcta, una libre de fructosa— seguirá seduciendo los paladares de Ciudad Gótica por mucho tiempo.

Pero no todos los que padecen HFI corren con tanta suerte. Muchas personas con esta enfermedad se pasan la vida sufriendo la misma sensación de náusea e hinchazón que Jeff experimentaba cada vez que comía muchas frutas y verduras, pero nunca descubren por qué. Por lo general, nadie, ni siquiera sus doctores, los toman en serio.

No hasta que es demasiado tarde.

Muchas personas con HFI desarrollan, en algún momento de su vida, un fuerte desagrado natural contra la fructosa, una protección natural que los lleva a evitar alimentos que contienen azúcar, aunque no sepan exactamente por qué. Como le expliqué a Jeff cuando nos conocimos, poco después de que descubriera por fin su enfermedad genética, cuando las personas con HFI no escuchan lo que su cuerpo trata de decirles —o peor aún, cuando les dan instrucciones médicas en sentido contrario— puede

---

* La fructosa no es el único problema: también lo son la sucrosa y el sorbitol (que se convierten en fructosa dentro del cuerpo). El sorbitol suele encontrarse en productos como la goma de mascar "sin azúcar".

llegar a sufrir convulsiones, coma y una muerte precoz debida a fallas orgánicas o a cáncer.

Por suerte, las cosas están cambiando, y muy rápido.

Hasta hace poco nadie —ni la persona más rica del mundo— podía echarle un vistazo a su genoma; simplemente no existía la ciencia necesaria. Hoy, en cambio, el costo de secuenciar el exoma o el genoma completo, una invaluable instantánea genética de los millones de nucleótidos o "letras" que constituyen nuestro ADN, es menor al de una televisión *wide-screen* de alta resolución.[2] Y el precio se reduce más cada día. Estamos ante una verdadera inundación de información genética nunca antes vista.

¿Qué se esconde en esas letras? Bueno, para empezar, información que Jeff y su doctor podrían haber usado para tomar mejores decisiones sobre cómo tratar su HFI y su colesterol alto, información que todos podemos emplear para tomar decisiones personalizadas sobre qué debemos comer y qué evitar. Armados con ese conocimiento —un regalo que te dejaron todos los parientes que vivieron antes que tú, con dedicatoria— serás capaz de tomar decisiones acertadas sobre lo que comes y, como veremos más adelante, sobre cómo decides vivir tu vida

No estoy sugiriendo que el doctor de Jeff se haya equivocado, al menos no desde la perspectiva médica tradicional; desde los tiempos de Hipócrates los médicos han basado sus diagnósticos en lo que observaron en sus pacientes anteriores. Pero en años recientes hemos ampliado las herramientas del maletín para incluir sofisticados estudios que les ayudan a los doctores a entender qué remedios funcionan mejor para la gran mayoría de la gente, medidos según minuciosos percentiles estadísticos.

Y, de hecho, estos remedios funcionan. Para la mayor parte de la gente. Casi todo el tiempo.*

Pero Jeff no era como la mayor parte de la gente, ni siquiera parte del tiempo. Y tú tampoco. Nadie lo es.

El primer genoma humano se secuenció hace más de una década. Hoy existen muchas personas en el mundo que conocen parte de su genoma, y ha quedado claro que nadie —y quiero decir nadie en absoluto— es "promedio". De hecho, en un proyecto de investigación en el que participé recientemente la gente que se catalogó como "sana" con el objetivo de crear

---

* En el capítulo 6 trataremos este concepto en mayor profundidad.

un punto de referencia genético siempre tenía alguna clase de variación* en sus secuencias genéticas que no coincidía con las que habíamos previsto. Con frecuencia estas variaciones pueden ser "médicamente tratables", es decir, que sabemos en qué consisten y qué puede hacerse al respecto.

Claro que no todas las variaciones genéticas individuales suelen tener en sus portadores efectos tan profundos como las de Jeff. Pero eso no quiere decir que debamos ignorar esas diferencias, sobre todo ahora que tenemos herramientas para encontrarlas, evaluarlas y, con cada vez mayor frecuencia, intervenir en formas muy personalizadas.

Pero no todos los doctores tienen las herramientas y los conocimientos necesarios para dar esos pasos en beneficio de sus pacientes. Aunque no es su culpa, muchos médicos y, por lo tanto, sus pacientes, se están quedando rezagados en los descubrimientos científicos que están modificando la forma en que concebimos y tratamos las enfermedades.

Para complicarle la vida a los doctores resulta que ya no es suficiente que entiendan sobre genética; hoy también se enfrentan al reto de saber sobre epigénetica: el estudio de la forma en las que los rasgos genéticos pueden cambiar y, a su vez, provocar modificaciones en una sola generación, y también ser transmitidos a la siguiente.

Un ejemplo de esto es lo que se llama impronta (*imprinting*), un proceso mediante el cual resulta más importante saber de cuál de tus progenitores heredaste un gen particular, si fue de tu padre o de tu madre, que el gen mismo. Los síndromes de Prader-Willi y de Angelman son ejemplos de este tipo de herencia. De entrada parecen ser dos enfermedades totalmente diferentes y, de hecho, lo son. Sin embargo, si hurgas un poco en los genes descubrirás que según cuál sea el progenitor del que heredaste ciertos genes con impronta puedes terminar sufriendo una enfermedad o la otra.

Las simples leyes binarias de la herencia escritas por Gregor Mendel a mediados del siglo XIX se han considerado dogma durante tanto tiempo que muchos médicos sienten que no están listos para enfrentarse al ritmo frenético de la genética del siglo XXI, que pasa zumbando junto a ellos como un tren bala junto a un carro de caballos.

---

* Como médicamente no estamos seguros de las repercusiones clínicas de algunos de estos cambios, los llamamos *variantes de significado desconocido*.

HERENCIA

Pero la medicina ya se pondrá al día, como siempre. ¿No te gustaría que, hasta que ello ocurra (y, la verdad, también después de que lo haga), estuvieras armado con toda la información que sea posible?

Pues muy bien. Por eso voy a hacer por ti lo que hice por Jeff cuando lo conocí. Te voy a revisar.

Siempre he pensado que la mejor forma de aprender a hacer algo es haciéndolo, así que vamos a remangarnos esa camisa y comencemos.

No, de verdad quiero que te remangues la camisa. No te preocupes, no te voy a pinchar con una aguja ni a sacarte sangre; eso no me interesa. Muchos de mis pacientes creen que es el primer lugar en el que voy a buscar, pero se equivocan. Sólo quiero echarle un buen vistazo a tu brazo. Quiero sentir la textura de tu piel y ver cómo doblas el codo. Y me gustaría deslizar los dedos por tu muñeca y observar cuidadosamente las líneas de las palmas de tus manos.

No hizo falta nada más —muestras de sangre, o de saliva, o de pelo— para que comenzara tu primer examen genético, y ya sé muchas cosas sobre ti.

La gente suele pensar que cuando los médicos están interesados en saber sobre sus genes lo primero que estudian es su ADN. Es verdad que algunos citogenetistas, las personas que estudian la forma en que está físicamente organizado el genoma, usan microscopios para observar el ADN de los pacientes, pero, en general, sólo se hace para asegurarse de que todos los cromosomas del genoma están presentes en el número y el orden correctos.

Los cromosomas son muy pequeños —miden unas cuantas millonésimas de metro de largo— pero podemos verlos en las condiciones correctas. Hasta es posible determinar si alguna pequeña parte de tus cromosomas está ausente, duplicada o incluso invertida. Pero ¿y los genes individuales, esas diminutas secuencias de ADN superespecíficas que contribuyen a hacer de ti quien eres? Eso es más difícil. Incluso bajo una gran cantidad de aumentos el ADN parece una hebra de hilo retorcido, un poco como el lazo de un regalo de cumpleaños.

Existen formas de desatar ese lazo y echarle un vistazo a todas las cositas que hay dentro de la caja. Generalmente se requiere calentar las hebras de ADN para hacer que se separen, emplear una enzima para provocar que se dupliquen y se corten en ciertos lugares y añadir sustancias químicas para volverlas visibles. Lo que se obtiene es una imagen de ti que puede ser más reveladora que cualquier fotografía, radiografía o tomografía. Y esto resulta importante porque los procesos que nos permiten acercarnos tanto a tu ADN tienen una importancia vital en medicina.

Pero ahora mismo todo esto no me interesa, porque si sabes qué buscar —un pliegue horizontal en el lóbulo de la oreja o una curva particular en la ceja— puedes establecer una conexión entre ciertas características físicas y ciertas enfermedades genéticas o congénitas para hacer un rápido diagnóstico médico.

Y es por eso que te estoy observando ahora mismo.

Si quieres verte como lo hago yo, consigue un espejo o dirígete al baño y observa ese hermoso rostro que tienes. Todos conocemos muy bien nuestras propias caras, o eso creemos, así que comencemos por allí.

¿Tu rostro es simétrico? ¿Tus ojos son del mismo color? ¿Son profundos? ¿Tienes labios gruesos o delgados? ¿Tienes frente ancha? ¿Tienes pómulos delgados? ¿La nariz prominente? ¿Tu barbilla es muy pequeña?

Ahora observa con cuidado el espacio entre tus ojos. ¿Entra un tercer ojo imaginario entre los reales? Si es así, tal vez seas poseedor de un rasgo anatómico llamado *hipertelorismo orbital*.

Pero calma. A veces, en el proceso de identificar una enfermedad o características físicas particulares —y sin duda cuando bautizamos algo como un "ismo"— los médicos alarmamos innecesariamente a los pacientes. No hay por qué preocuparse si tus ojos son un poquito hipertelóricos; de hecho, si tienes los ojos más separados que el promedio estás en buena compañía: Jackie Kennedy Onassis y Michelle Pfeiffer están entre las celebridades cuyos ojos hipertelóricos las distinguen de los demás.

Cuando observamos rostros, los ojos que están un poquito más separados que los del resto son una de las cosas que, subconscientemente, consideramos atractivas. Los psicólogos sociales han demostrado que tanto los hombres como las mujeres tienden a considerar más agradables los rostros de las personas con ojos más espaciados.[3] De hecho, las agencias de modelos buscan este rasgo entre sus nuevos talentos, y lo han hecho durante décadas.[4]

¿Por qué relacionamos la belleza con el hipertelorismo ligero?

23

Herencia

Podemos encontrar una buena explicación en la historia de un francés del siglo XIX llamado Louis Vuitton Malletier.

Seguramente conoces a Louis Vuitton como el fabricante de algunas de las bolsas más caras y hermosas del mundo, así como el fundador de un imperio de la moda que hoy se ha convertido en una de las marcas de lujo más valiosas. Cuando el joven Louis llegó, por primera vez, a París, en 1837, sus ambiciones eran más modestas. A los 16 años encontró trabajo empacando maletas para los ricos viajeros parisinos, mientras servía como aprendiz para un vendedor local que tenía fama de fabricar baúles de viaje muy sólidos, de esos que, llenos de etiquetas, tal vez hayas visto en casa de tus abuelos.[5]

Si te parece que los despachadores de equipaje son un poco rudos con tus maletas, piensa que lo tratan con guantes en comparación con lo que sucedía en el pasado. En los días de los viajes en barco, cuando no era posible comprar maletas baratas en cualquier tienda departamental, el equipaje tenía que soportar unas buenas palizas. Antes de Louis, los baúles no solían ser impermeables, de modo que había que ponerles tapas redondeadas para que el agua corriera por los lados; esto a su vez ocasionaba que fuera difícil apilarlos y los hacía menos duraderos. Una de las ingeniosas novedades de Louis fue usar tela encerada en lugar de cuero. Esto no sólo hizo que los baúles fueran impermeables sino que permitió usar tapas planas, y mantuvo secos la ropa y los objetos del interior, una hazaña nada menor dadas las condiciones del transporte de la época.

Pero Louis tenía un problema: ¿cómo asegurarse de que la gente que no conocía bien los problemas y los costos asociados con el diseño de su baúl supiera que el equipaje que estaba comprando era de buena calidad? Claro que ése no era un gran problema en París, donde el boca a boca era la única estrategia de marketing que necesitaba un fabricante de equipaje, pero hacer crecer el negocio fuera de *La Ville Lumière* era un trabajo decididamente más difícil.

Para complicar las cosas se presentó un dilema que nunca dejó de perseguir a Louis y a sus descendientes: las imitaciones. Cuando sus rivales en la fabricación de equipajes comenzaron a copiar sus diseños cuadrados, pero no su calidad, su hijo George diseñó el ilustre logotipo con la L y la V entrelazadas, una de las primeras marcas registradas en Francia. Pensó que con esto los compradores sabrían, de un vistazo, que estaban comprando los productos auténticos. El logotipo era sinónimo de calidad.

Pero en lo que respecta a la calidad biológica, la gente no nace con logotipos visibles, así que a lo largo de millones de años de evolución hemos desarrollado formas distintas, si bien primitivas, de evaluar a las otras personas, formas que nos permiten saber de un vistazo tres cosas importante: parentesco, salud e idoneidad parental.

Más allá de las similitudes faciales que indican relaciones consanguíneas —"se parece tanto a su papá"— por lo general no reflexionamos mucho sobre el origen de nuestros rostros. Sin embargo, la historia de la formación de nuestros rasgos faciales es fascinante; un complejo ballet embriológico en el que cualquier paso en falso se graba para siempre en nuestras caras y permanece a la vista de todos. Cerca de la cuarta semana de nuestras vidas embriológicas comienza a formarse la parte externa de nuestro rostro a partir de cinco abultamientos (imagina que son como trozos de barro que tomarán la forma de lo que algún día será nuestra cara) que eventualmente se combinan, moldean, fusionan y transforman en una superficie continua. Cuando estas áreas no se fusionan y se unen de manera uniforme queda un espacio vacío que se convierte en una hendidura.

Algunas hendiduras son más serias que otras; en ocasiones no pasan de una pequeña división que puede verse en la punta de la barbilla. (Los actores Ben Affleck, Cary Grant y Jessica Simpson están entre las personas que tienen una hendidura u "hoyuelo" en el mentón.) Esto también puede suceder en la nariz (piensa en Steven Spielberg y Gérard Depardieu). Sin embargo, en otras ocasiones una hendidura puede dejar en la piel un hueco de gran tamaño que expone músculos, tejidos y hueso y que sirve como punto de entrada a las infecciones.

Nuestras caras son tan multifacéticas que funcionan como nuestra marca biológica más importante. Igual que el logo de Louis Vuitton, el rostro dice montones de cosas sobre nuestros genes y sobre la manufactura genética durante nuestro desarrollo fetal. Por esta razón, nuestra especie aprendió a prestarle atención a estas pistas mucho antes de que supiéramos qué significaban, puesto que también representan la ruta más directa para evaluar y catalogar y relacionarnos con la gente que nos rodea. No se trata de una apreciación superficial; la razón por la que le damos tanta importancia al aspecto de nuestros rostros es que, nos guste o no, revelan la historia de nuestros genes y de nuestro desarrollo. Tu cara también dice mucho sobre tu cerebro.

La formación facial puede indicar si tu cerebro se desarrolló, o no, en condiciones normales. En el juego genético de juzgar a los demás por su aspecto, los milímetros son importantes. Esto puede ayudar a explicar por qué hemos desarrollado, a lo largo de muchas culturas y generaciones, una atracción especial hacia la gente cuyos ojos están ligeramente más separados que los del promedio. La distancia entre nuestros ojos es una característica que puede revelar más de 400 condiciones genéticas.

La *holoprosencefalia*, por ejemplo, es una enfermedad en la cual no se forman correctamente los dos hemisferios del cerebro. Además de tener más probabilidades de sufrir convulsiones y discapacidad intelectual, la gente con holoprosencefalia también tiende a tener *hipotelorismo orbital*: ojos muy juntos. El hipotelorismo también se ha asociado con la *anemia de Fanconi*, otra enfermedad genética bastante común en judíos ashkenazí o en negros sudafricanos.[6] Esta enfermedad con frecuencia provoca insuficiencias en la médula ósea y un incremento en el riesgo de cánceres malignos.

El hipertelorismo y el hipotelorismo son dos de las señales que podemos ver en la carretera del desarrollo que une nuestra herencia genética con nuestro medio ambiente físico, pero hay otros indicios que considerar. Veamos cuáles son.

Mírate nuevamente en el espejo. ¿Los ángulos externos de tus ojos están más abajo que los ángulos internos? ¿Están más arriba? La separación entre el párpado superior y el inferior se llama fisura palpebral; si los ángulos externos de tus ojos están más altos que los interiores lo llamamos fisura palpebral mongoloide; en muchas personas de origen asiático es un rasgo perfectamente normal y característico, pero en individuos de otras ascendencias las fisuras palpebrales mongoloides muy marcadas pueden ser una señal o indicio específico de una enfermedad genética como la trisomía 21 o síndrome de Down.

Cuando los ángulos exteriores de los ojos están más abajo que los interiores se dice que las fisuras palpebrales son antimongoloides; de nuevo, esto puede no significar nada especial, pero también podría ser un indicador de síndrome de Marfan, una enfermedad genética del tejido conectivo, como en el caso del difunto actor Vincent Schiavelli, que representó a Fredrickson en la película *One Flew Over the Cucoo's Nest* y a Mr. Vargas en *Fast Times at Ridgemont High*. Para los agentes de reparto Schiavelli era "el hombre de los ojos tristes". Pero para quienes saben leer las señales, esos ojos, sumados a los pies planos, una mandíbula inferior pequeña y varios rasgos físicos más, eran indicadores de una enfermedad genética que, si no se trata, puede resultar en enfermedades cardiacas y una reducción de la longevidad.

Otra enfermedad, menos debilitante, en la que se aplica el mismo principio clínico es la *heterochromia iridum*, un rasgo anatómico en el cual los dos iris de una persona son de distinto color. Suele ser resultado de una migración desigual de melanocitos, las células que producen melanina. Tal vez pienses de inmediato en David Bowie, pues se ha hablado mucho de la llamativa diferencia entre sus dos ojos. Pero si miras con cuidado notarás que los ojos de Bowie no son de distinto color, sino que una de sus pupilas está totalmente dilatada, a consecuencia de una pelea por una chica en la secundaria.

Mila Kunis, Kate Bosworth, Demi Moore y Dan Aykroyd están entre los pocos miembros genuinos del club de la heterocromía. Aunque conozcas a algunas de estas personas es posible que no te des cuenta, porque la heterocromía suele ser muy sutil. Probablemente conoces a alguien con heterocromía y nunca lo has notado. Por lo general, no pasamos mucho tiempo mirando fijamente a los ojos a nuestros amigos y conocidos; sin embargo, tal vez hayas conocido a alguien cuyos ojos se te quedaron grabados para siempre.

Además de los ojos de las personas más cercanas a nosotros, por lo general sólo recordamos los de otras si son de ese color azul brillante que recuerda a una aguamarina perfecta y brillante, una consecuencia muy vistosa de que las células encargadas de la pigmentación no hayan podido llegar al lugar correcto durante el desarrollo fetal.

Si esos ojos azules vinieran acompañados por un copete blanco, pensaría de inmediato en el síndrome de Waardenburg. Si tienes un mechón de pelo sin pigmento, ojos heterocromáticos, un puente nasal ancho y problemas de oído, hay bastantes posibilidades de que tengas esta enfermedad.

Existen diferentes tipos de síndrome de Waardenburg, pero el más común es el tipo 1. Esta variedad es ocasionada por cambios en un gen llamado *PAX3*, el cual desempeña un papel fundamental en la forma en la que las células migran una vez que abandonan la médula espinal fetal.

Estudiar cómo funcionan los genes en las personas con síndrome de Waardenburg puede proporcionarnos datos valiosos para entender otras condiciones mucho más comunes. Se cree que *PAX3* también tiene que ver con los melanomas, los tipos más mortales de cáncer de piel; es un ejemplo de la forma en que las enfermedades genéticas raras revelan los mecanismos internos de nuestros cuerpos.[7]

Ahora pasemos a las pestañas. Algunos las damos por hecho, pero hay toda una industria cuyo propósito es conseguir que estemos mejor dotados en este departamento. Si quieres tener pestañas más espesas puedes optar por ponerte extensiones o incluso probar un medicamento que promueve el crecimiento de las pestañas, de nombre comercial Latisse.

Pero antes de que hagas cualquiera de esas cosas me gustaría que le eches un buen vistazo a tus pestañas y compruebes si puedes contar más de una fila. Si encuentras que tienes unas cuantas pestañas de más, o una fila completa de pestañas extra, tienes una condición llamada *distiquiasis*. Si es así, estás en buena compañía: Elizabeth Taylor es un ejemplo de las personas que comparten contigo esta condición. Se cree que tener una fila extra de pestañas es parte de un síndrome llamado *linfedema distiquiasis*, LD para abreviar, que se asocia con mutaciones en un gen llamado *FOXC2*.

Linfedema se refiere a lo que pasa cuando los fluidos de tu cuerpo no se drenan de manera normal, como ocurre cuando pasas mucho tiempo sentado en un largo vuelo y ya no te entran los zapatos. En esta condición el problema es particularmente pronunciado en las piernas. Sin embargo, no todos los que tienen una fila extra de pestañas experimentan esta hinchazón, y no se sabe bien por qué. Tú, o alguna persona cercana a ti, puede tener una fila extra de pestañas, y nunca lo habías notado, hasta ahora.

Nunca se sabe qué vas a encontrar cuando empiezas a ver a la gente con atención. Y eso fue exactamente lo que me sucedió el año pasado, cuando estaba sentado con mi esposa en el comedor. Siempre pensé que el rímel era lo que hacía que sus pestañas superiores se vieran tan espesas, pero estaba equivocado: mi esposa tiene distiquiasis.

Aunque ella no sufre los otros síntomas asociados con la LD, no podía creer que me tomara cinco años de matrimonio darme cuenta; le da un giro totalmente nuevo a la idea de que uno le sigue encontrando nuevos atributos a su pareja incluso después de muchos años de conocerla. Nunca pensé que podía pasar por alto una fila extra de pestañas.

Esto prueba que nuestros rostros pueden ser paisajes genéticos vastos e inexplorados. Sólo hay que aprender a mirar.

Seguramente a esta altura ya has identificado en tu rostro al menos un rasgo que puede estar relacionado con una condición genética, pero lo más probable es que no la padezcas. Lo cierto es que de un modo u otro todos somos "anormales", por lo tanto no es frecuente que una sola característica física esté vinculada con una u otra condición. Cuando estas características se analizan una por una —el espacio y la inclinación de tus ojos, la forma de tu nariz, el número de filas de sus pestañas— y se combinan, se puede obtener una cantidad tremenda de información sobre las personas. Y esta gestalt es la que nos conduce a un diagnóstico genético, al que podemos llegar sin haber tenido que analizar detenidamente tu genoma. Es cierto que la confirmación de una sospecha clínica suele hacerse mediante una prueba genética directa, pero escudriñar el genoma completo de una persona sin un objetivo específico en mente es como cribar todos los granos de arena de una playa en busca de uno que es un poquito diferente a los demás. Una tarea computacional cara y abrumadora, sin duda.

Así que, en resumen, ayuda mucho saber qué estás buscando.

Hace poco estaba cenando en casa de unos amigos de mi esposa a quienes yo no conocía y no podía quitarle los ojos de encima a la anfitriona.

Los ojos de Susan estaban ligeramente separados (hipertelóricos), apenas lo suficiente para que resultara perceptible. El puente de su nariz estaba un poquito más aplanado que el del común de la gente. El bermellón de su labio (jerga médica para referirse a la forma de su labio superior) era característicamente ancho. También era más bien bajita.

Empecé a obsesionarme. Cada vez que su pelo bailaba sobre sus hombros buscaba una oportunidad para echarle una ojeada a su cuello. Fingí admirar un raro cartel francés de *Los cuatrocientos golpes*, la película de François Truffaut de 1959, que estaba pegado en la pared, y estiré el cuello tan discretamente como pude para echarle un vistazo.

Mi esposa no tardó mucho en darse cuenta de mi descaro, y me llevó a un pasillo desierto.

"¡Ay, por favor! ¿Otra vez estás viendo a la gente?", me preguntó. "Si no dejas de mirar a Susan la gente va a creer otra cosa."

"No puedo evitarlo. ¿Recuerdas lo que pasó el otro día con tus pestañas?", respondí. "A veces no puedo apagarlo. Pero, en serio, creo que Susan tiene síndrome de Noonan."

Mi esposa puso los ojos en blanco. Sabía muy bien lo que estaba por pasar: iba a pasar el resto de la noche rumiando sobre las distintas posibilidades diagnósticas que sugería la apariencia física de nuestra anfitriona y sería una pésima compañía.

La cosa es que una vez que aprendes a mirar es casi imposible detenerse, y los modales se van al traste. Tal vez hayas escuchado que muchos médicos creen que tienen el deber ético de detenerse y brindarle ayuda a quien la necesita, por ejemplo en el lugar de un accidente, antes de que lleguen los paramédicos. ¿Qué pasa, entonces, con los médicos que se han entrenado para detectar la posibilidad de enfermedades graves, incluso mortales, donde el resto de las personas no ven nada extraño?

De modo que seguí estudiando los rasgos de Susan, pero ahora tenía entre manos un dilema ético muy importante. Estaba claro que los anfitriones y los otros comensales no eran mis pacientes, y sin duda no me habían invitado para que diagnosticara las enfermedades genéticas que pudieran tener. Acababa de conocer a esta mujer. ¿Debía abordar este asunto o renunciar a revelarle que sus atributos característicos —sus ojos, su nariz, sus labios y tal vez una distintiva tira de piel que conectaba su cuello y sus hombros, llamado cuello membranoso— posiblemente indicaban una condición genética? Además de sus posibles implicaciones para los futuros hijos, el síndrome de Noonan también se asocia con enfermedades coronarias, discapacidades de aprendizaje, problemas en la coagulación de la sangre y otros síntomas preocupantes.

El síndrome de Noonan es una de muchas "condiciones ocultas", puesto que los rasgos asociados con él no son tan inusuales. Como sucede con la fila extra de pestañas, no es raro que la gente las pase por alto hasta que empieza a buscarlas. Pero no podía acercarme a ella y decirle: "Gracias por la invitación. El tempeh estaba delicioso. Por cierto, ¿sabías que tienes un desorden autosómico dominante potencialmente letal?".

Lo que decidí hacer, en cambio, fue preguntar si tenían por ahí algunas fotos de su boda. Pensé que verlas me ayudaría a descubrir si realmente tenía síndrome de Noonan, que generalmente se hereda de uno de los progenitores afectados. Cuando llegué al segundo álbum de fotos y a la enésima imagen de la novia con su madre, me resultaba claro que compartían muchas características físicas.

"Sip", me dije para mis adentros. "Es Noonan, seguro."

"¡Guau!", dije. "Te pareces muchísimo a tu mamá." Esperaba que fuera una forma sutil de traer el tema a colación.

"Sí, siempre me lo dicen", fue su primera respuesta. "De hecho, tu esposa me contó un poco sobre lo que haces..."

En este momento preciso no sabía muy bien cuál iba a ser la dirección de la plática. Por suerte Susan vino al rescate.

"Mi madre y yo tenemos una condición genética que se llama síndrome de Noonan. ¿Has oído hablar sobre ella?"

Resulta que Susan conocía muy bien su condición, pero casi nadie más estaba enterado. Los otros amigos de la cena, que la conocían mucho mejor que yo, se maravillaron de que hubiera sido capaz de diagnosticar su condición con base en diferencias físicas tan sutiles que casi no podían percibirse.

Lo cierto es que los médicos no son los únicos capaces de hacer esto; todos pueden. Lo hiciste tú mismo la última vez que viste a alguien con síndrome de Down. Tal vez no lo pensaste mucho cuando observabas los atributos distintivos de esta condición —fisuras palpebrales mongoloides, dedos y brazos cortos (llamados braquidiactilia), orejas bajas y un puente nasal chato— pero estabas llevando a cabo un diagnóstico genético veloz. Como sin duda has visto suficientes casos de síndrome de Down durante tu vida, no hiciste más que palomear una lista mental inconsciente de rasgos físicos para llegar a una conclusión médica.[8]

Podemos hacer lo mismo con miles de condiciones, y mientras más practicamos y mejor lo hacemos, más difícil es detenerse. Puede resultar molesto (es comprensible que a veces lo sea para mi esposa), y puede arruinar una cena, pero también es importante, porque algunas veces el aspecto de una persona es la única forma de determinar que tiene un desorden genético o congénito. Aunque no lo creas, a veces no tenemos ninguna otra prueba confiable, como veremos a continuación.

Regresa al espejo y observa el área entre tu nariz y tu labio superior. Estas dos líneas verticales delimitan tu filtrum, una zona en la que, durante el desarrollo embriológico, se encuentran varias secciones de tejido que migran hasta ese lugar, como si fueran grandes placas continentales que se unen para formar una cordillera montañosa.

¿Recuerdas cuando dije que nuestros rostros se parecían mucho a un logo de Louis Vuitton, que eran una señal de nuestra calidad genética y de la historia de nuestro desarrollo? Muy bien, pues si te cuesta trabajo ver las líneas de tu filtrum y esa área es más bien lisa, y si tus ojos son algo pequeños o separados, y si también tienes una nariz respingada, tal vez se deba a que tu mamá bebió alcohol mientras estaba embarazada de ti, lo que creó una tormenta perfecta llamada *trastorno del espectro alcohólico fetal* o FASD, por sus siglas en inglés. Cuando escuchamos todas estas palabras juntas sentimos escalofríos, porque por lo general se cree que el FASD es un conjunto devastador de trastornos. Puede serlo. Pero también puede expresarse en formas más benignas, y a veces el resultado no es más que unos cuantos rasgos físicos y poco más. A pesar de todos los sorprendentes avances médicos y genéticos de la última década todavía no hay una prueba definitiva para detectarlo, excepto por el examen visual que acabas de realizarte tú mismo.[9]

Esto nos lleva nuevamente a tus manos. Ahora que tienes una idea sobre cómo algunos rasgos específicos y las combinaciones de estos rasgos nos proporcionan información sobre nuestra conformación genética, puedes observar tus manos como yo lo haría. Échale un vistazo a las líneas de tus palmas. ¿Cuántas líneas grandes tienes? Yo tengo una larga y curva frente a mi dedo pulgar, y dos líneas que corren en forma horizontal bajo mis dedos.

¿Tienes una sola línea que cruza tu palma bajo tus dedos? Esto puede estar asociado con el FASD o con la trisomía 21, pero no te preocupes: cerca de 10 por ciento de la población tiene al menos una mano que presenta anomalías pero ningún otro indicador de trastornos genéticos.

¿Y tus dedos? ¿Son excesivamente largos? Si es así puedes tener *aracnodactilia*,[*] un trastorno que se caracteriza por dedos muy largos y que

---

[*] También llamado dedos de araña.

puede estar asociado con el síndrome de Marfan y con otros trastornos genéticos.

Ahora que estamos viendo tus dedos, ¿se estrechan a la altura de tus uñas? ¿El lecho de tus uñas es profundo? Observa cuidadosamente tus meñiques: ¿son rectos o se curvan hacia dentro, hacia el resto de tus dedos? Si tienen una curva característica es posible que tengas algo llamado *clinodactilia*, que puede estar asociado con más de 60 síndromes, o bien estar aislado y ser perfectamente benigno.

No te olvides de los pulgares. ¿Son anchos? ¿Se parecen a los dedos gordos de tus pies? Esto se llama *braquidactilia tipo D*, y si lo tienes te encuentras en el mismo club hereditario de la actriz Megan Fox, aunque si ves el comercial que hizo para Motorola durante el Super Bowl de 2010 jamás te darías cuenta, porque los directores usaron una doble de pulgar.[10] También puede ser un síntoma de la *enfermedad de Hirschprung*, un trastorno que puede afectar la forma en que funciona tu intestino.

Para el próximo examen necesitas un poco de privacidad. Si estás leyendo este libro en casa o en algún otro lugar en el que te sientas cómodo, quítate los zapatos y los calcetines y separa suavemente el segundo y el tercer dedo del pie. Si te encuentras con una pequeña membrana extra de piel, es probable que tengas una variación en el brazo largo de tu cromosoma 2 que está asociado con una condición llamada *sindactilia tipo 1*.[11]

Durante las primeras etapas de nuestro desarrollo embriológico todos comenzamos con manos que parecen guantes de beisbol, pero conforme nos desarrollamos perdemos la piel entre los dedos, porque nuestros genes le dan a las células que forman esta piel la instrucción de que mueran. Pero a veces estas células se niegan a morir. Si esto sucede en las manos y en los pies no suele ser catastrófico: una cirugía generalmente puede corregir los raros casos de sindactilia que resultan debilitantes. De hecho, algunas personas se ponen creativas con la piel extra que tienen entre los dedos de los pies y se hacen tatuajes y piercings muy hipsters para llamar la atención sobre esa pequeña porción de terreno epidérmico que pocas personas poseen.

Si tienes un hijo con esta condición que todavía no es lo suficientemente grande para optar por el arte corporal, puedes decirle que sus características únicas lo hacen un buen nadador. Eso ocurre con los patos, por supuesto: usan sus patas palmeadas para equilibrarse y avanzar cuando

33

están sobre el agua, y para propulsarse a toda velocidad cuando están bajo la superficie buscando comida.

¿Cómo hacen los patos para mantener sus patas palmeadas? El tejido entre sus dedos sobrevive gracias a la expresión de una proteína llamada Gremlin, que se comporta un poco como un consejero de crisis que convence a las células entre los dedos del pato de que no se suiciden, como harían en casi todas las demás especies de aves y también en los humanos. Al parecer, sin Gremlin los patos tendrían patas de gallina, que no les servirían de mucho en el agua.

Ahora bien, ¿puedes doblar tu pulgar hasta que toque tu muñeca? ¿Puedes doblar hacia atrás tu meñique en un ángulo de más de 90 grados? Si es así, puede ser que tengas una entre un grupo de condiciones muy comunes y frecuentemente subdiagnosticadas llamado *síndrome de Ehlers-Danlos*. Si es así tal vez debas empezar a tomar una medicina llamada antagonista de los receptores de angiotensina II, que actualmente se encuentra en investigación clínica, para evitar que tu aorta se disecte (es decir, que se desgarre). Se oye dramático, pero es cierto: una sencilla evaluación de tus manos puede decirte si tienes un riesgo elevado de complicaciones cardiovasculares.

Así es como algunos médicos usan la genética como parte de su práctica. Sí, a veces usamos herramientas de alta tecnología para poder observar tu mosaico genético. A veces nos quedamos despiertos hasta tarde estudiando tu secuencia genética en una base de datos en línea, como si fuéramos programadores que tratan de depurar un fragmento de código muy complicado. Pero con mucha frecuencia usamos técnicas de muy baja tecnología para diagnosticar trastornos, y a veces una combinación de pistas sencillas y sutiles, y análisis de última generación nos dicen lo que necesitamos saber sobre las cosas que suceden en los lugares más recónditos de tu cuerpo.

¿Cómo ocurre esto en la práctica? Pues incluso antes de conocer a un paciente algún colega mío suele mandarme su expediente. Si tengo suerte recibo una carta detallada en la que ese médico explica por qué quiere que vea a su paciente y qué cosas en particular le preocupan. A veces ofrece una conjetura bien fundamentada.

Y a veces no.

Con frecuencia debo vérmelas con términos vagos y escuetos como "retraso en el desarrollo". Otras veces recibo mensajes como "hirsutismo o múltiples zonas epiteliales pigmentadas sobre las líneas de Blaschko". Sí, es verdad que las computadoras finalmente nos ahorraron el reto de descifrar la caligrafía bastante deficiente de los médicos, pero todavía nos enorgullecemos de usar un lenguaje complejo y esotérico.

Lo cierto es que podría ser peor. Antes algunos médicos escribían en el expediente cosas como NAG, que tenía el significado, a todas luces inapropiado, de "niño de aspecto gracioso". Ésta era la abreviatura médica de "No estoy seguro de cuál es el problema, pero algo no se ve bien". Esas iniciales se han sustituido, en la mayor parte de los casos, por el término *dismórfico*, más científico, preciso y compasivo. Pero sigue tratándose de una descripción muy vaga.

Unas cuantas palabras son todo lo que hace falta para que mi mente empiece a dar vueltas. Antes de ver a un paciente que me han descrito como dismórfico comienzo a repasar los algoritmos que he asimilado y empiezo a pensar sobre todas las cosas importantes que debo recordar preguntarle al paciente y a su familia. Primero considero cuáles son los datos con los que cuento: a veces el nombre del paciente da algunos indicios sobre su origen étnico, un factor importante en muchas enfermedades genéticas; puesto que algunas culturas tienen largas historias de matrimonios intrafamiliares, los nombres también pueden darme pistas sobre la posibilidad de que los padres del paciente estén emparentados.[12] La edad me dice en qué punto del desarrollo de su enfermedad puede encontrarse el paciente. Y el área médica de la cual proviene la referencia siempre me da una idea de cuáles pueden ser los síntomas más graves o más evidentes del paciente.

Para mí ésta es la etapa 1.

La etapa 2 comienza tan pronto entro a la sala de reconocimiento. Tal vez hayas escuchado decir que la gente que se encarga de entrevistar a los candidatos para un empleo obtienen una cantidad tremenda de información sobre ellos en los primeros segundos de conocerlos. Lo mismo ocurre con los médicos; casi de inmediato empiezo a deconstruir el rostro de mi paciente, de una forma muy parecida a lo que hiciste tú al estudiar tu cara frente al espejo. Observo los ojos, la nariz, el filtrum, la cara, la barbilla y otros puntos de referencia de mi paciente y trato de reacomodarlos, uno a la vez. Antes de hacerle la primera pregunta, me cuestiono ¿qué hace diferente a esta persona?

La *dismorfología* es un campo de estudio relativamente joven que usa la observación de partes del rostro, las manos, los pies y el resto del cuerpo para obtener información sobre la herencia genética de un individuo. Los discípulos de este campo tratan de identificar rasgos físicos que revelan la presencia de un trastorno heredado o transmitido, algo parecido a lo que hacen los expertos en arte, que emplean su conocimiento y sus herramientas para determinar la autenticidad de una pintura o una escultura.[13]

La dismorfología también es la primera herramienta que saco de mi maletín cuando conozco a un nuevo paciente. Pero por supuesto no es el fin de la historia; antes de terminar quiero averiguar muchas cosas más sobre él.

Eso me hace un poco diferente a la mayoría de los médicos. Verás, muchos médicos conocen partes de ti. Tu cardiólogo puede ver tu corazón, latiendo y bombeando sangre en toda su gloria. Tu alergólogo puede descubrir cómo te las arreglas con los pólenes, la contaminación ambiental y otros venenos personales. Los ortopedistas cuidan tus huesos más importantes. Los podiatras se ocupan de tus lindos pies.

Pero como un médico con un interés particular en la genética, yo veo más de los pacientes: todas sus partes. Cada curva. Cada grieta. Cada herida. Y cada secreto.

Encerrada en el núcleo de tus células hay una enciclopedia sobre quién eres y dónde has estado, y contiene muchas pistas sobre a dónde vas. Por supuesto algunos de estos cerrojos son más fáciles de abrir que otros, pero todo está ahí.

Sólo tienes que saber *dónde* y *cuándo* mirar.

Capítulo 2

Cuando los genes se portan mal

Lo que Apple, Costco y un donador danés de esperma pueden enseñarnos sobre la expresión genética

E n el mundo moderno de la genética clásica, Ralph es el chícharo de Mendel.

Durante varios años este prodigioso donador de esperma fue un cotizado proveedor de los elementos genéticos básicos que, emparejados con el material genético de muchas madres entusiastas alrededor del mundo, produjeron un número bastante predecible de niños altos, fuertes y rubios.

Durante un tiempo pareció que todo mundo quería parte de la acción.

Por 500 coronas danesas por muestra (unos 85 dólares), muchos hombres con los atributos correctos (por lo general, una combinación de características físicas e intelectuales aparejadas a una alta cuenta espermática) han recurrido a la donación de semen para llegar a fin de mes en Dinamarca, donde las actitudes sociales tolerantes y el atractivo vikingo han hecho del semen humano un popular producto de exportación.[1]

Pero incluso para los estándares escandinavos Ralph era extraordinariamente prolífico.

Puesto que existe la posibilidad de que en algún momento los hijos del mismo donador se encuentren por accidente —y se gusten—, se supone que los donadores como Ralph deben dejar de proveer semen tras engendrar 25 niños. Pero a nadie parece habérsele ocurrido una forma de determinar cuándo se alcanza el límite personal. Y Ralph, cuya foto en el expediente lo muestra andando en un triciclo de tres ruedas, ataviado con unos shorts Adidas y un chaleco rojo, era tan popular que cuando dejó de donar por decisión propia algunos padres potenciales, deseosos de sus genes, se pusieron a dejar mensajes en foros de internet, en busca de algunos frasquitos extra de su semen congelado.

Finalmente, el hombre que la mayoría de los destinatarios sólo conoció como Donador 7042 se convertiría en el padre biológico de, al menos, 43 niños en varios países.

Pero resulta que la semilla que Ralph sembraba por el mundo no era tan apetecible: nadie sabía que era el poseedor de un gen que ocasiona que se desarrolle un exceso de tejido corporal, con resultados a veces desconcertantes y perturbadores, entre ellos enormes pliegues de piel, deformidades faciales graves y crecimientos que pueden parecer pústulas rojas y llegar a cubrir el cuerpo entero. Este trastorno, que produce tumores, se llama neurofibromatosis tipo 1, o NF1, por sus siglas en inglés, y también puede provocar retraso en el aprendizaje, ceguera y epilepsia.

La historia del Donador 7042 y su infortunada progenie cautivó al público, y motivó que se cambiaran de inmediato las leyes danesas que regían el número de niños que pueden concebir los donadores de esperma.[2] Pero para algunas familias era muy poco y demasiado tarde.

El ADN ya se había transmitido. Habían nacido bebés. Se habían heredado los genes. Los principios que estableció Gregor Mendel, el padre de la genética moderna, allá por mediados del siglo XIX, estaban vivos, aunque no muy saludables, a principios del siglo XXI.

¿Por qué la progenie de Ralph sufría una enfermedad que él mismo no parecía padecer?

A Gregor Mendel no le interesaban tanto los chícharos. Al menos no al principio. El joven monje curioso quería experimentar con ratones.

Quien hizo que cambiara de opinión fue un adusto anciano llamado Anton Ernst Schaffgotsch, y con ello cambió la historia. Verás, si fueras un monje en la época de Mendel y estuvieras interesado en actividades artísticas, o en descubrimientos científicos harías muy bien en dirigirte al humilde monasterio de Santo Tomás en la ciudad de Brno, en lo que hoy es República Checa.

Los monjes de Santo Tomás siempre fueron un grupo de reverendos revoltosos. Por supuesto estaban conscientes de que sus responsabilidades principales se basaban en el servicio a Dios, pero dentro de los límites de las derruidas murallas de la abadía desarrollaron una cultura universitaria de investigación. Además de rezos había filosofía; además de meditación, matemáticas. Había música, arte y poesía.

Y por supuesto, había ciencia.

Aun hoy sus descubrimientos colectivos, sus reveladoras ideas y sus estridentes debates les provocarían agruras a los líderes eclesiásticos. Durante el largo régimen autoritario del papa Pío IX, sin embargo, sus actividades colectivas eran categóricamente subversivas. Y esto no le hacía mucha gracia al obispo Schaffgotsch.

De hecho, sólo había tolerado las actividades extracurriculares de la abadía, según indican los diarios de Mendel, porque no entendía la mayor parte.

Al principio, el trabajo de Mendel sobre los hábitos de apareamiento de los ratones parecía de lo más sencillo. Pero eventualmente llegaron demasiado lejos para Schaffgotsch.[3] Para empezar, los roedores enjaulados en la amplia celda de piso de piedra de Mendel desprendían un hedor que a Schaffgotsch le parecía incompatible con la vida ordenada que se esperaba que tuviera un monje agustino.

Luego estaba el tema del sexo.

Mendel, quien como todos los monjes de Santo Tomás había tomado un voto de castidad consagrada, parecía tener un interés obsesivo en "cómo lo hacían" esas pequeñas criaturitas peludas.

A Schaffgotsch esto le resultaba inaceptable.

Así que el severo obispo le ordenó al joven monje que cerrara su burdelito de ratones. Si Mendel sólo estaba interesado, como aseguraba, en cómo se transmiten los rasgos de una generación a otra de seres vivos, tendría que conformarse con algo menos excitante.

Algo como los chícharos.

A Mendel esto le hacía gracia. Lo que el obispo no parecía entender, decía para sus adentros el travieso monje, es que "las plantas también tienen sexo".

Así que durante los siguientes ocho años Mendel cultivó y estudió cerca de 30,000 plantas de chícharo y descubrió, mediante una observación y un registro meticuloso, que ciertos rasgos de las plantas —como el tamaño de los tallos y el color de las vainas, por ejemplo— seguían ciertos patrones particulares de una generación a otra. Estos hallazgos sembraron el terreno para que entendiéramos que los genes bailan en parejas, y que cuando un gen es dominante sobre otro (o cuando dos genes recesivos se juntan para bailar un tango) puede dar lugar a un rasgo específico.

Quién sabe qué habría pasado si Mendel hubiera seguido trabajando con ratones. De haber estudiado criaturas con comportamientos más complejos tal vez habría pasado por alto los descubrimientos que realizó cuando trataba de entender mejor cómo cultivar chícharos consistentemente lisos, verdes y de tallos largos, aunque es cierto que si este cuidadoso monje hubiera tenido más tiempo para observar cómo los ratones juntaban los bigotes bien podría haber encontrado algo aún más revolucionario, algo que a sus discípulos les llevó más de un siglo reconocer. Resulta que cuando Mendel publicó sus resultados en una revista más bien desconocida llamada *Proceedings of the Natural History Society of Brünn* su trabajo fue recibido con una apatía científica colectiva. Y para el momento en el que se le redescubrió, a principios del siglo xx, llevaba mucho tiempo enterrado en el cementerio central de la ciudad.

Pero como muchos visionarios cuyo trabajo no se reconoce sino hasta después de su muerte, las revelaciones de Mendel perdurarían, al principio en la identificación de los cromosomas y los genes y después en el descubrimiento y la secuenciación del ADN. Lo cierto es que en cada paso persistió una idea fundamental: quienes somos es un producto ineludible de los genes que heredamos de las generaciones anteriores.

Mendel llamó a las leyes que descubrió leyes de la *herencia*,[4] y desde entonces pensamos en nuestro legado genético en estos términos: como unas instrucciones fundamentalmente binarias que se transmiten de una generación a la que sigue, como una desgastada reliquia familiar que el heredero no siempre quiere pero que no puede tirar.

O como el trágico legado genético de Ralph. ¿Por qué él se comportó de forma diferente a los chícharos de Mendel y no manifestó ninguna señal visible de padecer la enfermedad que sufrieron muchos de sus descendientes?

El trastorno genético que acechaba dentro del linaje de Ralph sigue un patrón de herencia autosómica dominante. Esto significa que sólo necesitas un gen con la mutación para sufrir una enfermedad determinada. Y si heredas el gen culpable, hay = 50 por ciento de posibilidades que se lo transmitas a los hijos que engendres. La forma en la que hemos entendido, durante mucho tiempo, las leyes de la herencia de Mendel sugiere que si eres lo suficientemente desafortunado como para recibir un gen mutante que sigue este tipo de patrón hereditario, es inevitable que manifiestes las señales de la enfermedad.

Tal vez ésa es la genética que aprendiste en la escuela, cuando elaborar árboles genealógicos sugería que sabemos de qué estamos hablando en lo que se refiere a la microscópica magia molecular que nos hace ser quienes somos, una idea francamente seductora. Por supuesto, con el tiempo se fue volviendo más complicada, pero todo empezó con la idea, que pronto se convirtió en dogma, de que los genes vienen en pares, y cuando un gen es dominante sobre el otro puede producir el mismo rasgo específico. Todo, desde los ojos cafés hasta la capacidad de hacer rollo la lengua, tener pelos en el dorso de los dedos y el lóbulo de la oreja separado, se consideraba el resultado de genes dominantes dominando. Del mismo modo, se pensaba que cuando se juntaban dos genes recesivos producían rasgos menos comunes, como ojos azules o pulgar de autoestopista.

Pero si la herencia genética siempre funciona así, ¿cómo es posible que ni Ralph ni toda la gente que lo vio día tras día en las varias clínicas en las que donaba esperma supieran que tenía una enfermedad potencialmente tan grave? Porque aunque Mendel le dio grandes cosas a la ciencia, omitió una de vital importancia: la expresividad genética variable.*

Como muchos otros trastornos hereditarios, la neurofibromatosis tipo 1 se manifiesta de muchas formas, algunas tan benignas que son imposibles de reconocer. Por eso nadie —al parecer ni Ralph mismo— conocían el terrible secreto.

La enfermedad de Ralph permaneció oculta a causa de la expresividad variable; ésta es la razón por la cual los mismos genes pueden cambiar nuestras vidas en formas muy distintas. Dos genes idénticos no siempre se

---

* La expresividad variable es una medida del grado en el que una persona es afectada por una mutación o trastorno genético.

comportan del mismo modo en personas diferentes, incluso en las que poseen ADN idénticos.

Tenemos, por ejemplo, a Adam y Neil Pearson. Se cree que estos hermanos, gemelos monocigóticos o idénticos, tienen genomas indistinguibles, incluyendo un cambio genético que provoca neurofibromatosis tipo 1. Pero el rostro de Adam está tan hinchado y desfigurado que una vez un borracho trató de arrancárselo en un bar, pensando que era una máscara. Neil, por otro lado, podría confundirse con Tom Cruise si se lo mira desde cierto ángulo, pero padece de pérdida de memoria y ocasionalmente sufre ataques epilépticos.[5]

Genes idénticos, expresiones totalmente diferentes. Así pues, ¿recuerdas todas las señales físicas de las que te comenté en el capítulo 1? Son expresiones comunes y, por lo general, elocuentes de que existen ciertas condiciones genéticas, pero está claro que esos rasgos no abarcan *todo* el espectro de expresiones de tales condiciones.

Todo esto nos lleva a preguntarnos: ¿por qué existen diferencias en la expresión? Porque nuestros genes no responden a nuestras vidas de forma binaria. Como aprenderemos más adelante, y al contrario de lo que descubrió Mendel, incluso si parece que los genes que heredamos están escritos en piedra, la forma en la que se expresan está muy lejos de ser fija. Mientras que al principio nuestra herencia se observó desde una lente mendeliana en blanco y negro, hoy estamos comenzado a entender el poder de ver las cosas desde un caleidoscopio con muchos colores.

Y es por eso que hoy los médicos enfrentamos un nuevo reto. Los pacientes esperan que les entreguemos respuestas en categorías claras y discretas: benigno o maligno, tratable o terminal. Lo difícil de explicarle genética a los pacientes es que todo lo que creímos saber no siempre es estático o binario. Determinar cuál es la mejor forma de explicarle esto a los pacientes se ha vuelto fundamental, puesto que necesitan tener la información más completa posible para ayudarlos a tomar algunas de las decisiones más importantes de su vida.

Porque tu conducta puede determinar tu destino genético, y de hecho lo hace.

Por eso quiero contarte sobre Kevin.

Tenía veintitantos años. Era alto y sano. Guapo, simpático y listo. De haber conocido en ese momento a alguien en busca del galán perfecto —y si no se hubiera tratado de una flagrante violación a todos los códigos de ética— sin duda lo habría recomendado.

Tal vez porque teníamos más o menos la misma edad o la misma historia familiar. O tal vez porque ambos estábamos involucrados en el tema del cuidado a la salud; él en el este y yo en el oeste del espectro médico. Por lo que fuera, parecía que congeniábamos.

Conocí a Kevin poco después de que su madre falleciera tras una lucha larga y valiente contra sus tumores pancreáticos neuroendócrinos metastásicos. Antes de que muriera, un oncólogo muy sagaz le sugirió que se hiciera unas pruebas genéticas que revelaron que tenía una mutación anidada justo en medio de su gen supresor de tumores Hippel-Lindau.

El síndrome de Von Hippel-Lindau, o VHL, es un trastorno genético que predispone a la gente a sufrir tumores benignos y malignos en el cerebro, los ojos, el oído interno, los riñones y el páncreas, entre otros lugares. Algunos investigadores han sugerido que la infame disputa familiar entre los Hatfield y los McCoy* pudo haberse desarrollado, en parte, a causa del VHL, puesto que muchos descendientes actuales de los McCoy padecen tumores en la glándula adrenal que pueden provocar mal carácter.[6] Por supuesto, no todos los que sufren VHL tienen ese síntoma, otro ejemplo de expresividad variable.

Del mismo modo que el gen mutante que provoca la NF1 que Ralph transmitió a sus descendientes, el gen que causa VHL se hereda de forma autosómica dominante. Esto significa que sólo necesitas heredar de tus padres una copia defectuosa para sufrir el trastorno. Como el VHL es un trastorno autosómico dominante sabíamos que Kevin tenía 50 por ciento de posibilidades de haber heredado el problema de su madre. Esto fue suficiente para convencerlo de que se hiciera la prueba para detectar la mutación, y resultó que, en efecto, era portador.

No hay cura para el VHL, pero una vez que sabemos que alguien

---

* Se trata de una famosa y duradera discordia que tuvo lugar entre mediados y finales del siglo XIX entre dos familias en la frontera entre Kentucky y Virginia Occidental, en Estados Unidos. (N. de la t.)

lo padece podemos intensificar la supervisión para detectar los tumores antes que se vuelvan sintomáticos. Pensé que así sería en el caso de Kevin. Para empezar, la mayor parte de las personas que heredan un gen VHL mutante o ausente al menos pueden depender de la otra copia funcional para mantener a raya el crecimiento celular y prevenir que se formen tumores malignos.

Esta situación, en la cual hay dos o más cambios en nuestro genes que pueden allanar el camino para que desarrollemos cáncer, se llama la *hipótesis Knudson*. Si sabes que estás a un gen de desarrollar cáncer, como descubrió Kevin mediante pruebas genéticas, deberías hacerte más precavido en la forma en que tratas a tus genes. La radiación, los solventes orgánicos, los metales pesados y la exposición a toxinas de las plantas y los hongos son algunas de las formas de dañar y *cambiar* tus genes de modo adverso.

El problema es que el VHL puede expresarse de tantas formas distintas a lo largo de la vida de una persona afectada que nunca sabemos dónde y cuándo va a asomar la cabeza. Eso quiere decir que tenemos que vigilarlo prácticamente todo, y esto entraña que el paciente debe aceptar que un equipo de médicos y de profesionales de la salud lo sometan un régimen de chequeos y tratamientos que durarán toda su vida.

No es extraño que Kevin quisiera saber qué le deparaba el futuro, pero como el VHL se expresa en formas tan distintas me resultaba imposible responder esa pregunta. Sólo podía reiterarle que debía seguir un régimen de supervisión y contarle qué tipos de tumores y de malignidades corría más riesgo de sufrir.

"Pero entonces lo que me estás diciendo", respondió, "es que no sabemos de qué me voy a morir."

"Existen tratamientos para muchos de los tumores que causa el VHL, especialmente si los detectamos temprano", respondí. "Ni siquiera sabemos si te vas a morir a causa del VHL."

"Todos nos morimos." Kevin se rio.

Me sonrojé. "Por supuesto. Pero con tratamiento…"

"Por el resto de mi vida."

"Sí, es muy probable, pero…"

"Citas y revisiones, todo el tiempo. El estrés de la supervisión constante. Estudios de sangre. Y nunca sabes…"

"Sí, ya sé que es mucho pedir, pero la alternativa…"

"Siempre hay muchas alternativas", dijo con una sonrisa, y en ese momento supe que ya había tomado una decisión.

Me entristeció muchísimo enterarme, unos años después, de que encontraron que tenía carcinoma renal metastásico de células claras, un tipo de cáncer renal. Una vez más se negó a recibir un tratamiento convencional, y murió poco después.

Tal vez te estés preguntando qué tiene que ver esto con la expresividad variable; después de todo Kevin murió en forma trágica y prematura, igual que su madre. Pero Kevin murió de un tipo de cáncer distinto, y más joven que ella, así que la expresividad variable lamentablemente significa que, a veces, los genes se comportan en forma distinta que en generaciones anteriores, o incluso en la misma. De haber aceptado las técnicas de supervisión que proponía su equipo de médicos para vigilar lo que pasaba en su cuerpo, Kevin podría haber empleado el tiempo tras su diagnóstico para comenzar un tratamiento temprano para este tipo de cáncer de riñón, pero decidió no hacerlo. Dada su herencia genética, si Kevin hubiera preguntado qué tipo de seguimiento imagenológico requería su condición, y se hubiera apegado a ese régimen, tal vez no hubiera muerto en forma prematura. En lo que se refiere a nuestra vida y nuestra salud estas decisiones nos pertenecen. Nuestro destino genético es flexible, y podemos determinarlo de muchas maneras si sabemos qué preguntas formular y qué hacer con las respuestas.[7]

Para entender mejor las bases conceptuales de nuestra flexibilidad genética demos un rápido paseo por la biblioteca Jean Rémy en Nantes, Francia. Allí fue donde, hace apenas unos años, un bibliotecario que revolvía entre viejos archivos encontró un fragmento de una partitura largamente olvidada.

El papel estaba amarillento y quebradizo. La tinta casi se había borrado sobre la vieja pulpa del papel. Pero la notación aún era clara. La melodía seguía ahí. De modo que los investigadores no tardaron mucho en determinar que este extraordinario y rarísimo trocito de papel —guardado y olvidado en los archivos de la biblioteca durante más de un siglo— provenía, ni más ni menos, de la mano del mismísimo Wolfgang Amadeus Mozart.[8]

Como todos los trabajos de Mozart que se conocen, más de seiscientos en total, la melodía —varios compases en Re mayor que se cree fueron escritos unos años antes de la muerte del compositor— es un conjunto de instrucciones para los músicos que trascienden el paso del tiempo. Al parecer Mozart era un fan de la apoyatura, el mismo tipo de nota breve y disonante que da paso a una nota principal y que le confiere a la desgarradora balada "Someone Like You", de Adele, su particular encanto desesperanzado.[9] Aunque la mayor parte de los compositores modernos usan una semicorchea en vez de una apoyatura, sólo se trata de un pequeño paso en la evolución musical, y es por ello que pianistas como Ulrich Leisinger, director de investigación de la Mozarteum Foundation en Salzburgo, Austria, pueden usar la partitura para resucitar esta antigua melodía perdida. El suertudo de Leisinger, por cierto, tuvo la oportunidad de hacerlo en el mismo piano de 61 teclas en el que Mozart compuso muchos de sus conciertos 220 años atrás.[10]

Cuando se interpreta, esta melodía cruza el espacio y el tiempo como la destartalada caseta de policía en la que Doctor Who viaja por el tiempo, y se materializa en el mundo moderno con un gesto travieso. Para el oído entrenado de Leisinger la tonada que se eleva cuando toca las notas correctas es claramente un credo, una melodía litúrgica. Eso la convierte, en cierta forma, en un mensaje dentro de una botella, porque si bien Mozart escribió mucha música religiosa cuando era joven, algunos estudiosos han cuestionado que la fe desempeñara un papel muy importante —si es que tenía alguno— en sus últimos días.

A partir de la caligrafía y el papel los investigadores han determinado que la partitura se escribió alrededor de 1787, una época en la que Mozart —que por entonces disfrutaba de una posición estable en el circuito de compositores de ópera— no tenía ninguna necesidad financiera de escribir música eclesiástica. Leisinger cree que este hecho revela que, hacia finales de su vida, Mozart tuvo un interés activo en la teología.

Y todo esto gracias a unas cuantas docenas de notas.

Más o menos así es como hemos imaginado durante mucho tiempo que funciona el ADN. Del mismo modo que los músicos modernos pueden leer las instrucciones de Mozart e interpretarlas con una fidelidad casi perfecta, y revelar así la complejidad que se oculta en su interior, esperamos que nuestro legado genético sea una partitura sobre la que está escrita la música de nuestras vidas. Y hasta cierto punto, así es.

Pero no es el fin de la historia; hoy estamos construyendo una nueva comprensión sobre nuestra naturaleza genética, e incluso sobre nuestro linaje evolutivo. No somos esclavos de un destino codificado dentro de nuestro ADN, como un iPod obsoleto que toca sin parar el mismo réquiem; por el contrario, estamos aprendiendo que dentro de todos nosotros reside una gran flexibilidad. Tenemos la capacidad innata de cambiar las melodías, tocar nuestra música en forma diferente y, al hacerlo, superar algunas de nuestras nociones previas sobre nuestro binario destino genético mendeliano.

Resulta que la vida, y la genética que la hace posible, no es como un pedazo de papel rasgado sino como un club de jazz a media luz. Tal vez es como el Jazzamba Lounge en el hotel Taitu, en el vibrante centro de la capital de Etiopía, Adís Abeba, donde hombres y mujeres de cada rincón de la tierra se reúnen a beber, fumar, reír y amar.

Sólo escucha:

Sonido de vasos que chocan. Sillas que se arrastran. Voces que murmuran.

Y luego, desde el escenario en penumbras, un bajo:

Baum-baum-baum bada baum-baum bada.

Luego los suaves susurros de una escobilla:

Sha-ssss sha-ssss sha-ssss sha-sha-sss.

Una vieja trompeta con sordina:

Braaag bra-de-da braaaag-de-de-bra-da.

Y, finalmente, una cantante de voz seductora:

Oooooo-ya bada baaaaaag. Hayá hayá hayá bada-yagá.

Sobre una línea de bajo básica se añade, una capa a la vez, todo el esplendor y la tragedia de la vida.

Ahora bien, es cierto que para que crucemos un océano de acontecimientos importantes para el desarrollo y alcancemos la edad adulta necesitamos un alto grado de orquestación genética sofisticada. Así que todos comenzamos como una partitura más antigua que Mozart. Algunas de las notas son tan viejas como la vida en la Tierra.

Pero el espacio para la improvisación es parte integral de nuestras vidas. La cadencia. El timbre. El tono. El volumen. La dinámica. Mediante procesos químicos sutilísimos tu cuerpo emplea cada uno de los genes de los que eres portador del mismo modo que un músico toca su instrumento. Puede tocarse fuerte o suave. Puede tocarse rápido o despacio. E incluso puede tocarse de distintas formas según se necesite, del mismo modo que el incomparable Yo-Yo Ma puede usar su cello Stradivarius de 1712 para tocar cualquier cosa, desde Brahms hasta música country.

Eso es lo que se llama *expresión* genética.

Muy en nuestro interior, en los rincones más íntimos de cada célula, todos estamos haciendo lo mismo: procesar las diminutas dosis de energía biológica que se requieren para cambiar la forma en la que nuestros genes se expresan en respuesta a las exigencias de nuestras vidas. Y como los músicos que permiten que una combinación de sus experiencias vitales y sus circunstancias actuales afecte la forma en la que tocan sus instrumentos, nuestras células se guían —se expresan— por lo que se les ha hecho y lo que se les hace a cada momento.

Piénsalo, e intentemos un pequeño experimento: estírate un poco. Mueve tu cuerpo. Ponte cómodo. Ahora trata de concentrarte en tu respiración. Inhala y exhala. Tras unas cuantas respiraciones, háblate en voz alta (o al menos en un susurro), y di que lo que haces en el mundo es muy importante para ti y para los que te rodean. Y ahora comprueba lo poderoso —o ridículo— que te sientes.

Muy bien. En este instante, dentro de tu cuerpo, tus genes se han puesto a trabajar como respuesta a lo que acabas de hacer, desde el momento en que empezaste a estirarte. El movimiento consciente es causado por señales que tu cerebro envía, a través de tu sistema nervioso, hasta tus neuronas motoras y a lo largo de tus fibras musculares. Dentro de esas fibras hay dos proteínas, llamadas actina y miosina, que se dan un beso bioquímico para convertir energía química en trabajo mecánico. Cuando esto sucede, tus genes tienen que ponerse a trabajar para reponer los ingredientes químicos que se necesitan cada vez que tu cerebro ordena que se realice una acción o una serie de acciones, desde apretar el botón de volumen del control remoto hasta correr un ultramaratón.

Tus pensamientos también afectan continuamente tus genes, que deben transformarse a lo largo del tiempo para empatar tus mecanismos celulares con las expectativas que te has hecho y las experiencias que has tenido. Creas recuerdos. Sentimientos. Expectativas. Todo eso queda codificado, como una nota al margen en un libro viejo, dentro de cada una de nuestras células. Los cientos de billones de sinapsis en tu cerebro que hacen que esto ocurra no son más que intersecciones entre neuronas y células, y las señales que usan para comunicarse deben remplazarse con el tiempo y alimentarse con dosis minúsculas de sustancias químicas que produce tu cuerpo. Y muchas de nuestras neuronas están buscando establecer nuevas conexiones, así como mantener otras que llevan décadas ahí.

Todo esto ocurre en respuesta a las necesidades de tu vida. Y también te hace cambiar. Tal vez es la diferencia entre una apoyatura y una semicorchea. Tal vez es algo aún más insignificante. Pero mediante la flexibilidad de la expresión tu vida acaba de cambiar de melodía genética.

¿Te estás sintiendo especial? Deberías. Pero tampoco le digas adiós a tu humildad, porque, como estamos a punto de ver, este tipo de cambios puede verse en toda clase de seres vivos, grandes y pequeños. Y las criaturas vivientes no son las únicas que pueden modular la forma en la que responden a los retos de la vida: muchas corporaciones han usado exactamente las mismas estrategias para controlar sus mercados o para ajustar su producción.

Veremos que algunas de estas estrategias fueron diseñadas mucho antes de que nacieras, y siguen funcionando cada vez que alguien pone una rodilla en el suelo. Es hora de que te proponga otra forma de entender la flexibilidad de la expresión genética.

Si estás por comprar tu primer diamante, o buscas conseguir uno mejor, tal vez te sea útil conocer un secretito sobre el negocio de los diamantes: a diferencia de muchos otros tipos de gema, los diamantes no son tan poco frecuentes.

De verdad. Hay muchos diamantes. Montones y montones. Grandes y pequeños. Azules, rosas y negros. Los extraen en docenas de países y en todos los continentes, excepto Antártida, aunque investigadores australianos reportaron hace poco haber hallado kimberlita, un tipo de roca volcánica con frecuencia rica en diamantes, cerca del Polo Sur, así que tal vez sólo sea cuestión de tiempo.[11]

Ahora bien, si alguna vez te ha tocado gastarte varios meses de sueldo en un diamante, y si sabes algo sobre la oferta y la demanda, esto no tiene mucho sentido. Después de todo, si hay tantos diamantes, ¿por qué son tan caros?

Gracias a De Beers.

Esta controvertida compañía, que se creó en 1888 y cuyas oficinas centrales están ubicadas en el Gran Ducado de Luxemburgo, tiene uno de los inventarios más importantes de diamantes del mundo, la mayor parte de los cuales están celosamente guardados. Al controlar todo el proceso, desde la extracción y la producción hasta el procesamiento y la manufactura, De Beers mantuvo, durante generaciones, un monopolio casi absoluto del intercambio de diamantes y los liberó al mercado justo en las cantidades y los momentos precisos para mantener los precios altos y el mercado estable, y para asegurarse de que una roca relativamente común siguiera siendo preciosa a los ojos (y los bolsillos) de sus espectadores.[12]

Unos cuantos trucos publicitarios se ocuparon del resto. Antes de la segunda guerra mundial muy pocas personas intercambiaban anillos de compromiso, y éstos podían llevar distintas piedras, además de diamantes. Pero en 1938 De Beers contrató a un publicista de Madison Avenue, llamado Gerold Lauck, para encontrar una forma de persuadir a los jóvenes de que un trocito brillante de carbón supercomprimido era la única forma de expresar una intención de matrimonio a una potencial pareja. Para principios de la década de los años cuarenta la magia mercadológica de Lauck se había encargado de convencer a un buen segmento del mundo occidental de que los diamantes de verdad son los mejores amigos de las chicas.[13]

Al empresario Henry Ford le habría encantado arrinconar así al mercado, y seguramente lo intentó, pero el producto de Ford, y su producción, eran tan complicados en ese momento que no tenía más opción que usar muchos proveedores.

Esto frustraba enormemente a Ford. El Magnate de la Gente, como lo llamaban, fue tal vez el primer discípulo famoso de la eficiencia industrial, un principio que hoy sabemos que está arraigado en muchas de las estrategias que explotan nuestros genomas mediante la expresión genética. No resulta sorprendente que Ford pasara buena parte de su tiempo simplificando lo más posible el proceso.

"Al comprar materiales hemos encontrado que no vale la pena comprar más que para satisfacer las necesidades inmediatas", escribió Ford en su libro *My Life and Work* (*Mi vida y mi obra*), publicado en 1922. "Sólo compramos lo suficiente para surtir el plan de producción, tomando en cuenta el estado del transporte en ese momento."[14]

Desgraciadamente, se quejaba Ford, el estado del transporte estaba lejos de ser perfecto. Si fuera perfecto, dijo, "no habría necesidad de tener inventario. Los vagones de trenes llenos de materias primas llegarían puntualmente en el orden y las cantidades planeadas, y de los vagones pasarían directamente a la producción. Eso ahorraría mucho dinero, puesto que nos permitiría una rotación muy rápida y disminuiría la cantidad de dinero ocupada en materiales".

Las palabras de Ford fueron proféticas, pero no pudo resolver este problema durante su vida. Eventualmente los fabricantes de automóviles japoneses fueron los responsables de lograr grandes avances en un sistema de producción que vinculaba las cadenas de suministro con la demanda inmediata, un proceso que hoy conocemos como *just in time* (justo a tiempo o JIT por sus siglas en inglés). Cuenta la leyenda que los ejecutivos de Toyota estuvieron expuestos al sistema JIT en Estados Unidos durante la década de los años cincuenta, pero no en las compañías automotrices que estaban visitando sino durante un viaje a la primera tienda de abarrotes de autoservicio, llamada Piggly Wiggly. Uno de los enfoques novedosos de esta cadena de tiendas era que el inventario se resurtía automáticamente en cuanto alguien tomaba un producto del estante.[15]

Esta técnica ofrece muchos beneficios, en particular, si se hace bien, como los de ganar dinero y ahorrar. Por supuesto no carece de riesgos, entre los cuales está que el proceso entero se vuelve susceptible a los shocks en la oferta, eventos como los desastres naturales o las huelgas, que pueden interrumpir el suministro de materias primas, dejar ociosas a las fábricas y a los clientes con las manos vacías.

Apple experimentó otro de los inconvenientes asociados con la fabricación JIT: una demanda sin precedentes de iPad Minis casi asfixia la capacidad de la compañía para producirlos, puesto que no podía obtener lo suficientemente rápido los materiales que necesitaba para producirlos en sus fábricas.

Entender cómo las empresas usan estrategias similares a las de la expresión genética puede ayudarnos a comprender las estrategias biológicas que emplea la mayor parte de nuestras células para mantener bajo el costo de la vida. Del mismo modo que las empresas, nuestros cuerpos requieren un balance inmisericorde. Así maximizan sus posibilidades de seguir existiendo.

Y en este sentido, usamos un modelo de operaciones más parecido al de Costco que al de Walmart. Puesto que cada vez que empleamos nuestros genes para hacer algo hay un costo biológico, tratamos de aprovecharlos al máximo. Del mismo modo que Costco con sus empleados, nuestra biología está configurada para una alta productividad laboral, lo que significa que procuramos emplear el menor número de enzimas para los trabajos que necesitamos realizar. Las enzimas se comportan como diminutas máquinas moleculares y son un ejemplo de estructuras que están codificadas por nuestros genes. Algunas enzimas son capaces de acelerar procesos químicos, mientras que otras, como el pepsinógeno, al activarse nos ayudan a digerir las proteínas que comemos. Otras enzimas, como las que pertenecen a la familia P450, detoxifican los venenos que consumimos a sabiendas o por error.

En general sólo producimos lo que necesitamos cuando lo necesitamos, y tratamos de mantener el inventario al mínimo. Y lo conseguimos mediante la expresión genética.

Del mismo modo que los diamantes, que requieren millones de años —y un montón de presión— para formarse, las enzimas son biológicamente caras de producir. Para mitigar el costo de producción puede inducirse la producción de muchas de nuestras enzimas; esto quiere decir que cuando necesitamos ciertas enzimas nuestros cuerpos pueden reunir más recursos para producir aún más enzimas sobre pedido, y producir el equivalente biológico de iPad Minis para satisfacer un aumento en la demanda. Aunque hayas heredado los genes para producir una enzima eso no siempre garantiza que tu cuerpo vaya a usarlos.

Existen muchas posibilidades de que hayas experimentado esto en algún momento de tu vida, sin saber que desempeñabas un papel activo en el proceso. Si alguna vez tomaste alcohol de más —durante unas vacaciones de fin de semana, por ejemplo— sabes de lo que te hablo. En respuesta a tu parrandeo, las células de tu hígado trabajaron tiempo extra para hacer todas las enzimas que necesitaba para manejar ese inesperado aluvión de margaritas.

Los medios para incrementar la producción y satisfacer la demanda —en este caso alcohol deshidrogenasa para descomponer el etanol— siempre están ahí, latentes en las células de tu hígado, listos para tu próximo exceso. Pero seguramente no hay grandes cantidades, porque, exactamente como las partes extra que esperan en el piso de la fábrica, las enzimas no sólo ocupan espacio sino que son caras de producir y de mantener cuando no estás bebiendo en exceso.

Casi todo en el mundo biológico tiene la misma motivación para racionalizar el costo de la vida. Y así debe ser. Si gastaras toda tu energía en unas enzimas que no vas a usar estarías desviando recursos preciosos de otras tareas cotidianas, como los procesos continuos de la plasticidad cerebral.

Los astronautas son un excelente ejemplo: al poco tiempo de llegar a la Estación Espacial Internacional sus corazones pueden reducirse hasta un cuarto de su tamaño original.[16]

Del mismo modo que cambiar tu Ford Mustang supercargado de 300 caballos de fuerza por un Mini Cooper con la mitad del caballaje te ahorraría un montón de dinero en gasolina, la ingravidez del espacio significa que los astronautas no necesitan una maquinaria cardiaca tan grande.* Pero también por eso, al volver a la Tierra y experimentar nuevamente la fuerza de gravedad, los viajeros espaciales suelen marearse y, a veces, se desmayan: sus corazones, como un Mini que intentara subir por un empinado camino de montaña, no puede empujar suficiente sangre —y el oxígeno esencial que ésta transporta— hasta el cerebro.

No tienes que viajar hasta la estación espacial para que tu corazón se haga más pequeño: unas cuantas semanas en cama son todo lo que se necesita para que comience a atrofiarse.[17] Pero nuestros cuerpos también son sorprendentemente buenos para recuperarse: sólo debemos convencerlos de que necesitamos que lo hagan. Y no siempre resulta muy difícil, porque nuestras células son increíblemente maleables. Las cosas que hacemos todos los días producen una gran diferencia en lo que nuestros genes les ordenan hacer, así que ahí tienes una motivación genética más para levantarte de la silla y ponerte en movimiento.

Antes de dejar el tema de la expresión genética hay una cosa más que quiero que exploremos juntos.

A primera vista, *Ranunculus flabellaris* puede no parecer gran cosa. El botón de oro, que crece abundantemente en los humedales boscosos de Estados

---

* Nuestros corazones emplean mucha energía para empujar la sangre contra la gravedad. Si estamos en órbita nuestra sangre deja de pesar, y podemos tener la misma cantidad de circulación con mucha menos fuerza. Por eso en el espacio podemos arreglárnoslas con un corazón mucho más pequeño.

Unidos y del sur de Canadá, tiene un aspecto bastante insignificante. Pero lo que estás viendo, una vez que encuentras uno, es una planta que puede modificar su apariencia por completo, dependiendo de qué tan cerca se encuentre del agua, un comportamiento que llamamos *heterofilia*.

El botón de oro suele crecer a orillas de los ríos, lugares que pueden resultar muy precarios para una planta, puesto que los ríos tienden a desbordarse de una estación a otra. Un desbordamiento puede ser letal para una florecita delicada como ésta, pero vivir en la orilla de este hábitat no desalienta a la planta sino que la anima a prosperar, porque la expresión genética le da la habilidad de cambiar por completo la forma de sus hojas, de una delgada y de punta redondeada a una de filamentos parecidos a pelos que pueden flotar si el río se desborda sobre sus márgenes.[18]

Cuando ocurre este cambio el genoma del botón de oro permanece idéntico. Cualquiera que pase puede pensar que se trata de una planta totalmente diferente, pero en su interior los genes no han cambiado. Sólo se alteró su fenotipo expresado, es decir, su apariencia.

Del mismo modo que el cuerpo de un astronauta puede ir de Mustang a Mini Cooper y de regreso, con base en las condiciones en las que vive, otra modificación en el medio ambiente del botón de oro —cuando baja el nivel del río durante el cambio de estación— provoca que la planta recupere sus hojas anteriores. Es cuestión de supervivencia.

La expresión es una de las muchas estrategias que emplean las plantas, los insectos, los animales e incluso los seres humanos para enfrentar los rigores de la vida, pero en todas hay un aspecto clave: la flexibilidad.

Lo que estamos aprendiendo actualmente es que nuestros genes son parte de una red flexible y mucho mayor. Esto contradice muchas de las cosas que nos han dicho sobre nuestras identidades genéticas. Nuestros genes no son tan inamovibles y tan rígidos como nos han hecho creer a la mayor parte de nosotros. Si lo fueran no seríamos capaces de ajustarnos —como lo hace el botón de oro— a las exigencias, siempre cambiantes, de nuestras vidas.

Lo que Mendel no pudo ver en sus chícharos —y que generaciones de genetistas siguieron pasando por alto tras su muerte— es que lo importante no es sólo lo que nos dan nuestros genes, sino lo que nosotros les damos a ellos. Porque resulta que la crianza puede triunfar, y de hecho triunfa, sobre la naturaleza.

Y como estamos por ver, sucede todo el tiempo.

Capítulo 3

Cambiar nuestros genes

*Cómo el trauma, el bullying y la jalea real
alteran nuestro destino*

Casi todos conocen el trabajo de Mendel con los chícharos. Algunos han escuchado sobre su trabajo trunco con ratones. Pero lo que la mayor parte de la gente no sabe es que Mendel también trabajó con abejas, a las que llamaba "mis queridos animalitos".

¿Quién puede culparlo por adularlas así? Las abejas son criaturas absolutamente fascinantes y hermosas, y además pueden decirnos mucho sobre nosotros mismos. Por ejemplo, ¿alguna vez fuiste testigo del extraordinario e imponente espectáculo que es una colonia completa de abejas que ha formado un enjambre en movimiento? En algún lado, a mitad de ese tornado etéreo, se encuentra una abeja reina que ha abandonado el panal.

¿Quién es ella para merecer tan magnífico desfile?

Bueno, mírala. Para empezar, igual que las modelos humanas, las reinas tienen cuerpos y piernas más largos que sus hermanas obreras. Son más delgadas y sus abdómenes son lisos, no peludos.

Como deben protegerse con frecuencias de golpes de Estado entomológicos por parte de advenedizas reales, las abejas reinas tienen aguijones que pueden reutilizar cuando los necesiten, a diferencia de las obreras, que mueren tras usarlos una sola vez.

Las reinas pueden vivir durante años, aunque algunas de sus obreras sólo viven unas pocas semanas. También pueden poner miles de huevos al día, mientras las abejas obreras estériles atienden todas sus necesidades reales.*

De modo que sí, la verdad es bastante impresionante.

Dadas las increíbles diferencias que existen entre ellas, de seguro piensas que las reinas son genéticamente diferentes de las obreras. Tendría sentido; después de todo sus rasgos físicos son muy distintos de los de sus hermanas obreras. Pero fíjate bien —en el ADN— y leerás una historia distinta. Lo cierto es que, genéticamente hablando, la reina es una doña nadie. Una abeja reina y sus obreras pueden provenir de los mismos padres y tener un ADN idéntico y, sin embargo, sus diferencias en comportamiento, fisiología y anatomía son muy profundas.

¿Por qué? Porque las reinas comen mejor cuando son larvas.

Eso es todo. No hay más. Lo que comen modifica su expresión genética, en este caso mediante genes específicos que se prenden o se apagan, un mecanismo que llamamos epigenética. Cuando la colonia decide que es hora de tener una reina nueva escoge a unas cuantas larvas con suerte y las baña en jalea real, una secreción rica en proteínas y aminoácidos que se produce en glándulas de la boca de las jóvenes obreras. Al principio todas las larvas reciben una probadita de jalea real, pero a las obreras las destetan rápidamente. Las princesitas, sin embargo, pueden comer sin parar hasta que emerge una camada de elegantes emperatrices de sangre azul. La que asesina primero al resto de sus hermanas reales llega a ser reina.

Sus genes son los mismos, pero su expresión genética es de la realeza.[1]

Los apicultores saben desde hace siglos —tal vez más— que las larvas que son bañadas en jalea real producen reinas. Pero nadie supo por qué; hubo que esperar hasta 2006, a que se secuenciara el genoma de la abeja doméstica, *Apis mellifera*, y a 2011, a que se dedujeran los detalles específicos de la diferenciación de castas, para entenderlo.

Como todas las criaturas que viven en este planeta, las abejas comparten muchas secuencias genéticas con otros animales, incluidos nosotros. Y los investigadores pronto se dieron cuenta de que uno de estos códigos compartidos era para la ADN metiltransferasa, o Dnmt3, que en los mamíferos

---

* En ocasiones las abejas obreras pueden poner huevos que se convierten en zánganos (abejas macho). Pero dada la complejidad de su genética reproductiva las abejas obreras son incapaces de poner huevos que se conviertan en otras obreras hembras.

puede modificar la expresión de ciertos genes a través de mecanismos epigenéticos.

Cuando los investigadores usaron sustancias químicas para apagar la Dnmt3 en cientos de larvas obtuvieron una camada completa de reinas. Cuando volvieron a encenderlo en otra tanda de larvas, todas se convirtieron en obreras. Así que más que tener algo adicional a sus obreras, como era de esperarse, las reinas, de hecho, tienen menos: al parecer la jalea real que las reinas comen con tanto entusiasmo simplemente le baja el volumen al gen que transforma a las abejas en obreras.[2]

Por supuesto nuestra dieta es distinta a la de las abejas, pero ellas (y los ingeniosos investigadores que la estudian) nos han proporcionado muchos ejemplos sorprendentes de las formas en las que nuestros genes se expresan para satisfacer nuestras necesidades vitales.[3]

Como los humanos que desempeñan varios papeles durante sus vidas —estudiantes, trabajadores, veteranos— las abejas obreras siguen un patrón predecible desde que nacen hasta que mueren. Comienzan como amas de casa y sepultureras; mantienen limpio el panal y, cuando hace falta, se deshacen de sus hermanas muertas para proteger la colonia de enfermedades. Luego casi todas se convierten en enfermeras y trabajan juntas para vigilar a todos los miembros larvarios del panal más de mil veces al día. Más adelante, a la avanzada edad de dos semanas, salen a recolectar néctar.

Un equipo de científicos de la Universidad Johns Hopkins y la Universidad Estatal de Arizona sabían que a veces, cuando se necesitan más abejas enfermeras, las abejas recolectoras vuelven a su antiguo trabajo, y estos científicos querían saber por qué. Así que buscaron diferencias en la expresión genética, que puede encontrarse buscando "etiquetas" químicas que descansan sobre ciertos genes. Y en efecto, cuando compararon a las enfermeras con las recolectoras encontraron que en más de 150 genes esos marcadores estaban en lugares diferentes.

Así que hicieron un truquito: cuando las recolectoras salieron a buscar néctar, los investigadores se llevaron a todas las enfermeras. En cuanto volvieron las recolectoras de inmediato retomaron sus labores de enfermería, de ningún modo dispuestas a permitir que se descuidara a los jóvenes. Su patrón de etiquetas genéticas cambió de inmediato, una vez que asumieron sus nuevas labores.[4]

57

Algunos genes que no se estaban expresando comenzaron a hacerlo. Genes que se estaban expresando se apagaron. Las recolectoras no sólo estaban desempeñando un trabajo distinto: estaban cumpliendo un destino genético diferente.

Tal vez no parezcamos abejas y no nos sintamos abejas, pero tenemos una cantidad sorprendente de similitudes genéticas con ellas, incluyendo la Dnmt3.[5] E igual que esas abejas, la expresión genética puede cambiar nuestra vida repentinamente, para bien o para mal.

Piensa en la espinaca, por ejemplo. Sus hojas contienen grandes cantidades de un compuesto químico llamado betaína. En la naturaleza, o en una granja, la betaína ayuda a las plantas a enfrentar el estrés ambiental, por ejemplo la falta de agua, la alta salinidad o las temperaturas extremas. Sin embargo, en tu cuerpo la betaína puede actuar como un donante de metilos, un eslabón de una cadena de reacciones químicas que deja una marca en tu código genético. Investigadores de la Universidad Estatal de Oregon han encontrado que en muchas personas que comen espinaca los cambios epigenéticos pueden influir sobre la forma en la que sus células combaten las mutaciones genéticas producidas por un carcinógeno que se encuentra en la carne cocida. De hecho, en pruebas que se hicieron en animales de laboratorio, los investigadores pudieron reducir a cerca de la mitad la frecuencia de tumores de colon.[6]

Los compuestos que se encuentran en las espinacas pueden instruir a las células de nuestro cuerpo, en formas muy sutiles pero importantes, a que se comporten de manera diferente, exactamente del mismo modo que la jalea real le da instrucciones a las abejas para que se desarrollen de forma distinta. Así que, en efecto, comer espinaca parece poder cambiar la expresión de tus genes.

¿Recuerdas que te dije que si el obispo Schaffgotsch no hubiera cancelado su trabajo con ratones, Mendel podría haberse encontrado con algo aún más revolucionario que su teoría de la herencia? Ahora quiero contarte cómo es que la idea finalmente vio la luz.

Para empezar, tomó tiempo. Habían pasado más de 90 años desde la muerte de Mendel cuando, en 1975, a los genetistas Arthur Riggs y Robin Holliday, que trabajaban por separado en Estados Unidos y en Gran

Bretaña respectivamente, se les ocurrió en forma casi simultánea que si bien los genes en efecto se encuentran fijos tal vez podrían expresarse de distintas formas en respuesta a una gran diversidad de estímulos, y producir así una gama de rasgos, en vez de las características fijas que se creían asociadas con la herencia genética.

Esto ponía en duda, de golpe, la idea de que los genes que heredamos sólo pueden transformarse a través del proceso exasperantemente lento de las mutaciones. Pero del mismo modo que se habían ignorado por completo las ideas de Mendel, se ignoraron las teorías que ofrecieron Riggs y Holliday. Una vez más se quedó en el cajón del olvido una idea genética que estaba adelantada a su tiempo.

Tuvo que pasar otro cuarto de siglo para que estas ideas —y sus profundas implicaciones— tuvieran más aceptación, y esto ocurrió como resultado del deslumbrante trabajo de un científico con cara de querubín llamado Randy Jirtle. Como Mendel, Jirtle sospechaba que en los asuntos de la herencia había más de lo que salta a la vista. Y, como Mendel, Jirtle sospechó que las respuestas podrían hallarse en los ratones. Jirtle y sus colaboradores de la Universidad de Duke experimentaron con un roedor llamado agutí, que posee un gen que lo dota de un pelaje abundante y de color naranja brillante, como un Muppet, e hicieron un descubrimiento que, en ese momento, resultó totalmente sorprendente. Sin hacer más que cambiar la dieta de las hembras al añadirle unos cuantos nutrientes, como colina, vitamina B12 y ácido fólico, justo antes de la concepción, lograron que sus crías fueran más pequeñas, con manchas de color café y de aspecto más ratonil. Más adelante los investigadores descubrieron que estos ratones también eran menos susceptibles al cáncer y a la diabetes.

Exactamente el mismo ADN. Una criatura del todo distinta. Y la diferencia era sólo un problema de expresión. En esencia, un cambio en la dieta de la madre etiquetó el código genético de su progenie con una señal para apagar el gen del agutí, y ese gen apagado luego se transmitió de una generación a otra.

Pero ése sólo era el comienzo. En el vertiginoso mundo de la genética del siglo XX los Muppets de Jirtle ya no son más que repeticiones de un programa viejo. Todos los días aprendemos nuevas formas de alterar la expresión genética, tanto en los genes de los ratones como en los de las personas. La pregunta no es si podemos intervenir; eso ya lo sabemos.

59

Ahora estamos tratando de averiguar cómo hacerlo con nuevas medicinas que ya han sido aprobadas para uso humano, en formas que, con suerte, nos ayudarán a nosotros y a nuestros hijos a vivir vidas más largas y saludables. Lo que Riggs y Holliday especulaban —y que Jirtle y sus colegas consiguieron que se aceptara— hoy se conoce como epigenética. En términos generales, la epigenética es el estudio de los cambios en la expresión genética que ocurre como resultado de las condiciones de vida, tal como los que se observan en las larvas de abeja bañadas en jalea real, sin cambios en la secuencia genética subyacente. Una de las áreas más emocionantes de estudio de la epigenética, y también una de las que crece a mayor velocidad, es la heredabilidad, la forma en la que estos cambios pueden afectar a la siguiente generación, y todas las que le sigan.

Una de las formas más comunes de cambio en la expresión genética es mediante la metilación. El ADN puede modificarse de muchas formas sin que se altere la cadena básica de nucleótidos. La metilación funciona gracias a un compuesto químico que tiene la forma de un trébol de tres hojas, formadas por hidrógeno y carbón, que se fija al ADN y altera su estructura genética de tal modo que programa nuestras células para ser lo que se supone que son y para hacer lo que se supone que hacen, o lo que las generaciones anteriores les dijeron que debían ser y hacer. La metilación, que prende y apaga los genes mediante "etiquetas", puede provocarnos cáncer, diabetes y defectos de nacimiento. Pero no desesperes, porque también puede modificar la expresión genética para hacernos más saludables y longevos.

Estos cambios epigenéticos parecen tener consecuencias en algunos lugares inesperados, por ejemplo, en un campamento de verano para perder peso.

Un grupo de genetistas decidió seguir a un grupo de 200 adolescentes españoles que emprendieron una batalla de 10 meses contra sus kilos. Lo que los investigadores descubrieron fue que podían hacer ingeniería inversa de la experiencia del campamento de verano y predecir qué adolescentes perderían más peso según el patrón de metilación —la forma en que sus genes estaban prendidos o apagados— en unos cinco sitios de su genoma, incluso antes que comenzara el campamento.[7] Algunos chicos estaban epigenéticamente preparados para perder peso en el campamento, y otros para mantenerlo por más que se apegaran diligentemente al protocolo dietario de sus consejeros.

Hoy estamos aprendiendo a aplicar el conocimiento que obtenemos en estudios como éste para capitalizar nuestra conformación epigenética personal. Lo que nos enseñan las etiquetas de metilación de los adolescentes es lo importante que resulta conocer nuestros epigenomas característicos, tanto en temas de pérdida de peso como en muchos más. Con lo que aprendimos de estos campamentos de verano español pudimos comenzar a explorar nuestro epigenoma para encontrar las estrategias óptimas de pérdida de peso. Tal vez algunos podamos ahorrarnos las exorbitantes tarifas de una aventura veraniega de pérdida de peso que está destinada a ser un fracaso.

Pero lejos de ser estático, nuestro epigenoma, junto con el ADN que heredamos, puede ser transformado por lo que le hacemos a nuestros genes. Estamos aprendiendo que las modificaciones epigenéticas, como la metilación, son fáciles de afectar. En los últimos años los genetistas han desarrollado varias formas de estudiar e incluso reprogramar genes metilados: de prenderlos y apagarlos, de subirles y bajarles el volumen.

Cambiar el volumen de nuestra expresión genética puede ser la diferencia entre un crecimiento benigno y un rabioso tumor maligno.

Los cambios epigenéticos pueden ser provocados por las pastillas que tomamos, los cigarros que fumamos, las bebidas que consumimos, las clases de ejercicio a las que vamos y las radiografías a las que nos sometemos.

Y también puede provocarlos el estrés.

Con base en el trabajo de Jirtle con los agutíes, científicos en Zúrich decidieron comprobar si los traumas de la primera infancia pueden afectar la expresión genética, así que le robaron cachorros de ratón a sus madres durante tres horas y luego les devolvieron esas criaturitas ciegas, sordas y desnudas durante el resto del día. Al día siguiente hicieron lo mismo.

Luego, tras 14 días consecutivos, se detuvieron. Con el tiempo, como pasa con los ratones, se volvieron capaces de ver y escuchar, les creció pelo y se convirtieron en adultos. Pero, al haber sufrido dos semanas de tormentos, se convirtieron en unos roedores notablemente inadaptados. En particular, parecían tener problemas para evaluar los lugares que podrían ser peligrosos. Cuando se los colocaba en situaciones adversas, en vez de pelear o buscar la solución sencillamente se rendían. Y aquí viene lo sorprendente: les transmitieron estos comportamientos a sus propias crías —y luego a los hijos de sus hijos— aunque no tuvieran nada que ver en su crianza.[8]

En otras palabras, el trauma sufrido en una generación estaba genéticamente presente en las siguientes. Increíble.

Aquí hay que aclarar que el genoma de un ratón es similar al nuestro en 99 por ciento. Y los dos genes afectados en el estudio de Zúrich —llamados *MECP2* y *CRFR2*— se encuentran tanto en los ratones como en las personas.

Por supuesto, no podemos asegurar que lo que le sucede a los ratones le ocurra también a los humanos hasta que lo comprobemos. Eso puede ser difícil de hacer, porque nuestras vidas, relativamente largas, hacen difícil llevar a cabo pruebas que requieren cambios generacionales, y en lo que se refiere a los humanos es mucho más difícil separar la naturaleza y la crianza.

Pero no quiere decir que no hayamos visto en los humanos cambios epigenéticos relacionados con el estrés. Claro que los hemos visto.

¿Recuerdas cuando te pedí que recordaras primero de secundaria? Para algunos de nosotros remontarse a esa época puede evocar algunos recuerdos bastante desagradables; acontecimientos que preferiríamos no traer a la mente si pudiéramos evitarlo. Es difícil determinar cuáles son los números reales, pero se cree que al menos tres cuartas partes de los niños han sufrido bullying en algún momento de sus vidas, lo que significa que hay buenas probabilidades de que te haya tocado una de estas desafortunadas experiencias infantiles. Como algunos de nosotros nos volvimos padres después, nuestra inquietud por las experiencias de nuestros hijos y por su seguridad, tanto en la escuela como fuera de ella, no ha hecho más que aumentar.

Hasta hace muy poco pensamos y discutimos las ramificaciones del bullying, serias y duraderas, en términos predominantemente psicológicos. Todos están de acuerdo en que el bullying puede dejar cicatrices mentales muy graves. El inmenso dolor psíquico que experimentan algunos niños y adolescentes puede llevarlos a hacerse daño a sí mismos.

Pero ¿qué pasaría si nuestras experiencias con el bullying hicieran más que provocarnos algunos serios problemas psicológicos? Pues para responder esa pregunta un grupo de investigadores de Gran Bretaña y Canadá decidieron estudiar parejas de gemelos monocigóticos, es decir, "idénticos", a partir de los cinco años de edad. Además de tener ADN idénticos, ninguno de los gemelos de la pareja había sufrido bullying hasta ese momento.

No te preocupes; los investigadores no tenían permiso para traumatizar a sus sujetos, a diferencia de lo que le ocurrió a los ratones suizos. No, ellos dejaron que los otros niños hicieran el trabajo científico sucio.

Tras esperar pacientemente durante unos cuantos años, los científicos volvieron a visitar a las parejas de gemelos en las que uno solo de sus miembros había sufrido bullying. Cuando regresaron a sus vidas encontraron lo siguiente: a la edad de 12 años había una diferencia epigenética dramática que no estaba ahí cuando los gemelos tenían cinco años. Los investigadores sólo encontraron cambios importantes en el gemelo que había sufrido bullying. Esto significa, en términos genéticos inequívocos, que el bullying no sólo es peligroso en términos de las tendencias autodestructivas de los jóvenes y los adolescentes, sino que, de hecho, cambia la forma en la que funcionan nuestros genes y cómo afectan nuestras vidas, y tal vez también la información que transmitimos a las generaciones futuras.

¿Qué aspecto tiene ese cambio, en términos epigenéticos? Pues en el gemelo que sufrió bullying un gen llamado *SERT*, que codifica una proteína que ayuda al neurotransmisor serotonina a entrar en las neuronas, tenía en promedio mucha más metilación de ADN en la región promotora. Se cree que este cambio reduce la cantidad de proteína que puede fabricarse a partir del gen *SERT*; mientras más metilado esté, más "apagado".

Estos hallazgos resultan importantes porque se cree que dichos cambios epigenéticos pueden persistir a lo largo de nuestra vida. Esto significa que aunque no recuerdes los detalles del bullying que sufriste, tus genes, sin duda, sí.

Pero eso no fue todo lo que descubrieron los investigadores. También querían saber si entre los gemelos existían cambios psicológicos que acompañaran los cambios genéticos que habían observado. Para determinarlo los sometieron a ciertos tipos de pruebas situacionales, que incluían hablar en público y hacer cálculo mental, experiencias que a la mayor parte de nosotros nos parecen estresantes y preferimos evitar. Descubrieron que uno de los gemelos, el que había sufrido bullying en el pasado (y con el cambio epigenético correspondiente), tenía una respuesta al cortisol mucho más baja cuando estaba expuesto a esas situaciones desagradables. El bullying no sólo fijó en un nivel bajo el gen *SERT* de esos niños; también redujo sus niveles de cortisol cuando estaban estresados.

De entrada esto puede sonar contraintuitivo. El cortisol se conoce como la "hormona del estrés" y suele estar elevada en las personas estresadas. Entonces, ¿por qué estaría atenuado en el gemelo con una historia de bullying? ¿No sería natural pensar que debería estresarse más en respuesta a una situación difícil?

Esto se pone un poco complicado, pero ten paciencia: como respuesta al trauma del bullying persistente el gen *SERT* del gemelo acosado puede alterar el eje hipotalámico-pituitario-adrenal (HPA, por sus siglas en inglés), que normalmente nos ayuda a enfrentar el estrés y los altibajos de la vida diaria. Según los hallazgos de los científicos en el gemelo víctima de bullying, mientras más alto es el grado de metilación más apagado está el *SERT*. Mientras más apagado está, más se atenúa la respuesta al cortisol. Para entender la magnitud de esta reacción genética baste decir que esta clase de respuesta atenuada al cortisol también se encuentra, con frecuencia, en personas con desorden de estrés postraumático (PTSD, por sus siglas en inglés).

Un aguijonazo de cortisol puede ayudarnos a superar una situación difícil, pero tener demasiado cortisol, por demasiado tiempo, puede provocar rápidamente un cortocircuito fisiológico. Así que una respuesta atenuada al cortisol ante el estrés era la respuesta epigenética del gemelo, la reacción a ser molestado día tras día. En otras palabras, el epigenoma del gemelo cambió para protegerlo de una producción continua y excesiva de cortisol. En estos niños el cambio es una adaptación epigenética benéfica que los ayuda a sobrevivir a un bullying persistente. Y las implicaciones son asombrosas.

Así es como funcionan muchas de nuestras respuestas genéticas a la vida: favorecen las cosas a corto plazo sobre aquellas a largo plazo. Por supuesto, es más fácil acallar nuestra respuesta al estrés continuo, pero eventualmente los cambios epigenéticos que atenúan la respuesta al cortisol pueden provocar enfermedades psiquiátricas serias, como depresión y alcoholismo. Y no es por espantarte demasiado, pero es muy probable que esos cambios epigenéticos se transmitan de una generación a otra.

Si encontramos esos cambios en individuos como el gemelo acosado, ¿qué pasa con los traumas que afectan a grandes sectores de la población?

Todo comenzó, trágicamente, en una clara mañana de martes en la ciudad de Nueva York. El 11 de septiembre de 2001 más de 2,600 personas murieron dentro y alrededor del World Trade Center. Muchos neoyorquinos que se encontraban muy cerca de los ataques experimentaron traumas de tal magnitud que durante meses y años después de estos acontecimientos sufrieron desórdenes de estrés postraumático.

Para Rachel Yehuda, profesora de psiquiatría y neurociencia en la División de Estudios de Estrés Traumático del Centro Médico Mount Sinai en Nueva York, esta horrorosa tragedia representó una oportunidad científica única.

Hacía mucho que Yehuda sabía que la gente con PTSD con frecuencia tiene bajos niveles de cortisol, la hormona del estrés; vio ese efecto por primera vez en los veteranos de guerra que estudió a finales de la década de 1980. Así que sabía dónde comenzar cuando empezó a analizar muestras de saliva de mujeres que habían estado dentro o cerca de las Torres Gemelas el 9/11, y que en ese momento estaban embarazadas.

En efecto, las mujeres que con el tiempo desarrollaron PTSD tenían niveles de cortisol notablemente bajos, pero lo mismo ocurría con sus bebés, en especial los que se encontraban en el tercer trimestre de desarrollo cuando ocurrieron los ataques.

Esos bebés ya son mayores, y Yehuda y sus colegas siguen investigando cómo fueron afectados por los ataques. Ya han podido demostrar que los hijos de madres que han sufrido traumas son más propensos a angustiarse que otros niños.[9]

¿Esto qué quiere decir? Si lo sumamos a los datos que tenemos sobre animales, no resulta exagerado concluir que nuestros genes no olvidan nuestras experiencias, ni siquiera después de que hemos ido a terapia y sentimos que superamos aquello que nos pasó. Nuestros genes registran y conservan ese trauma.

Así que sigue vigente esta interesante pregunta: ¿de verdad le transmitimos a la siguiente generación los traumas que experimentamos, ya sea el bullying o el 9/11? Antes pensábamos que casi todas estas marcas o notas que se hacían en nuestro código genético, como las que se apuntan en los márgenes de una partitura, se borraban antes de la concepción. Ahora que nos preparamos para dejar atrás a Mendel estamos descubriendo que probablemente no sea el caso.

También se está haciendo evidente que durante el desarrollo embriológico existen ventanas de susceptibilidad epigenética. Durante estos momentos fundamentales algunos estresantes ambientales, como la mala nutrición, provocan que ciertos genes se prendan y se apaguen, y luego afectan nuestro epigenoma. En efecto, nuestra herencia genética se escribe durante momentos determinantes de nuestras vidas fetales.

Nadie sabe exactamente cuándo ocurren esos momentos, así que por si las dudas las mamás tienen una motivación genética para cuidar sus dietas y sus niveles de estrés durante toda la gestación. La investigación incluso está mostrando que factores como la obesidad de la madre durante el embarazo provocan una reprogramación metabólica en el bebé que lo pone en riesgo de enfermedades como la diabetes.[10] Esto apuntala aún más el movimiento, que está cobrando fuerza en las disciplinas de la obstetricia y la medicina materno-fetal, que busca disuadir a las mujeres embarazadas de comer por dos.

Como en el ejemplo de los ratones suizos traumatizados, hemos visto que muchos de estos cambios epigenéticos pueden transmitirse de una generación a otra, lo que me hace pensar que es muy probable que en los años que vienen obtengamos pruebas incontrovertibles de que los humanos no somos inmunes a la transmisión epigenética de los traumas.

Mientras tanto, y dado lo mucho que hemos aprendido sobre lo que significa realmente la herencia y qué podemos hacer para transformar nuestro legado genético —en formas benéficas (la espinaca, tal vez) y perjudiciales (el estrés, al parecer)— no estás desamparado. Tal vez no siempre sea posible liberarte por completo de tu herencia genética, pero mientras más sepas mejor entenderás que tus decisiones pueden hacer una gran diferencia en esta generación, la que sigue y tal vez todas las que estén por venir.

Porque lo que sí sabemos es que somos la culminación genética de nuestras experiencias vitales, así como de todos los acontecimientos que nuestros padres y nuestros ancestros experimentaron y sobrevivieron, de los más dichosos hasta los más desgarradores. Al examinar nuestra capacidad para cambiar nuestro destino genético mediante las decisiones que tomamos, y para transmitir esos cambios a las generaciones futuras, estamos en el proceso de desafiar nuestras arraigadas creencias sobre la herencia mendeliana.

Capítulo 4

Lo usas o lo pierdes

*Cómo nuestras vidas y nuestros genes conspiran para hacer
y deshacer nuestros huesos*

Los médicos y los narcotraficantes son al parecer las únicas personas que todavía usan bípers. Cuando reviso el mío en un restaurante atiborrado, o antes de entrar al teatro, con frecuencia me pregunto qué estará pensando la gente de mí.

Una mañana, no hace mucho, sonó justo cuando me estaba acercando al inicio de una larga fila en el Starbucks de un patio de hospital atiborrado de gente. Desde donde estaba casi podía alcanzar una taza y garabatear mi orden sobre ella, pero la persona que estaba delante de mí se estaba tomando su tiempo para ordenar un venti con doble dosis, soya, mocha o una cosa así.

Tan cerca y tan lejos.

Así que me hice a un lado para contestar el mensaje. La mujer en el otro extremo de la línea era parte de un equipo pediátrico que cuidaba a una joven paciente con múltiples fracturas. Me preguntó si podía pasar después a hacer una consulta que tenía que ver con la pequeñita. Estaban terminando algunas revisiones de rutina, pero estarían listos para verme en unos 15 minutos. Apunté el número del cuarto en una servilleta y volví a formarme en la cola, que se había hecho bastante más larga en los dos minutos que estuve fuera.

La verdad, no me molestaba; esos minutos de más en la cola me dieron tiempo para ordenar mis pensamientos. Empecé a correr un algoritmo interno sobre las causas de fracturas recurrentes en niños pequeños —*si esto, entonces esto otro... si eso otro, entonces esto*—, que me ayudaría a evaluar su estado.

Y mientras lo hacía, pensé en la conexión especial que nuestros huesos nos permiten tener con el resto de nuestro cuerpo.

Desde las decoraciones de plástico de Halloween hasta *Los piratas del Caribe*, todos hemos tenido montones de oportunidades de conocer esqueletos. Esta familiaridad colectiva —aunque no sepas el nombre de uno solo de tus 206 huesos probablemente puedes dibujar un mapa bastante básico de tu esqueleto— hace que resulte muy fácil imaginarlo cuando hablamos sobre cómo nuestros cuerpos responden a las exigencias siempre cambiantes de nuestras vidas.

Como la mayor parte de nuestros sistemas corporales, nuestro esqueleto sigue un dictado fundamental de la vida biológica: lo usas o lo pierdes. En respuesta a nuestras acciones o inacciones los genes pueden ser convocados a activar procesos que pueden darnos unos huesos fuertes y maleables u otros tan quebradizos como el gis. Así, nuestras experiencias vitales afectan nuestros genes.

Pero no todos heredamos los conocimientos genéticos necesarios para crear las distintas clases de hueso necesarias para tener la flexibilidad esquelética que exige nuestra vida. Supuse que ése era el caso cuando, con un té Earl Grey por fin en mano, subí hasta el séptimo piso y toqué la puerta del cuarto de la paciente. En la cama frente a mí, con rizos negros y ataviada con una diminuta bata de hospital, se encontraba una dulce niñita de tres años de nombre Grace.

Su frente estaba perlada de sudor, seguramente producto del dolor que le ocasionaban sus fracturas. Tomé nota mental de esto mientras me sumergía en la rápida revisión que tiene lugar cada vez que corro la cortina que le ofrece a los pacientes un poco de privacidad en los siempre atiborrados pasillos de un hospital.

Muy pronto me concentré en un rasgo muy importante.

Sus ojos.

Liz y David no podían tener un hijo biológico propio. Durante mucho tiempo eso no representó un problema.

Liz era una talentosa artista gráfica. David era contador y tenía su propia compañía. A ambos les gustaba ocupar su tiempo en sus carreras y concentrar su atención uno en el otro. Cuando se iban de vacaciones viajaban por todo el mundo. En casa disfrutaban de las mejores cosas.

Habían visto cómo sus amigos con hijos gastaban cantidades enormes de energía simplemente organizando las rondas de la semana. Había que considerar las escuelas. Juntas con los maestros. Clases de música. Entrenamientos deportivos. Campamentos de verano. Había pesadillas a las 2 de la mañana y despertadores a las 6. Era demasiado.

Y por eso ellos fueron los primeros que se sorprendieron al descubrir que un día, al parecer de la nada, su perspectiva cambió.

En todo el mundo había niños que necesitaban padres. Pero Liz estudió las tasas de mortalidad, trágicamente desequilibradas, de las niñas huérfanas en China, y entonces supo qué hacer.

El país más poblado del mundo estableció su política de un solo hijo en 1979, en un momento en el que esa nación estaba por convertirse en la primera del mundo en rebasar la barrera de los mil millones de habitantes, si bien muchos de ellos carecían de refugio, comida y trabajo. Las autoridades médicas del gobierno promovieron el control de la natalidad, pero cuando falló, el aborto se convirtió en la opción habitual.* Quienes daban a luz a un segundo o, a veces, hasta a un tercer hijo, con frecuencia no tenían más opción que dejarlo en la puerta de un orfanato estatal, en especial en las áreas urbanas.

Pero la desgracia de unos padres puede ser la dicha de otros. El sistema chino ha creado un superávit de huérfanos, en especial niñas, muchos más de los que pueden adoptar las parejas chinas que no son capaces de tener hijos propios. Cinco años después de poner en marcha esta controvertida política, un país que rara vez permitía que se dieran niños en adopción en el extranjero se convirtió en uno de los principales países "exportadores".

Para el año 2000, China se había convertido en el mayor proveedor de niños adoptivos extranjeros para familias de Estados Unidos y Canadá. Aunque los números han menguado un poco en los últimos años, China sigue proporcionando grandes cantidades de niños a los padres estadunidenses.

---

* En el capítulo 10 trataremos la inesperada historia que se encuentra tras este fenómeno.

Liz y David sabían que este camino también estaría lleno de peligros. A veces el proceso ha estado plagado de la corrupción. E incluso cuando se hace bien pueden pasar años desde el momento en el que los aspirantes a padres ponen manos a la obra hasta el día que llevan a su hijo a casa. Pero en los casos de las parejas que están dispuestas a adoptar niños que tienen algún tipo de problema físico —por lo general, condiciones médicamente "corregibles", como paladar hendido— a veces se le echa un poco de aceite a los engranajes burocráticos.

Una de estas condiciones se llama displasia congénita de cadera, un problema bastante común que provoca que los niños nazcan con una cadera que tiende a dislocarse. En la mayor parte de los países desarrollados, donde los niños tienen acceso al sistema de salud, los casos de displasia de cadera suelen ser tratables si se corrigen pronto. Pero en países que carecen de recursos médicos estos niños pueden terminar sufriendo importantes discapacidades. Ése era el problema de Grace, le dijeron a estos padres aspirantes.

Pero Liz y David se enamoraron de inmediato. Desde que vieron la primera foto de Grace supieron que era su niña. Reunieron los papeles de Grace con ayuda del gestor de adopciones y consultaron con un pediatra, que les aseguró que la condición de Grace seguramente sería fácil de tratar una vez que llegara a Estados Unidos.

Darle a Grace los cuidados médicos que necesitaba parecía un problema menor a cambio del honor de convertirse en sus padres. Así que compraron sus pasajes para China y empezaron a adaptar su casa para recibir a un bebé.

No sabían mucho más sobre la que estaba por convertirse en su hija. Lo que les dijeron entonces fue que a Grace la abandonaron en la puerta de un orfanato hacía un año, y que se pensaba que tenía dos años de edad. Eso era todo. Cuando Liz y David llegaron al orfanato, en la ciudad de Kunming, al suroeste de China, para llevarse a su pequeña, descubrieron que había mucho más.

Ya sabían que usaba una spica o yeso pelvipédico, una clase de yeso que comienza en la cintura y mantiene las piernas separadas. La única sorpresa fue lo grande que parecía, y lo pequeña que era ella; daba la impresión de que a la niña, que sólo pesaba unos 6 kilos, se la había tragado un enorme monstruo de yeso.

Pero aun así, y pensando en las garantías que les había dado su médico, confiaron en que la condición de Grace fuera temporal y perfectamente tratable. Cuando una de las trabajadoras del orfanato se dio cuenta de lo despreocupados que parecían ante los retos que presentaba la condición de la pequeña, los apartó para decirles lo emocionada que estaba de que Grace se fuera a casa con ellos.

"Ustedes son su destino", les dijo.

Y tenía toda la razón.

Unos días más tarde estaban de regreso, en Estados Unidos, y tras una rápida revisión del pediatra pudieron sacar a Grace de su yeso y programaron una visita de seguimiento para empezar a tratar su displasia de cadera.

Pero, ocultas en el yeso, la cintura y las piernas de la niña estaban terriblemente delgadas. Menos de 24 horas después de quitarle la spica, Grace se había roto el fémur izquierdo y la tibia derecha.

Parecía que, en vez de ayudar con la displasia de cadera, el yeso había empeorado las cosas, al permitir que sus huesos se convirtieran tan frágiles como el cristal. Así que volvió al yeso.

Unos meses más tarde, y finalmente libre del yeso, Grace descansaba en los brazos de su mamá en una tienda de artículos deportivos en la que buscaban una canoa para un campamento próximo. Grace se movió para apuntar hacia una canoa rosa que le gustó.

El sonido, me dijo después la mamá de la pequeña, fue como el de una escopeta. Liz se estremeció. Grace lloró. Minutos más tarde la frenética nueva madre y su hija, que lloraba a gritos, estaban de regreso en el hospital. La pierna de Grace había vuelto a romperse.

Antes de que sus padres me contaran la historia, me resultó claro que en el caso de Grace había más en juego que una displasia congénita de cadera. La respuesta estaba en sus ojos. Los ojos humanos se distinguen porque la esclerótica —lo que llamamos "blanco de los ojos"— resulta visible, mientras que en la mayor parte de los animales está escondida, casi por completo, tras pliegues de piel y la órbita del ojo. Para los dismorfólogos esto presenta una ventana de oportunidad extra para entender qué está pasando con los genes de un paciente.

La esclerótica de Grace no era blanca, sino de un tono azul muy claro; eso, sumado a su historia de fracturas, me dijo que seguramente sufría algún tipo de osteogénesis imperfecta, u OI, una enfermedad en la que un defecto genético inhibe la producción de colágeno de buena calidad, que es esencial para tener huesos sanos y fuertes. La misma carencia de colágeno que hacía que sus huesos fueran tan frágiles también le daba a su esclerótica esa tonalidad azul claro, y un rápido vistazo a sus dientes —cuyas puntas eran transparentes por la misma razón— me reveló que iba sobre la pista correcta.

No hace mucho la OI no habría sido considerada siquiera como diagnóstico, pero en los últimos años esta enfermedad ha recibido mucha atención, gracias en buena medida a un niño indiscutiblemente adorable de nombre Robby Novak —mejor conocido como el Niño Presidente—, cuya serie viral de videos motivacionales, en los que llama al mundo a "dejar de ser aburrido", han sido observados por decenas de millones de personas en todo el mundo.

Pero Robby, que sufrió más de 70 fracturas y se sometió a más de 13 operaciones antes de cumplir 10 años, no tenía como propósito llamar la atención sobre la OI. "Quería que todo mundo supiera que no soy el niño ese que se rompe todo el tiempo", le dijo a CBS News en la primavera de 2013. "Sólo soy un niño que quiere divertirse."[1] Sin embargo, la historia de Robby inspiró a mucha gente a observar con más detenimiento la OI y qué se está haciendo para ayudar a quienes la padecen.

Esta enfermedad también ha aparecido en las noticias por otras razones, en particular porque se ha convertido en un factor importante en miles de investigaciones por abuso infantil. Por ejemplo, tenemos el caso de Amy Garland y Paul Crummey. Los trabajadores sociales de su país acusaron a esta pareja británica de abusar de su hijo, al que poco después de nacer le encontraron ocho fracturas en las piernas y los brazos. Tras arrestarlos bajo sospecha de abuso, se le prohibió a Amy y a Paul que vieran a sus hijos sin la supervisión adecuada. La corte decidió no quitarles al niño porque aún estaba lactando, así que le ordenaron a Amy que se mudara a unas instalaciones en las que pudieran vigilarla. La realidad imitó a la televisión: las autoridades locales los ubicaron en una casa en la que podían observar a la familia 24 horas al día mediante cámaras de circuito cerrado, como si fueran concursantes del programa de televisión *Big Brother*.[2]

A los trabajadores sociales y al resto de las autoridades les llevó 18 meses darse cuenta de que habían cometido un error terrible. El hijo de Amy y de Paul no sufría de abusos, sino de OI.

No es difícil entender por qué las radiografías de un niño que sufre OI pueden parecer pruebas de abuso infantil, puesto que revelan múltiples fracturas en diferentes etapas de curación. Pero como han existido casos en los que los trabajadores sociales y los médicos —que sólo quieren proteger a los niños del peligro— han acusado injustamente a buenos padres de ser unos abusadores, hoy en día la mayor parte de los tribunales piden que se considere la OI como parte de las investigaciones por abuso infantil.

Si bien estas revisiones están más generalizadas, para quienes son sospechosos en los casos de abuso infantil el problema es que descartar la OI puede tardar bastante. A pesar de lo que hayas podido concluir tras ver tantos dramas policiacos en la televisión, entender lo que nos dice el ADN de una persona no es tan fácil como ponerse una bata de laboratorio y asomarse a un microscopio. Hay muchas razones por las cuales una persona puede tener huesos frágiles, de modo que encontrar la causa, mediante métodos bioquímicos y genéticos, puede llevar semanas o incluso meses. Dada la conciencia que hoy existe sobre la existencia de la OI, lo relativamente infrecuente que es la enfermedad (sólo unos 400 casos al año en Estados Unidos) y la aparente epidemia de abuso infantil (más de 100,000 casos documentados de maltratos físicos y unas 1,500 muertes al año),[3] tanto la policía como los servicios sociales tienden a tomar la difícil decisión de pedir perdón en vez de pedir permiso.

Por suerte la historia de Grace no sugería en lo absoluto que el abuso debiera estar al inicio en la lista de posibles causas de sus múltiples fracturas. Esto quería decir que podíamos concentrarnos de inmediato en cuál era el problema, y que sus padres serían nuestros socios en la búsqueda de respuestas y acciones que le dieran a Grace la vida feliz y saludable que merecía.

Hasta hace poco no había gran cosa que pudiéramos hacer por los que llamamos *tipos no letales* de OI. Hoy la enfermedad sigue siendo un desafío, pero con sólo echarle una mirada a Grace hoy te darías cuenta de que no es uno insuperable.

Por supuesto no existe una sola clase de terapia que resulte suficiente para enfrentar los complejos problemas que se originan en las profundidades de nuestros genes, pero cuando empezamos a descifrar la combinación correcta de medicinas, terapia física e intervenciones tecnomédicas podemos tener un efecto real. Con esas herramientas —y armada con su propio

Herencia

valor y persistencia y unos padres dedicados— Grace dejó de ser una bebé frágil y diminuta y se ha convertido en una niña resistente y aventurera. Con cada nuevo paso, sus experiencias vitales dan forma y desafían a su código genético. Grace es un ejemplo formidable de cómo el entorno que Liz y David crearon para ella le permitió construir un esqueleto más fuerte.

Y si ella puede sobreponerse a su destino genético, nosotros también. Porque, aunque probablemente no lo sepas, tus huesos, igual que los de Grace, también se están rompiendo todo el tiempo. Una grietita por aquí, una fisura por allá... nuestros huesos están en un estado continuo de destrucción y reconstrucción. Así nuestros esqueletos se vuelven más perfectos cada vez.

Para entender qué papel desempeña el ADN en la construcción y destrucción de nuestros huesos, primero tenemos que entender cómo funcionan. Lejos de estar compuestos del material denso, muerto y pétreo que mucha gente imagina cuando piensa en huesos, nuestros esqueletos están bastante vivos, y se transforman constantemente para satisfacer las exigencias siempre cambiantes de nuestra vida. Esta remodelación de nuestros huesos es producto de una batalla microscópica entre dos tipos de células, los osteoclastos y los osteoblastos, que se asemeja a la relación entre los dos protagonistas del videojuego de Disney inspirado en la película *Ralph el Demoledor*.

Los osteoclastos son los Ralph el Demoledor del sistema esquelético: están programados para romper y disolver nuestros huesos, pieza por pieza. Los osteoblastos son los Félix el Reparador: ellos tienen la pesada tarea de volver a construir tus huesos. Tal vez te parezca que eliminar a Ralph el Demoledor daría como resultado huesos más fuertes, pero no funciona así. Como descubrieron los personajes de esta encantadora película, no pueden existir el uno sin el otro.

Esta sociedad de destructores y reparadores permite que cada diez años nuestra estructura esquelética se renueve por completo. Como un fabricante de espadas que pliega capa tras capa de acero para forjar un arma resistente, el ciclo de romper y reparar y romper y reparar que da origen a la regeneración ósea nos dota de esqueletos bastante personalizados que, en la mayor parte de los casos, pueden soportar toda una vida de carreras, saltos, caminatas, ciclismo, giros y bailes.

Por supuesto, un poco de calcio extra en la dieta no viene mal. Y si eres de esas personas que adoran el cereal en el desayuno, casi todas las mañanas obtienes una buena ración.

Si comes Froot Loops, Frosted Flakes o Rice Krispies ya conoces los productos que fabrica la compañía que fundó William K. Kellog, hermano del famoso doctor John Harvey Kellogg. Pero el doctor Kellogg hizo mucho más que prestarle su nombre a un marca; en su época era conocido como un gurú de la salud, y hoy probablemente nos parecería un poco excéntrico (entre otras cosas creía que el sexo, incluso el de la variedad monógama, era peligroso).

También fue un pionero en el campo de la terapia vibratoria de cuerpo completo. En su famoso sanatorio, Kellogg sometía a sus pacientes a sillas y bancos vibratorios con la esperanza de mejorar su estado de salud. La idea de Kellogg era, más o menos, que al sacudirlos podía extraer la enfermedad de sus pacientes.

Más de cien años después aún vemos la terapia vibratoria con escepticismo. Algunos médicos han desaconsejado explícitamente las exposiciones prolongadas a la vibración en la mayor parte de los casos. Pero hay investigadores que están explorando las posibilidades de que, en algunos grupos específicos de pacientes, las vibraciones obliguen a los osteoclastos y a los osteoblastos a trabajar al unísono para romper y reparar los huesos, de modo que una terapia que hace mucho se rechazó por extravagante, tal vez pueda ser usada con pacientes con OI. Eso, a su vez, nos ha invitado a echarle otra mirada a la terapia vibratoria para los pacientes que sufren osteoporosis —una enfermedad que afecta a millones de personas—; tal vez un poco de movimiento pueda desencadenar la expresión genética correcta para construir huesos más fuertes.

Incluso en quienes tienen una herencia genética perfecta, el desuso, la edad, la mala alimentación y los cambios hormonales pueden hacer estragos en el exquisito equilibrio que le da forma a nuestra estructura interna. Lo que estamos descubriendo es que nuestro sistema esquelético puede ser bastante implacable con nuestros malos hábitos.

Y, como ahora sabemos, las mutaciones genéticas pueden ser igual de inmisericordes. Tenemos, por ejemplo, a la joven Ali McKean, que sufre una rara enfermedad que convierte sus células endoteliales (las que recubren la superficie interior de los vasos sanguíneos) en osteoblastos (los Félix el Reparador de las células productoras de huesos). En otras palabras, sus células están convirtiendo sus músculos en huesos. Y sí, es tan terrible como suena.

El caso más famoso de *fibrodisplasia osificante progresiva*, o FOP, por sus siglas en inglés, que a veces se conoce como enfermedad del hombre de piedra, es el de un habitante de Filadelfia, llamado Harry Eastlack, cuyo cuerpo comenzó a volverse rígido cuando tenía cinco años de edad y, para cuando murió, a la edad de 39, se había fusionado en forma tan completa que lo único que podía mover era los labios. Hoy puedes visitar el esqueleto de Eastlack en el Museo Mutter de la Escuela de Medicina de Filadelfia, donde sigue resultando de interés para los investigadores que tratan de descifrar el misterio de la FOP.

Se cree que la enfermedad del hombre de piedra afecta a una de cada dos millones de personas, y cualquier herida la agrava. Eso significa que cada vez que Ali choca con algo, o se da un golpe, su cuerpo responde mandando osteoblastos a la escena del daño para que fabriquen hueso, y es por ello que cualquier operación para eliminar el exceso de tejido provoca que crezca aún más hueso.

En los últimos años a los investigadores que estudian la FOP los ha motivado el descubrimiento de que las mutaciones en un gen llamado *ACVR1* pueden causar FOP.[4] Se cree que algunas de estas mutaciones provocan que a partir del gen *ACVR1* se produzcan proteínas que sirven como un interruptor constantemente encendido. En vez de un crecimiento óseo sano en los lugares y los momentos en los que se requiere, el proceso se sale por completo de control.

Pero descubrir el gen culpable sólo es el inicio de un largo camino para encontrar una cura para quienes sufren de la misma enfermedad que Ali. La detección temprana es clave, pues permite que los padres y los cuidadores estén atentos y ayuden a los pacientes a evitar las lesiones tanto como sea posible. En el caso de Ali, desafortunadamente, los doctores no supieron cuál era el problema hasta que tenía cinco años de edad, y si piensas en todos los golpes y caídas que sufren los niños pequeños puedes imaginarte lo devastador que ese retraso va a ser en su salud a largo plazo. Y eso sin hablar de todos los procedimientos médicos a los que la sometieron sus médicos mientras trataban de entender qué sucedía en su interior, sin saber que le hacían más mal que bien.

Se piensa que la mayor parte de las mutaciones en el gen *ACVR1* son nuevas; estas mutaciones, que llamamos *de novo*, no se heredan de ninguno de los padres. Así se retrasa aún más del proceso de diagnóstico, puesto que probablemente no existen antecedentes de FOP en la familia.

Por desgracia, sí existía una pista, si bien una tan sutil que resulta comprensible que la hayan pasado por alto: el dedo gordo de Ali, el cual era muy corto y estaba doblado hacia los demás.[5] Esa señal dismórfica, aunada a los otros síntomas de Ali, podría haberse entendido como una advertencia que habría ayudado a asegurar el diagnóstico.[6]

Piénsalo así: frente a una enfermedad genética sorprendentemente complicada, el enfoque menos invasivo y con la tecnología menos sofisticada —un vistazo largo y concienzudo al dedo gordo de Ali— habría sido la mejor forma de diagnosticar su enfermedad.

Mucho tiempo después de que morimos nuestros huesos revelan pistas sobre la infinidad de experiencias vitales que fueron afectadas por nuestros genes. El tan examinado esqueleto de Harry Eastlack es un ejemplo obvio: los visitantes del Museo Mutter pueden ver con gran claridad cómo su enfermedad hizo que su esqueleto se fusionara como una araña que envuelve un insecto en su tela. Pero hay otros ejemplos, más sutiles.

Pongamos por caso que recuperamos algunos huesos de la desaparecida tripulación del *Mary Rose*, el buque insignia del rey Enrique VIII de Inglaterra, que se hundió el 19 de julio de 1545, mientras peleaba contra una flota invasora francesa. ¿Qué nos dirían?

Aunque existen muchas narraciones diferentes, todavía no sabemos bien por qué se hundió el *Mary Rose*, ni conocemos gran cosa sobre las identidades de los hombres cuyos huesos acabaron en el fondo del estrecho de Solent, justo al norte de la isla de Wight, en el canal de la Mancha. Pero un proceso científico moderno llamado análisis osteológico puede ayudarnos a descifrar cómo usaron sus huesos. Los marineros nos dejaron una enorme pista: tenían omóplatos anchos.[7]

Los investigadores creen que la mayor parte de las tareas que se les exigían a los marineros requerían que usaran ambas manos por igual.

Excepto, claro, una tarea importante: la arquería con arco largo era obligatoria para todos los marineros capaces en la Inglaterra de los Tudor, y el *Mary Rose* llevaba a bordo 250 arcos (al parecer muchos de los cuales se usaron para lanzarles "flechas incendiarias" a los barcos enemigos).

A diferencia de los arcos actuales de competencia, de fibra de carbono —los complejos modelos mecánicos que puedes ver en las Olimpiadas—, los que se usaban en la Inglaterra del siglo XVI eran muy pesados. Puede que muchas cosas hayan cambiado en los siglos transcurridos desde que se hundió el *Mary Rose*, pero una no: si eres diestro, como somos la mayor parte de las personas, lo más probable es que sostengas tu arco con la mano izquierda.[8]

Por supuesto, ya sabemos que el uso repetitivo de un brazo, en relación con el otro, puede dar como resultado diferencia en el tamaño, forma y tono de los músculos. Si juegas tenis o simplemente lo has visto con cuidado, sabes que el brazo con el que usa la raqueta un jugador suele ser mucho más musculoso que el brazo opuesto. (Rafael Nadal, el fenómeno español del tenis, que es zurdo, es un fantástico ejemplo: su brazo dominante parece digno de una versión pequeña y menos verde del Increíble Hulk.)

Pero el uso constante, el desgaste y el peso no sólo tonifican los músculos; también ponen a trabajar a los osteoclastos y a los osteoblastos, que modifican su expresión genética para construir huesos más fuertes. También tejen un aspecto de nuestra historia que durará tanto como duren nuestros huesos.

No tenemos que remontarnos cientos de años para encontrar un ejemplo de la forma en que funcionan nuestros maleables esqueletos. Si alguna vez has visto un juanete has sido testigo del mismo fenómeno. Sentarse en un vagón de la línea 6 del metro de Nueva York, que cruza Manhattan, en uno de esos calurosos días de verano en los que todo mundo usa sandalias, es una oportunidad inmejorable para la contemplación de juanetes. Si tienes uno, o alguna vez lo adquieres, no maldigas a tus huesos por portarse mal: sólo están respondiendo a la vida de zapatos apretados a la que los has condenado. Por no mencionar una desafortunada predisposición genética que parece condicionarte a sufrirlos.[9] Así que no te sientas mal si terminas teniendo juanetes; piensa que tal vez sea la única ocasión en la que puedas echarle la culpa de algo, tanto a tus padres como a tus zapatos a la moda.

Como hemos visto, independientemente de nuestra predisposición genética todos hemos heredado genes que nos permiten tener esqueletos maleables. Otro ejemplo de cómo nuestros comportamientos pueden provocar cambios en nuestros huesos resulta evidente en las vidas de nuestros hijos: durante unos años hemos notado cambios perjudiciales en las curvaturas de las columnas vertebrales de los niños de educación básica, que han estado pagando el precio de llevar mochilas sobrecargadas.[10] Gracias a la atención que se le ha prestado a este problema, muchos padres les han dado a sus hijos mochilas con ruedas, muy parecidas a los maletines de viaje que llevamos al aeropuerto.

No es de sorprender que muchos niños hayan protestado ante la idea de llevar mochilas con rueditas. "Es de retrasados"; así lo califica el hijo de un amigo, que va en secundaria. Y es por eso que la creativa respuesta de una compañía a este problema —un patín del diablo que se pliega para convertirse, estilo Transformer, en una mochila con ruedas— se volvió una mina de oro. A dos años de haber lanzado su producto en línea, Glyde Gear seguía tan sobrepasado de pedidos que le llevaba más de un mes y medio surtirlos todos, y tuvo que dejar de recibirlos por un tiempo para ponerse al día.

Pero no todo lo que se hace con buenas intenciones tiene buenos resultados. Las mochilas tradicionales eran malas para las posturas de los niños, pero al parecer las mochilas con ruedas representan un riesgo de caídas y un dolor de cabeza para los encargados del mantenimiento de las escuelas (tienden a dejar arañazos en los pisos y a abollar las paredes).

Desgraciadamente eso mismo ocurre con frecuencia en medicina. Como veremos en las páginas que siguen, las nuevas soluciones para los viejos problemas muchas veces crean otros problemas que requieren otras soluciones. A veces ser demasiado flexibles, como cuando nuestros huesos son excesivamente maleables durante nuestros primeros años de desarrollo, puede deformarnos para siempre.

Un ejemplo de esto comenzó a ocurrir a mediados de la década de 2000, como respuesta a la campaña De Vuelta a la Cama (Back to Sleep) del National Institute of Child Health and Human Development (Instituto Nacional de Salud Infantil y Desarrollo Humano). Gracias a esta exitosa iniciativa el porcentaje de padres que pone a sus bebés a dormir de espaldas se ha disparado de sólo 10 por ciento hace unos años hasta un sorprendente 70 por ciento en la actualidad.

La campaña nació como respuesta a las recomendaciones de la Academia Americana de Pediatría, que había estado buscando formas de reducir la frecuencia del síndrome de muerte súbita infantil (SIDS, por sus siglas en inglés) mediante el cambio de hábitos asociados con un problema que le estaba costando la vida a cerca de uno de cada mil bebés.

Durante un periodo de 10 años, tras la introducción de la campaña, la tasa de SIDS se redujo a la mitad. Como sucede con cualquier avance médico, ese éxito vino acompañado por una complicación imprevista pero también bastante benigna: los niños que duermen de espaldas durante la etapa en la que todavía se están formando y fusionando las placas óseas que constituyen la parte posterior de sus cráneos tienen más probabilidades de tener cabezas ligeramente deformes. Así, los bebés con cabezas deformes se volvieron bastante comunes: durante los años en los que dormir de espaldas se volvió la norma, la frecuencia de este efecto se quintuplicó.[11]

El nombre técnico de este fenómeno es *plagiocefalia posicional*, y por lo general no lo consideramos un problema médico muy serio. Pero en nuestra sociedad, cada vez más obsesionada con la perfección física, muchos padres han terminado visitando a un ortopedista, un especialista en artefactos de uso externo diseñados para modificar las características funcionales o estructurales de nuestros huesos y músculos. Mediante un dispositivo llamado casco de remodelación craneal los ortopedistas pueden ayudar a corregir la forma de la cabeza de un bebé. La plagiocefalia posicional demuestra que nuestros cuerpos no funcionan en un vacío del desarrollo y pueden ser inducidos a cambiar en forma permanente como respuesta a las circunstancias en las que vivimos.

Mi primer encuentro con uno de estos cascos ocurrió hace cerca de una década, cuando caminaba por Central Park, en Manhattan. En ese momento no sabía para qué se usaban, y asumí, erróneamente, que era testigo de una nueva moda entre los padres preocupados por la seguridad de sus hijos, la de ponerles cascos cuando salían a pasear en carriola.

Más tarde descubrí los detalles de su funcionamiento. El propósito del casco es remodelar el cráneo de los bebés al eliminar la presión sobre las partes más planas, lo que permite que el cráneo vuelva a crecer en esas áreas. Este dispositivo funciona mejor en niños de entre cuatro y ocho meses de edad, debe ser usado 23 horas al día y ajustarse cada dos semanas. Puede costar más de 2 mil dólares, y en general no lo cubre un seguro.

Sin embargo, las cabezas de los niños son muy maleables, y los estudios están revelando que los padres que usan ejercicios de estiramiento y almohadas especiales pueden ver mejorías significativas en la forma de la cabeza de sus hijos, incluso sin el uso del casco.[12]

Pero a la larga lo importante no es la forma sino la resistencia. La verdad es que somos una especie bastante torpe, y dada la importancia y la relativa fragilidad de nuestros cerebros es vital que nuestros cráneos conserven su integridad estructural.

La resistencia, por otra parte, no sólo es un tema de dureza. En lo que respecta a nuestros huesos y a nuestro genoma el secreto de la verdadera resistencia es la flexibilidad. Y es por eso que quiero hablarte sobre el *David* de Miguel Ángel.

Era como meterse a una fotografía de Edward Burtynsky.

Este celebrado fotógrafo, famoso por sus imágenes de paisajes industriales, ha pasado mucho tiempo tomándole fotos a las canteras italianas de mármol de Carrara, célebres por las grandes cantidades de mármol blanco azulado que se extraen de ellas, y que usan constructores y escultores de todo el mundo.

Hace unos años, cuando viajaba por los Alpes italianos y descubrí una de estas canteras, me maravilló la audacia de la operación. Por los estrechísimos caminos de montañas se arrastran enormes tractores que transportan bloques de mármol del tamaño de minivans desde las profundidades de la tierra hasta centros de preparación en la cercana región de la Toscana. Desde allí viajan en tren, barco o camión hasta muchos lugares del planeta.

El mármol es producto de la metamorfosis de rocas sedimentarias de carbonato que se formaron hace millones de años, cuando cantidades enormes de conchas marinas se depositaron en el fondo de los océanos. Estos sedimentos luego se convirtieron en piedra caliza, y tras miles y miles de años de altas temperaturas y presiones provocadas por los procesos tectónicos finalmente son liberados por operaciones como la de Carrara.

El mármol de Carrara es una roca relativamente suave y fácil de trabajar con el cincel; por eso la buscan tanto los escultores y los artesanos. También es muy resistente, y ésa es la razón de que esculturas como el *David* de Miguel Ángel hayan sobrevivido, intactas, por más de 500 años.

Bueno, casi intactas. Resulta que David tenía malos los tobillos, y a lo largo de los años el tamborileo de las pisadas de los millones de turistas que visitan la Galleria dell'Accademia de Florencia se han cobrado su precio en la estabilidad de la estatua. De alguna forma, la fortaleza de David es también su punto débil: la rigidez del mármol lo hace vulnerable al resquebrajamiento.

Nosotros también seríamos así de no ser porque nuestros esqueletos se regeneran y por los genes que codifican sustancias como el colágeno, que les dan estructura.

En los humanos la producción de colágeno depende de nuestro ADN, y ocurre en respuesta a las exigencias que nos impone la vida. A diferencia del *David* de Miguel Ángel, nuestros tobillos sí pueden curarse tras un esguince gracias a un aumento en la producción de colágeno a través de la expresión genética.

En los humanos el colágeno viene en más de dos docenas de tipos distintos, y además de ser esencial para tener huesos sanos, puede encontrarse en todo el cuerpo, desde el cartílago hasta el pelo y los dientes. De los cinco tipos principales de colágeno el tipo I es el más abundante, y conforma más de 90 por ciento del colágeno del cuerpo. Este tipo de colágeno también se encuentra en las paredes de las arterias, donde les da la elasticidad que necesitan para no reventar cada vez que nuestros corazones se contraen y mandan por ellas el contenido de un ventrículo lleno de sangre.

Si hay un lugar en el que realmente notamos cuándo comienza a fallar nuestro colágeno y a perder su fuerza tensora es en nuestros rostros, en donde le da estructura a nuestra piel. Por eso cuando escuchas la palabra colágeno tal vez te imaginas la sustancia que algunas personas se inyectan en las mejillas para verse más jóvenes.

Y no es un mal lugar para comenzar, porque nos ayuda a entender el papel que el colágeno desempeña como una proteína de soporte estructural. Después de todo, nadie lo usaría para rellenarle las mejillas y labios a la gente si no mantuviera su forma, ¿no?

El término colágeno tiene su origen en el griego antiguo *kolla*, que significa "pegamento". Antes de que existiera la producción moderna de pegamento, la mayor parte de la gente tenía que arreglárselas por su cuenta para mantener las cosas unidas. Para fabricar pegamento se hervían, durante horas, tendones y pieles de animales ricas en colágeno, que era lo que le deba la fuerza necesaria para pegar cosas. (De aquí viene la expresión inglesa "mandar al caballo a la fábrica de pegamento", es decir: era hora de sacrificarlo.)

El catgut, ese tipo de cuerda que se usa para los instrumentos musicales, también está hecho, en su mayor parte, del colágeno que se encuentra en las paredes de los intestinos de las cabras, las ovejas y el ganado (pero no proviene, curiosamente, de los gatos). También se ha usado por muchos años para fabricar raquetas de tenis; se necesitan unas tres vacas para obtener cuerdas para una sola raqueta. La fuerza tensora del catgut, que se debe al colágeno presente en la serosa de las vísceras animales, es lo que la hace tan deseable. La fuerza tensora es la fuerza mensurable con la que se puede estirar o deformar un material antes que se rompa. Podemos pensar en ella como lo opuesto a lo quebradizo.

También hace que ciertos alimentos resulten tan divertidos de masticar. Si te gustan las salchichas o disfrutas cocinar hot dogs durante las parrilladas veraniegas y los picnics improvisados te alegrará saber que todos los diversos trozos que componen las salchichas se mantienen juntos gracias a la fuerza del colágeno. Como muchos veganos pueden explicarte, la gelatina y los malvaviscos obtienen su textura de un derivado del colágeno. En total, cada año se producen, en todo el mundo, unos 400 millones de kilos de gelatina que llegan a tu hogar, o a tu paladar, por distintas vías, desde las galletas de desayuno hasta las cápsulas de vitamina e incluso ciertas marcas de jugo de manzana.

Cuando le pegas a una pelota con la raqueta de tenis, le pellizcas las mejillas a tus seres queridos o haces rebotar unos deliciosos ositos de goma sientes que el material se deforma y vuelve a su forma original. Esa elasticidad ocurre gracias al colágeno.

Pero el ejemplo definitivo de que la flexibilidad es lo mismo que la fuerza es un pez de agua dulce de dos metros de largo llamado arapaima. Se encuentra entre los pocos animales que pueden vivir sin miedo en las aguas infestadas de pirañas, gracias a que poseen genes que codifican para escamas recubiertas de colágeno que ceden, pero no se rompen, cuando las golpean objetos puntiagudos. Investigadores de la Universidad de California en San Diego creen que esto convierte al arapaima —que no ha evolucionado gran cosa en los últimos 13 millones de años—[13] en un buen modelo para construir cerámica flexible que puede usarse para fabricar armaduras corporales. Una más de las múltiples formas en las que buscar soluciones en la naturaleza puede ayudarnos a resolver problemas de la vida diaria.[14]

¿Qué tiene que ver todo esto con la genética? Sin la flexibilidad intrínseca de nuestro genoma nuestros huesos no servirían de mucho para enfrentar las vidas turbulentas que vivimos. Como nos enseñaron Grace, Ali y Harry no se necesita demasiado para descontrolar todo el sistema.

De hecho, sólo se necesita una sola letra.

El código genético humano está formado por miles de millones de nucleótidos —adenosina, timina, citosina y guanina, que abreviamos con las letras A, T, C y G—, todas alineadas en un patrón muy específico.

Ahora bien, dentro del área que normalmente codifica para construir colágeno en nuestros cuerpos, dentro de un gen conocido como *COL1A1*,[15] el código suele ir más o menos así:

G A A T C C—C C T—G G T

Pero una sola mutación aleatoria puede provocar que se vea así:

G A A T C C—C C T—**T** G T

Y eso es todo lo que se necesita para que cambie la forma en la que nuestro cuerpo fabrica colágeno. Una letra mal en el código y en vez de un esqueleto fuerte y flexible tenemos huesos tan rígidos como el mármol o tan frágiles como la arenisca.

¿Cómo es que una sola letra provoca una diferencia tan drástica?* Imagínate por un momento que escuchas la famosa pieza para piano de Beethoven "Für Elise". Empieza como siempre, pero cuando la pianista llega a la décima nota, se equivoca. No mucho, sólo un poco. ¿Te darías cuenta? ¿La pieza sería la misma? Y si fueras un productor de música clásica que está grabando esta interpretación para la posteridad, ¿ignorarías el error?

Beethoven era brillante. Sus composiciones eran increíblemente complejas. Pero comparadas con tu código genético, hasta las obras maestra de Beethoven son tan complicadas como "La cucaracha".

---

* En este ejemplo el cambio en el nucleótido es mortal, pues provoca una forma letal de osteogénesis imperfecta.

Nuestro código es como un viaje de billones de pasos. Si el primero sale un poco torcido, el resto del viaje también lo será.

Así que en un sentido muy real estamos a sólo una letra de sufrir una enfermedad genética que cambie nuestras vidas para siempre. Pero, como vimos en el caso de Grace, eso no quiere decir que estemos completamente indefensos. Como veremos con mucho más detalle, levantarte del sofá sirve para mucho más que para ponerte en movimiento.

Lo que no se usa se pierde. Y rápido.

Del mismo modo que los negocios más eficientes usan estrategias *just-in-time* para empatar la producción industrial con la demanda casi en tiempo real, nuestra especie ha evolucionado genéticamente para mantener bajos los costos de estar vivo, reducir el inventario cuando no lo necesitamos e hiperproducir cuando hace falta.

Al parecer ésa es una de las razones por las cuales la gente mayor obesa tiene menos probabilidades que sus coetáneos delgados de sufrir muchos tipos de fracturas comunes. Se parecen a los arqueros antiguos que iban por ahí cargando peso de más: el desgaste extra en sus esqueletos obliga a los osteoclastos y los osteoblastos a entrar en un furioso ciclo de roturas y reparaciones que puede dotar a su dueño de huesos más fuertes.

En contraste, sabemos que los nadadores, cuyos empeños atléticos ocurren en un entorno con gravedad reducida, tienen menos densidad mineral en el cuello femoral que los atletas que realizan actividades de carga de peso,[16] de seguro porque los nadadores (si bien realizan un ejercicio cardiovascular increíblemente benéfico) no reciben la misma cantidad de impactos esqueléticos que atletas en otros ambientes, como los corredores y los levantadores de pesas.

Podemos ver otro ejemplo cuando los astronautas regresan de la Estación Espacial Internacional tras viajes largos. Cuando una cápsula *Soyuz* que transportaba al astronauta estadunidense Don Pettit, al ruso Oleg Kononeko y al holandés André Kuipers aterrizó en el sur de Kazajistán, en julio de 2012, tras una estancia de seis meses en el espacio, los tres tuvieron que ser alzados y colocados en sillas reclinables especiales para que pudieran tomarles las fotografías de fin de la misión.[17] Durante los 193 días que pasaron flotando en la ingravidez del espacio sus cuerpos habían comenzado a erosionar la solidez de sus esqueletos.

Los astronautas se parecen mucho a las ancianas con osteoporosis. Y resulta que su cuidado médico también es similar. Uno de los ejes del tratamiento son bifosfonatos como el zoledronato y el alendronato, ambos medicamentos que, esencialmente, convencen a los osteoclastos de suicidarse en lugar de seguir rompiendo nuestros huesos. Hace poco descubrimos que las mismas medicinas pueden ayudar tanto a los astronautas como a las personas con osteogénesis imperfecta a mantener sus huesos en mejor estado.[18] Estas medicinas van a ser vitales ahora que algunas compañías privadas están buscando voluntarios para realizar la primera misión humana a Marte, un viaje que seguramente tomará al menos 17 meses en un ambiente de gravedad cero.

Pero antes de que te ofrezcas como voluntario para esa nave espacial, una advertencia. Si bien las personas que toman bifosfonatos se vuelven menos susceptibles a las fracturas que suelen sufrir los ancianos, en el cuello del fémur, por el contrario se vuelven más susceptibles a fracturas en el eje de ese hueso.

¿Por qué? Porque las medicinas están funcionando demasiado bien: detienen la producción y la remodelación del hueso y dejan a quienes las toman con lo que se llama "huesos congelados", un estado que se cree que aumenta la susceptibilidad a ciertas clases de fracturas, como las de los tobillos del *David*.

Siempre me deja boquiabierto el increíble rango de efectos que emanan de los más sutiles cambios en nuestro código genético y en su expresión. Como ya hemos visto, con que ocurra un simple cambio de letra en una serie de miles de millones de ellas tendrás huesos que se rompen con la más mínima presión. Un pequeño cambio en cualquiera de nuestros genes puede alterar por completo tu destino.

Ya sea que hayas heredado un gen defectuoso, que te quedas en cama demasiado tiempo, haces ejercicio, comes mal, te escapas de la gravedad o sencillamente te haces viejo, te predispones a sufrir las mismas desagradables consecuencias esqueléticas. Por suerte estamos lejos de ser unos custodios inermes de nuestro esqueleto, gracias a una lista cada vez más nutrida de opciones que incluyen un arsenal de medicamentos, ejercicios de carga de peso y tal vez incluso terapia vibratoria. Ya sea que nuestra vulnerabilidad sea producto de nuestros genes, nuestro estilo de vida, o ambos, disponemos de muchas modalidades preventivas y terapéuticas que podemos usar para que nuestros huesos sean menos susceptibles a las fracturas.

Entender la biología básica de la pérdida de los huesos también puede desempeñar un papel importante para mantenerlos en buen estado. Esta información puede usarse para guiar nuestras decisiones diarias, para realizar actividades y adoptar estilos de vida que nos doten de esqueletos fuertes y resistentes.

Para hacerlo necesitamos entender todas las bases genéticas del funcionamiento de nuestros huesos. Al estudiar a Grace y a otras personas cuyo ADN los hace tener huesos frágiles podemos encontrar más rápido nuevos tratamientos para enfermedades mucho más comunes, como la osteoporosis.

Cuando se trata de genética, lo raro ayuda a entender lo común.

Y al hacerlo, millones de héroes desconocidos, como Grace, le otorgan al mundo un regalo genético único y precioso.

Capítulo 5

Alimenta tus genes

Lo que nuestros ancestros, los veganos y nuestros microbiomas pueden enseñarnos sobre nutrición

Me quedé dormido con la ropa que traía puesta. A veces, tras un turno particularmente largo en el hospital, es lo que pasa: empleo hasta la última pizca de energía para llegar a casa, subir las escaleras y desplomarme en mi cama; en esos momentos la pijama es un lujo que no puedo permitirme.

Ese día pasaba un poco de la medianoche cuando me tiré sobre las cobijas. Podría jurar que apenas habían pasado unos minutos cuando mi bíper comenzó a zumbar sobre la mesa de noche.

Con la cabeza aún enterrada en la almohada estiré el brazo en dirección al endemoniado aparatito negro. Como no lo encontré, tuve que estirar el cuello y abrir los ojos. El brillo de los números azules en mi reloj despertador pasó, en un parpadeo, de las 3:36 a las 3:37 a.m.

Tres horas y media, me dije para mis adentros, ya tratando de calcular cuántas horas de vigilia me había comprado con una inversión de media noche de sueño. *No está tan mal.*

No se necesitan muchos bípers madrugadores para que uno aprenda a reconocer los números: 175075 es urgencias, 177368 es recepción. Y 0000 quiere decir que tienes en espera una llamada externa.

El reto, con esas llamadas, es que nunca sabes qué esperar. A veces son unos padres ansiosos que ya saben que su hijo padece alguna rara enfermedad genética pero no saben si deberían preocuparse por un nuevo grupo de síntomas que acaba de aparecer. En algunas ocasiones es un doctor de

Herencia

otro hospital que acaba de ver a un paciente que no está seguro de cómo tratar, y está buscando consejo. En otras, se trata una esas llamadas que ningún doctor querría recibir: cuando un paciente empeora.

Tomé mi teléfono y traté de escabullirme de la cama sin despertar a mi esposa, que respiraba tranquila junto a mí. Salí del cuarto de puntillas, cerré suavemente la puerta y me asomé una última vez antes de salir. No se escuchaban murmullos ni vueltas inquietas. Seguía dormida.

¡Un éxito! Soy un ninja de la noche.

Apreté el botón de *recall* del bíper. El temido número 0000 me contemplaba como los diminutos ojos de un búho. Los números, de un azul brillante, iluminaban el pasillo oscuro. Marqué el número y esperé.

"Localización del hospital..."

"Soy el doctor Moalem. Estoy llamando por..."

"Gracias por regresar la llamada. Conectando..."

Se escuchó un suave *bip* y luego un torrente de palabras.

"¿Doctor Moalem? Lo siento, ya sé que es muy tarde... ¿O es muy temprano? Como sea, lamento molestarlo. Es que... mi hija Cindy. Ha estado con fiebre las últimas horas y estoy preocupada porque no ha estado comiendo mucho hoy."

Para algunos puede sonar como una preocupación un poco exagerada, pero sabía que el hospital no me la habría transferido de haber sido ésta toda la historia.

Hizo una pausa. En vez de interrumpirla dejé que la línea permaneciera en silencio.

"Ah, debería habérselo mencionado", dijo la mujer. "Mi hija tiene deficiencia de OTC."

Ahí estaba. En la deficiencia de ornitina transcarbamilasa, u OTC, una rara enfermedad genética que afecta a una de cada 80,000 personas, al cuerpo le cuesta mucho trabajo el proceso de convertir amoniaco[*] en urea, que en circunstancias normales se expulsa rápidamente de nuestros cuerpos cuando orinamos.

Este proceso, llamado el ciclo de la urea, ocurre sobre todo en el hígado y, en menor medida, en los riñones, y es una especie de barómetro

---

[*] Un subproducto común de los procesos metabólicos que tienen lugar cuando el cuerpo descompone las proteínas.

de nuestra salud metabólica general. Cuando funciona bien hacemos lo que se necesita para metabolizar las proteínas. Cuando no funciona bien nuestros cuerpos se llenan de amoniaco, que es una sustancia tan desagradable como su nombre lo sugiere.

Como si se tratara de una fábrica que arrojara desechos tóxicos, mientras más alta es la demanda metabólica mayor es el nivel de amoniaco que se produce. Normalmente esto es lo que ocurre cuando tenemos fiebre; por cada grado de aumento en la temperatura nuestros cuerpos queman cerca de 20 por ciento más calorías que de costumbre. La mayor parte de nosotros puede tolerar esta demanda extra por un tiempo; de hecho, al común de las personas tener un poco de fiebre cuando están enfermas les hace bien, pues aumenta la temperatura corporal lo suficiente como para hacerle la vida difícil a algunos microbios que causan enfermedades, con lo que desacelera su multiplicación y le da al cuerpo una oportunidad para defenderse.

Pero para personas como Cindy, cuyos metabolismos tienen, de entrada, un equilibrio más precario, hasta una fiebre menor puede hacer que las cosas se descompongan muy rápidamente. Después de todo el sistema nervioso es muy sensible al aumento en los niveles de amoniaco y al descenso de los de glucosa, que es lo que usamos para obtener energía. Si no se atiende esta situación metabólica puede provocar convulsiones y fallas orgánicas, que a su vez pueden provocar un coma.

En otras palabras, la mamá de Cindy tenía muy buenas razones para preocuparse por su hija. Y yo tenía buenas razones para salir de la cama.

Tomé mi laptop y escribí la contraseña que me permite entrar al sistema del hospital. Dado el historial previo de Cindy —había sido hospitalizada varias veces en los últimos años— resultaba claro que tenía que ir a urgencias.

Por suerte, su familia vivía cerca.

Yo también; los médicos de guardia que deciden vivir a más de unos pocos minutos del hospital suelen arrepentirse de esa decisión. Empaqué un par de cosas en una mochila y me sentí afortunado de no tener que volver a colarme en silencio a mi cuarto para cambiarme de ropa, porque lo cierto es que no soy un ninja. Cuando está oscuro soy bastante torpe, y además ruidoso. Al menos mi esposa podía quedarse, a esas altas horas de la noche, en nuestra cama, tibia, bien arropada y tranquila.

Tomé un plátano de la mesa de la cocina y me dirigí hacia la puerta. Todavía no eran las 4 de la mañana, pero ya estaba despierto.

Mientras conducía hasta el hospital y me comía mi plátano pensé en lo afortunado que soy de no tener que preocuparme mucho por la comida. Como la mayor parte de las personas trato de no consumir mucha azúcar ni grasas. En las raras ocasiones en las que me siento gastronómicamente audaz y matemáticamente capaz trato de ingerir un desayuno, una comida y una cena que me proporcionen 100 por ciento de las 21 vitaminas y minerales que recomienda el Food and Nutrition Board (Comité de Nutrición y Alimentos de Estados Unidos). Inténtalo alguna vez; verás que es más difícil de lo que parece.

Lo cierto es que para la mayor parte de la gente una dieta basada sólo en esas recomendaciones está lejos de ser perfecta. De hecho, es extremadamente improbable (tienes más oportunidades de ganarte la lotería) que las porciones recomendadas y los porcentajes de nutrientes que has estado leyendo en las envolturas de los alimentos empacados satisfagan exactamente tus necesidades individuales. Eso es porque estos números están basados en un cálculo bastante grosero de la cantidad de calorías, vitaminas y minerales esenciales que debe consumir la mayor parte de las personas sanas en Estados Unidos a partir de los cuatro años de edad. (Y para el Food and Nutrition Board "una mayoría" significa 50 por ciento de las personas más una, lo que deja a una minoría demasiado grande para la que estos lineamientos simplemente no se aplican.)

La realidad, por supuesto, es que todo mundo tiene necesidades muy diferentes. La mayor parte de los niños de cuatro años de edad (para los cuales 275 microgramos de vitamina A al día suelen ser suficientes) son muy diferentes de la mayor parte de las mujeres embarazadas de 32 años de edad (que generalmente necesitan tres veces más vitamina A). Es muy probable que hasta dos personas del mismo sexo, edad, origen étnico, altura, peso y salud general tengan necesidades muy diferentes en lo que se refiere al calcio, el hierro, los folatos y muchos otros nutrientes. El estudio de las formas en las que nuestra herencia genética afecta nuestras necesidades alimentarias se llama nutrigenómica.

En el capítulo 1 conociste a Jeff el Chef, que sufre de intolerancia hereditaria a la fructosa (HFI). Se trata de una enfermedad relativamente rara, pero hasta cierto punto a todos nos beneficiaría conocer algo sobre los genes que conforman nuestros genomas. No es raro que los millones de personas que tienen algún tipo de requisito nutricional particular que está relacionado con sus genes sientan que la comida no es su amiga. Por eso para muchas personas con enfermedades similares los menús de los restaurantes son un campo minado, y las listas del súper un reto casi insuperable.

Ahora bien, tal vez recuerdes que la HFI de Jeff requiere que diseñe menús personales sin frutas y vegetales (y también sin fructosa, sucrosa y sorbitol, que con frecuencia se añaden a la comida procesada). La deficiencia de OTC de Cindy es, en cierta medida, un negativo alimentario de esta enfermedad. La gente que sufre un OTC ligero con frecuencia no es diagnosticada; simplemente dice que no se siente bien cuando come carne, y durante toda su vida evita las comidas que la contienen. En términos genéticos, es mejor que se vuelvan vegetarianos o veganos, porque así les resulta más fácil mantener una baja ingesta de proteínas.

De manera muy similar a la de nuestras convicciones políticas, que pueden encontrarse en cualquier punto de un continuo que va del anarquismo al totalitarismo pero que suelen caer en algún punto intermedio, nuestras dietas existen en un espectro amplio y diverso. Del mismo modo que la mayor parte de nosotros podemos tolerar muchas ideas políticas con las que estamos más o menos en desacuerdo, nuestros cuerpos en general son buenos para tolerar casi todos los alimentos. E igual que hay algunas ideas con las que no puedes identificarte —el rechazo al sufragio universal, por ejemplo— tal vez existan algunos alimentos que sencillamente sean incompatibles con tu constitución genética.

Por lo general no pasamos mucho tiempo reflexionando sobre las razones profundas de nuestras convicciones políticas, y mucho menos examinando cómo es que adoptamos esas convicciones. Del mismo modo, es muy posible que existan alimentos que a tu cuerpo simplemente no le gustan, y también es muy posible que no sepas por qué.

Pero esto está comenzando a cambiar. En los últimos años quienes creen que sus problemas de salud pueden estar vinculados con la comida han encontrado que les resulta útil hacer dietas de eliminación, en las que primero se limitan a ingerir un pequeño número de alimentos y poco a poco comienzan a añadir nuevos a partir de esa base. El equivalente educativo sería algo así como una clase de introducción a la filosofía política que expone a los alumnos a la evaluación y a la historia de una amplia gama de ideas sociales y gubernamentales.

Sólo hay un pequeño problema: la solución no es tan sencilla.

Por el momento muchos de nosotros estamos resignados a comer como nos recomendó el doctor: mucho de esto y nada de aquello; esto a veces y casi nunca lo de más allá. Para la mayor parte de la gente esos consejos al menos son un buen punto de partida.

Del mismo modo que nuestras posturas políticas son un reflejo de nuestra herencia regional y cultural, nuestras dietas también eran, originalmente, un reflejo de nuestra herencia genética.*

Por ejemplo, para la mayor parte de las personas de ascendencia asiática los productos lácteos no sólo son incomibles: también pueden ser indigeribles. Verás, si tus ancestros criaban animales por su leche† es muy probable que sus genes sufrieran mutaciones que hoy hagan que, hasta bien entrada la edad adulta, tus propios genes sean excelentes fabricantes de las enzimas que se necesitan para romper la lactosa, uno de los azúcares que se encuentra en forma natural en la leche. Pero en la mayor parte del mundo, donde el ganado lechero no es tradicional, la intolerancia a la lactosa es mucho más prevalente en los adultos.

A pesar de esto, durante la última década, China ha visto un aumento tremendo en el consumo de productos lácteos. Así que no resulta sorprendente que los chinos tiendan a preferir quesos duros o variedades locales como el *rubing* (un delicioso queso de cabra de la provincia de Yunnan, parecido al halloumi mediterráneo). Esto ocurre porque, a diferencia de los quesos blandos, como el requesón, los quesos duros suelen contener menos lactosa.[1]

---

* Aunque no sepas qué clase de alimentos comían tus ancestros tienes que considerar que seguramente eran demasiado ricos en calorías (estoy pensando en los pasteles de manzana llenos de manteca, por ejemplo) para los niveles actuales de actividad física, muy bajos en comparación con los de ellos.
† Y si tienes ascendencia del oeste de África o de Europa es probable que así fuera.

En cierta forma, comer como lo hicieron tus ancestros equivale a usar las historias médicas familiares como herramientas útiles para evaluar los riesgos contra la salud de los pacientes, como lo hacemos en la actualidad. Si tienes una herencia étnicamente diversa y usas este método para evaluar tus necesidades alimentarias puedes terminar con algunas fusiones genéticas y culinarias de lo más interesantes. Esto puede conducir a algunas confusiones y a cierta frustración, en especial porque muchos de nosotros provenimos de un auténtico crisol étnico y genético. Por ejemplo, muchos individuos de origen hispanoamericano son una mezcla de infinidad de hebras genéticas. Si eres de origen hispano, que seas intolerante a la lactosa depende de cuál de los parches genéticos ancestrales heredaste.

Lo cierto es que, sin importar si provenimos de un solo contexto étnico o de dieciséis distintos, en nuestros días casi todos tenemos paladares más o menos globalizados, una situación que bien puede abrumar nuestras necesidades nutricionales reales. En el mundo desarrollado hasta la tienda de abarrotes más pequeña en el más somnoliento de los pueblitos ofrece una selección de carnes, frutas y granos que nuestros ancestros no muy lejanos jamás habrían soñado con comer, aunque pertenecieran a la realeza,

Si sigo mi propio consejo y busco inspiración nutricional en mis ancestros recientes tendría que entusiasmarme ante un plato de ñoquis de semolina rellenos de nueces y dátiles, y esperar que el resultado sea bueno en términos digestivos. Por supuesto, tu idea de lo que constituye una exploración gastronómica puede ser muy distinta; si hasta ahora no habías tratado de cambiar tu forma de comer puede ser buen momento para que tomes un plato y te sientes un rato a la mesa de tus ancestros. Claro que, dado nuestro estilo de vida, mucho más sedentario que en el pasado, tendremos que usar un plato más pequeño.

Incluso si emprendemos una experimentación alimentaria sistemática tendremos que enfrentarnos al hecho de que resulta muy difícil modificar nuestros hábitos y actitudes hacia la comida. Durante esta búsqueda te resultará útil saber que algunos estudios han hallado que cuando combinamos la educación teórica con sesiones de preparación y degustación (es decir, si no sólo enseñamos a pescar sino también a cocinar el pescado) se incrementan las posibilidades de una integración exitosa.[2]

Por supuesto hay otra motivación muy poderosa —la misma que

hace unos años inspiró al expresidente Bill Clinton a cambiar su dieta—: el deseo universal de vivir vidas más largas, plenas y sanas.

Tras toda una vida de comer cualquier cosa que se le antojara en el momento, de someterse a dos cirugías de corazón y de evaluar su historia familiar de padecimientos cardiacos, finalmente, en 2010, Clinton decidió emprender algunos cambios importantes en su vida, entre ellos adoptar una dieta casi completamente vegetariana.[3] A veces tienes que verte orillado a hacer un giro de 180 grados y, como Clinton, modificar de manera radical tu estilo de vida nutricional. Aunque estés adecuadamente motivado, la disponibilidad y el precio de los alimentos nutritivos y sanos puede ser un serio obstáculo, pero uno que vale la pena superar.

Bueno, ¿qué aprendimos hasta ahora? Hay que encontrar buenos alimentos, comer como tus ancestros recientes —pero no tanto como ellos—, activarse físicamente y escuchar a tu cuerpo en busca de pistas de que vas por buen camino.

Ojalá la vida fuera tan sencilla. Comer con la disciplina y al modo de tus ancestros, lejos de ser una solución utópica, no funciona bien para cualquiera. Después de todo somos genéticamente únicos, y como vimos con Jeff el Chef y Cindy y su deficiencia de OTC, no ser conscientes de cuál es nuestra herencia individual incluso puede resultar letal. Todos deberíamos comer de una forma que corresponda y se ajuste a nuestra herencia genética personal.

Como estamos por descubrir, está lejos de ser un problema moderno; de hecho, nuestros ancestros navegantes lo reconocerían con facilidad.

En el corazón de la sabiduría nutricional popular se encuentran las historias de los marineros británicos que sufrían de horribles sangrados de encías y que se llenaban de moretones con facilidad —a causa de una enfermedad llamada escorbuto— por la carencia de frutas y verduras frescas a bordo de los barcos. Antes de que inventáramos los refrigeradores eléctricos a lo más que podían aspirar los marineros era a una combinación de carnes secas y curadas y un poco de pan duro. A los hombres que se hacían a la mar durante meses, esta situación les provocaba algunas deficiencias nutricionales bastante espantosas, pero curiosamente no todos las sufrían del mismo modo.

Hoy sabemos que los cítricos son ricos en vitamina C, que en la mayor parte de la gente sirve para prevenir las deficiencias que padecían algunos de esos marineros. Por ese entonces lo único que sabían es que las limas y los limones los ayudaban a conservar los dientes en la boca y a mantener a raya los otros síntomas del escorbuto.

Resulta notable que las ratas que viajaban en esos barcos no sufrieran el mismo problema. Tampoco los gatos que solían llevarse en ellos para que le dieran batalla a esos roedores marineros. ¿Por qué las ratas y los gatos no perdían también los dientes?

Desde los cerdos hormigueros hasta las cebras, la mayor parte de nuestros primos mamíferos tienen copias funcionales de genes que les permiten a sus cuerpos fabricar vitamina C en forma natural. Pero los humanos (y los conejillos de Indias, curiosamente) tenemos un defecto metabólico congénito, una mutación genética que nos vuelve incapaces de hacer lo mismo. Y esto nos hace totalmente dependientes de la dieta para obtener nuestro suministro diario de vitamina C.

Al parecer algunos grupos dispersos de marineros descubrieron hace siglos los poderes mágicos de los cítricos, pero no fue sino hasta fines del siglo XVIII que el almirantazgo británico, acicateado por un médico escocés de nombre Gilbert Blane, hizo que sus marineros bebieran jugo de limón para combatir el escorbuto. En los viajes de regreso de los territorios caribeños del imperio, donde las limas eran más abundantes, los barcos iban cargados con los verdes primos taxonómicos de estas frutas, y es por eso que a los marineros británicos los conocían como *limeys*.[4]

Una vez que descubrimos que hacía falta consumir estas frutas, el siguiente paso era determinar la cantidad mínima de limones, limas, naranjas y otras parecidas que necesitábamos a diario para permanecer sanos (después de todo los británicos, proverbialmente burocráticos, necesitaban saber cuántos cítricos empacar para emprender un largo viaje por el mar). Éstas son las bases de la ciencia nutricional moderna, que hasta el día de hoy se asienta sobre la noción de que podemos entender una dieta sana en términos matemáticos. De aquí viene el término "ingesta diaria de referencia" (antes conocido como el consumo diario recomendado) que se usa para determinar —hasta el nivel de gramos, miligramos y microgramos— las cantidades de alimentos que se supone que todos necesitamos a diario para vivir de manera sana y activa. Muchas de estas cantidades se han calculado a partir de lo que requiere una persona promedio para superar una deficiencia sintomática, y no con base en lo que es óptimo para cada uno como individuos absolutamente únicos.

Y es por eso que no todos necesitamos la misma cantidad de vitamina C; si queremos entender qué es óptimo a nivel individual no tendremos más opción que fijarnos en nuestros genes. En un estudio sobre los genes que nos ayudan a absorber la vitamina C, los investigadores encontraron que las variaciones en un gen transportador llamado *SLC23A1* afectan el nivel de vitamina C en forma completamente independiente de nuestra dieta.[5] Parece que, incluso si aumentan su consumo de vitamina C, algunas personas siempre tendrán niveles más bajos de este nutriente, sin importar cuántos cítricos coman al día. Descubrir qué versión de este gen transportador heredamos puede ser muy útil para entender cuánta vitamina C puede absorber con éxito nuestro cuerpo.

Sin embargo, necesitamos más que una asesoría nutricional directa. Estamos descubriendo que algunas de las diferencias en nuestra herencia genética, por ejemplo, las distintas versiones de otro gen involucrado en el metabolismo de la vitamina C, el *SLC23A2*, se han asociado con un riesgo tres veces más alto de sufrir un parto prematuro espontáneo.[6] Se ha sugerido que esto puede relacionarse con el papel de la vitamina C en la producción de colágeno, que ayuda a conservar la fuerza de tensión que necesita una madre para mantener a su bebé dentro de su cuerpo.[7] Esto subraya, una vez más, la importancia de tomarnos en serio nuestra herencia genética en lo que se refiere a la nutrición.

Así, dado que las sugerencias nutricionales genéricas pueden ser erróneas en el nivel individual, debes estarte preguntando —y con razón—, cuál es la cantidad correcta de cítricos. ¿Y cuál es la dieta correcta para ti? ¿Qué alimentos deberías evitar? Las respuestas a estas preguntas son distintas para cada uno, no sólo por los genes que heredaste sino también —y más importante— porque lo que comes puede modificar por completo la forma en que se comportan tus genes.

Este año decenas de millones de estadunidenses van a tratar de cambiar su dieta.

Y la mayoría no lo va a conseguir.

Esto ocurre, en parte, porque si no saben qué dieta es genéticamente adecuada para ellos muchos de estos individuos están volando a ciegas, y a veces hacen cosas que van en demérito de sus objetivos.[8]

Pero hasta para la gran mayoría de las personas, para las cuales el consejo de comer una dieta razonablemente sana y hacer ejercicio vigoroso sigue siendo la mejor medicina, hay un problema más: es muy difícil hacer dieta.

Durante la mayor parte de la historia de la humanidad la comida era todo menos abundante. Para mitigar esta escasez, puntuada por los raros momentos en los que la comida era copiosa, todos heredamos genes que favorecen los atracones. Si en el pasado teníamos superávits calóricos a causa de esas insólitas comilonas nuestros cuerpos los guardaban, diligentemente, en forma de grasa corporal. Como si se tratara de una cuenta de ahorros calórica, guardar lo que no necesitábamos de inmediato resultaba útil cuando volvía la carestía. Durante la mayor parte de nuestra historia, los humanos hemos vivido más penurias que bonanzas.

Actualmente enfrentamos un problema muy complejo: una patente discordancia entre lo que hemos heredado y el contexto en el que nos encontramos. Para empezar, dados nuestros estilos de vida sedentarios, para sobrevivir no necesitamos ni remotamente la misma cantidad de calorías que en el pasado. Hemos condenado a las máquinas a hacer la mayor parte del trabajo pesado y a llevarnos de un lugar a otro. Y en segundo lugar, si combinas eso con la abundancia de calorías baratas, es fácil entender por qué las tasas de obesidad están repuntando hoy como nunca antes en la historia de la humanidad. Además, no sólo se trata de las cantidades de comida que consumimos; como veremos, lo que decidimos comer no resulta óptimo en términos de nuestra herencia genética.

Gracias a la ciencia que se conoce como nutrigenómica estamos comenzando a descubrir qué debemos excluir de nuestros menús individualizados contemporáneos. Por ejemplo, ya no tienes que esperar a sentirte hinchado, tener que llevar un diario de comidas y sufrir diarrea para descubrir que eres intolerante a la lactosa. La prueba genética que puede ofrecerte esa información ya se encuentra en el mercado. Y si eres un pionero, tal vez quieras ir más allá de las pruebas para un solo gen, por ejemplo el de la intolerancia a la lactosa, y estás decidido a hacer las cosas en serio y secuenciar tu exoma o, tal vez, incluso todo tu genoma.

Esta información podría usarse para obtener los auténticos consejos nutricionales del siglo XXI. Podrías usar estos datos genéticos para decidir si tu próximo capuchino debe contener cafeína; esta decisión se desprendería de qué versión del gen *CYP1A2* heredaste. Distintas versiones de este gen determinan el ritmo al que tu cuerpo metaboliza la cafeína: de eso depende que seas un metabolizador rápido o lento de una de las drogas estimulantes más antiguas del mundo.

Si posees una versión diferente del gen *CYP1A2* y consumes café con cafeína puedes sufrir efectos más trascendentales que quedarte despierto por la noche: según qué gen te haya tocado es posible que experimentes un aumento súbito de presión arterial. Se cree que esto ocurre si heredaste una copia del gen *CYP1A2* que degrada lentamente la cafeína. Por otro lado, si heredaste dos copias del mismo gen que metabolizan rápidamente la cafeína es posible que tu presión sanguínea no se vea afectada del mismo modo.[9]

Empecemos a armar las piezas de lo que hemos aprendido hasta ahora sobre nuestros genomas y la nutrición, porque las cosas están por ponerse mucho más interesantes. Como estamos comprobando, nuestras vidas no funcionan en un vacío, ni genético, ni ambiental, en el que sólo ocurren interacciones con un solo gen. Antes hablamos sobre la forma en que nuestros genomas responden a nuestros comportamientos y a las cosas que comemos. Como Toyota y Apple, que usan formas de producción *just-in-time*, nuestros genes se prenden y apagan continuamente. Y esto ocurre mediante la expresión genética, el proceso por el cual los genes son inducidos a fabricar más o menos cantidades de cierto producto.

Los fumadores que también beben café son un ejemplo de cómo los genes pueden transformar nuestras vidas en formas interesantes. ¿Alguna vez te has preguntado por qué la gente que fuma cigarros puede beber grandes cantidades de café sin problema?

La respuesta tiene que ver con la expresión genética.

Resulta que nuestros cuerpos usan el mismo gen *CYP1A2* para degradar toda clase de venenos. Dado que el tabaco está lleno de compuestos dañinos no es de sorprender que constituya una poderosa alarma genética, y es por ello que fumar induce o enciende el gen *CYP1A2*. Mientras más encendido esté este gen, es más fácil que tu cuerpo metabolice la cafeína del café. No me malentiendas: no estoy sugiriendo que te pongas a fumar para que seas capaz de tomar más café sin que te dé insomnio. Sólo digo que fumar altera la forma en la que tu cuerpo metaboliza la cafeína, y esto puede hacer que un metabolizador lento se convierta en uno rápido.

Como sea, si a tu constitución genética no le va el café, siempre puedes prepararte un rico té verde. Antes de que te sientes a disfrutar un rico *sencha* o un *matcha*, sólo quiero recordarte que nada de lo que hacemos deja de tener algún tipo de consecuencia genética.

En el caso del té verde se ha sugerido que puede desempeñar un papel en la prevención de ciertos tipos de cáncer. Recientemente algunos investigadores le dieron a células de cáncer de mama una de las poderosas sustancias químicas que se encuentran en el té verde, llamada epigalocatequina-3-galato, y notaron dos resultados muy importantes. Algunas células de cáncer de mama comenzaron a suicidarse mediante un proceso celular llamado apoptosis, e incluso las células que no lo hicieron crecieron en forma mucho más lenta. Esto es exactamente lo que quieres que ocurra cuando buscas nuevos tratamientos para las rebeldes células cancerosas.

Cuando se entendió en detalle cómo esta sustancia obligaba a las células cancerosas a modificar su comportamiento resultó evidente que la epigalocatequina-3-galato puede promover buenos cambios epigenéticos, esas modificaciones que prenden y apagan el ADN y que sirven para regular la expresión genética. Se trata de pasos cruciales para tratar de controlar las células una vez que deciden dejar de obedecer el manifiesto biológico colectivo de nuestro cuerpo. Cuando las células dejan de trabajar en forma cooperativa y deciden irse por ahí en desbandada puedes sufrir cáncer.

Mientras más estudiamos los vínculos entre nuestros genes y lo que comemos, bebemos y hasta fumamos más evidente se vuelve lo importantes que son estas interacciones para nuestra salud.

Mediante el estudio de gemelos monocigóticos que han heredado los mismos genomas y que tienen dietas similares estamos develando cuál es una de las piezas faltantes de nuestro rompecabezas nutricional.

Es hora de que te presente a tu microbioma.

La barriga humana es un ejemplo alucinantemente complejo de la diversidad microbiana.

Dos de los protagonistas principales de este gran ecosistema diminuto son los fila Bacteroidetes y Firmicutes.[10] Si sumas todas las especies que pertenecen a cada uno de estos grupos obtendrás varios cientos distintos de microbios; cada persona tiene una colección microscópica un poco diferente a la de las demás.

Los microbios que viven dentro de ti, los 10 metros de tuberías que van desde tu boca hasta tu ano, son un auténtico planeta. Sus giros y recovecos, bastante parecidos a una montaña rusa, pondrían de rodillas hasta al aventurero más experimentado. La diferencia de entornos entre un lugar y el siguiente es como ir del fondo del océano al interior de un volcán y de ahí al más pródigo de los bosques tropicales.

Probablemente no resulte sorprendente, entonces, que el sistema gastrointestinal sea una de las estructuras corporales más complejas en construirse durante el desarrollo fetal. Para darte una idea del circo que debe ocurrir durante nuestra formación, en algún punto del desarrollo del feto nuestros intestinos crecen hacia el área que habita el cordón umbilical. Para regresar a salvo hacia la cavidad abdominal los intestinos tienen que retorcerse y dar vueltas, enrollarse y enroscarse como una serpiente que regresa a la canasta del encantador. Es por eso que no se necesita mucho para trastocar el proceso. Si los intestinos se quedan atrapados en su camino de regreso al cuerpo puede formarse un onfalocele, una especie de hernia intestinal y umbilical. Si los intestinos regresan intactos al abdomen pero la pared abdominal no se cierra adecuadamente puede ocurrir una gastrosquisis. Así se llama la condición que ocurre cuando partes del intestino se quedan fuera del cuerpo durante el desarrollo, asomándose por una abertura o hueco. Puesto que no se supone que los intestinos y el líquido amniótico entren en contacto, los intestinos expuestos suelen estar dañados y deben cortarse y reconectarse quirúrgicamente.[11] Y se trata sólo de una de las muchas cosas que pueden salir mal durante el desarrollo de un sistema que, más adelante, hospedará toda una selva llena de fluctuaciones fisiológicas y microbiológicas.

De modo que, si bien no siempre es agradable pensar en esto, resulta que saber un poco más sobre lo que ocurre dentro de nuestros intestinos puede ser unas de las mejores novedades para mantenernos en contacto con nuestra salud personal.

Para entenderlo mejor vayamos a China, donde hace poco unos científicos de la Universidad Shanghai Jiao Tong pusieron de cabeza al mundo de la nutrición.

Esto fue lo que pasó: mientras estudiaban los intestinos de una persona con obesidad mórbida (que, con 175 kilos, era del tamaño de un luchador de sumo promedio) los científicos notaron una abundancia de bacterias que pertenecen al género *Enterobacter*. Ahora bien, muchas personas tienen en su interior algunas *Enterobacter*, pero en este paciente particular conformaban 35 por ciento de las formas bacteriales en su cuerpo. Eso es mucho. Así que para entender mejor lo que estaba ocurriendo, los investigadores tomaron una cepa de las bacterias del paciente y las inocularon en ratones que habían sido criados en un ambiente totalmente libre de gérmenes.

Y, bueno, no pasó nada.

Allí podría haber terminado el experimento. Pero los científicos de Shanghái decidieron ver qué pasaba si alimentaban al ratón infectado con *Enterobacter* con una dieta que se aproximara más a la dieta alta en grasas que había estado comiendo el paciente. En esencia, llevaron a sus compañeritos peludos hasta un McDonald's y les dieron una hamburguesa doble, un refresco grande y unas papas: mucha grasa y mucha azúcar. A nadie le sorprendió que los ratones se pusieran gordos.

Pero aquí viene la parte fascinante: como parte de los procedimientos básicos los científicos también hicieron un grupo de control con ratones que consumieron exactamente la misma dieta alta en grasa que sus contrapartes, pero que no estaban infectados con *Enterobacter*. Y esos ratones se mantuvieron flacos como escobas.[12]

Así que, ¿cuál era el problema del hombre obeso? ¿La dieta? Incuestionablemente. Pero tal vez ésa no era la única razón de que fuera tan gordo.

Tal vez con el tiempo lleguemos a entender cómo la genética, la dieta y la presencia de una combinación específica de microbios podría estar ayudándonos a inclinar las balanzas.

Por supuesto no podemos "contagiarnos" de obesidad, pero sí podemos dispersar bacterias. Y si esas bacterias pueden contribuir a provocar una reacción poco saludable a las grasas, el efecto sería el mismo.

Pero cuando hablamos sobre el efecto de nuestros microbiomas personales —el conjunto de microbios y ADN que pueblan nuestros cuerpos por dentro y por fuera— no tenemos que pensar sólo en el efecto que provocan sobre nuestro peso, sino también sobre nuestros corazones.

Seguro has escuchado que la carne roja y los huevos son malos para tu sistema cardiovascular. Lo que tal vez no sepas es que esto no sólo se debe a las grasas saturadas y al colesterol, que durante mucho tiempo hemos asumido, los cuales incrementan el riesgo de enfermedades cardiacas. No, el riesgo parece verse aumentado por un compuesto llamado carnitina, que se encuentra en buenas cantidades en esos alimentos. Por sí misma la carnitina no parece ser dañina, pero cuando las bacterias que componen el microbioma que vive en los intestinos de la mayor parte de la gente se encuentran con él lo convierten en un nuevo compuesto químico llamado trimetilamina N-óxido, o TMAO, que, cuando entra en nuestro torrente sanguíneo, parece ser malo para nuestros corazones.[13]

Hasta ahora los efectos que pueden provocar en la salud los microorganismos que conforman el microbioma han recibido mucha menos atención que el genoma humano. Esto está por cambiar, conforme se vuelve más evidente que nuestro microbioma personal es tan importante como lo que comemos y los genes que nos tocan en suerte. Ni siquiera los gemelos monocigóticos con genomas idénticos tienen siempre microbiomas iguales, en especial cuando no pesan lo mismo.

Es por esto que mientras más aprendemos sobre la importancia de convertirnos en defensores de nuestra propia herencia genética más sensato resulta que nos interesemos también en el bienestar de nuestro microbioma. Una de las formas más sencillas de hacerlo es considerar alternativas al uso indiscriminado de productos antibacteriales como jabones, champús e incluso pastas de dientes. También sería prudente discutir con tu médico si es estrictamente necesario que te dé antibióticos antes de correr a comprarlos a la farmacia. Como hemos visto una y otra vez, cuando un cambio de régimen político ocurre por la fuerza, o un cambio de régimen microbiano es provocado por una medicina, las consecuencias muchas veces son duraderas e impredecibles.

Dada la complejidad de todo este asunto tal vez quieras renunciar a entender qué hacer con tanto conocimiento. Pero déjame sugerirte una idea: hay buenas razones para estar emocionado por lo que estamos aprendiendo sobre nuestras dietas y sobre nosotros mismos, y sobre los caminos por los que va a llevarnos esa información. Y hacerlo significa que debemos volver a la sala de urgencias, donde Cindy y su madre ya me estaban esperando cuando llegué, poco antes de las 4:30 am.

El personal del hospital había comenzado el proceso de ingreso, y me tranquilizó ver que Cindy ya tenía en el brazo una sonda intravenosa que le llevaba la glucosa extra y los fluidos que tan desesperadamente necesitaba. Darle glucosa a Cindy es esencial, puesto que su deficiencia de OTC ocasiona que sus niveles de amoniaco aumenten cuando su cuerpo usa proteínas como fuente de energía. El aumento en los niveles de amoniaco es dañino para el cuerpo, y en especial para su sensible cerebro en desarrollo. Esto es responsable, en parte, de los síntomas concurrentes, como el letargo y el vómito que tanto preocuparon a su madre.

Una de las razones por las que el tratamiento para la OTC es mucho más agresivo que en el pasado es que hoy estamos mucho más conscientes del daño cerebral que producen los niveles elevados de amoniaco. Una de las opciones clínicas, en especial en los casos severos, es la "terapia génica con cuchillo", en la que los pacientes con OTC reciben un trasplante de hígado, específicamente un hígado que le dé a los pacientes una copia funcional del gen dañado que heredaron.

Por suerte el caso de Cindy no era tan grave como para pensar en un trasplante de hígado. Con las nuevas opciones de tratamiento que tenemos hoy —cada día más— la deficiencia de OTC no es tan dramática como en el pasado.

Mientras esperaba los resultados de sus exámenes de sangre (sus muestras se habían llevado a toda velocidad al laboratorio en un recipiente con hielo) pensé en todos los cambios importantes que han ocurrido en la práctica médica en los últimos años. Probablemente hace unos años no habríamos tenido forma de saber que Cindy sufría una enfermedad genética hasta que fuera demasiado tarde. Esto subraya la importancia crucial de que los médicos sepan qué prueba pedir para evaluar la condición de un paciente.

Cuando llegaron los resultados de laboratorio de Cindy mostraron que sus niveles de amoniaco no eran tan altos como habíamos anticipado, y que sus órganos no estaban mostrando señales de afectaciones importantes.

Eran buenas noticias. Cuando terminé las notas de la consulta y le escribí un correo electrónico al equipo diurno para entregarles los asuntos del turno de noche dejé el hospital sintiéndome algo acabado. Tal vez tres horas y media de sueño no eran suficientes, después de todo.

Durante mi somnoliento regreso a casa para darme un baño y cambiarme de ropa reflexioné sobre la magnitud de los misterios bioquímicos y genéticos que con frecuencia opacan nuestros intentos por comprender enfermedades como la de Cindy. Atestiguar la lucha diaria de estos niños tan valientes y de sus familias puede desencadenar ideas novedosas que, en ocasiones, inspiran oportunidades únicas para hacer investigación clínica. Si no tuviera el honor de compartir parte del viaje médico de estas increíbles familias probablemente me perdería estas nuevas rutas de exploración.

Como estamos por ver, el desarrollo de nuevos métodos de chequeo para encontrar niños como Cindy lo más tempranamente posible hizo una diferencia en sus vidas, pues nos llevó a descubrir que necesitaban un régimen alimentario particular y cuidado médico especializado. Para entender a dónde nos dirigimos en el campo de la nutrición genética personalizada ayudaría saber dónde empezamos. Si tú o alguno de tus seres queridos nació hacia finales de la década de 1960, o después, ya eres uno de sus beneficiarios.

Todo empezó a finales de la década de 1920 con otra madre preocupada.
Se trataba de una noruega de nombre Borgny Egeland que estaba desesperada por ayudar a sus dos hijos. Ambos niños, una niña llamada Liv y un niño de nombre Dag, sufrían una severa discapacidad intelectual, aunque Egeland estaba convencida de que no habían padecido este problema cuando eran bebés. Su búsqueda por ayuda la llevó de un médico a otro y hasta con chamanes, en su esperanza de encontrar a alguien —cualquiera— que pudiera ayudar a sus hijos. Pero fue en vano.[14]

Por suerte, un médico y químico llamado Asbjørn Følling decidió tomar en serio a Egeland. Muchos no le habían hecho caso, pero Følling la escuchó con atención cuando supo sobre los aprietos en que estaban sus hijos, y parece haberse interesado particularmente cuando ella le reveló que la orina de los niños tenía un olor extraño y mohoso.

Cuando Følling recibió una muestra de orina en el laboratorio le pareció bastante ordinaria a primera vista. Todas las pruebas salieron normales. Pero había una última prueba, unas cuantas gotas de cloruro férrico para buscar la presencia de cetonas, compuestos orgánicos que produce el cuerpo cuando está quemando grasa en vez de glucosa para obtener combustible. Si había cetonas presentes la prueba de cloruro férrico habría hecho cambiar el color de la orina de Liv de amarillo a violeta. En cambio, se volvió verde.

Intrigado, Følling pidió otra muestra, esta vez de la orina de Dag, el hermano de Liv. De nuevo la prueba del cloruro férrico volvió verde la orina. Durante dos meses, Egeland le llevó al científico muestra tras muestra de orina de los niños, y durante dos meses el doctor trató de aislar la causa de la reacción anormal, hasta que finalmente encontró un compuesto químico llamado ácido fenilpirúvico.

Para comprobar si estaba en lo correcto Følling trabajó con instituciones noruegas que cuidaban a niños con discapacidades, para obtener muestras adicionales, y encontró ocho muestras más (incluyendo dos de parejas de hermanos) que respondían del mismo modo al cloruro férrico.

Pero aunque Følling había identificado al culpable químico de los que resultarían ser miles de casos más de discapacidad intelectual, tuvieron que pasar muchas décadas más para que otros médicos descubrieran que la enfermedad se debía a un error metabólico genético congénito (no muy distinto de la OTC de Cindy) que evitaba que estos jóvenes individuos degradaran la fenilalanina, una sustancia química común en cientos de alimentos ricos en proteínas.

En efecto, como Egeland sospechaba, sus hijos habían nacido sin señales de discapacidad intelectual. Una enfermedad metabólica heredada, que sería conocida como fenilcetonuria o PKU por su nombre en inglés, había provocado que se acumulara fenilalanina en su sangre, a niveles tales que finalmente resultaron tóxicos para sus cerebros.

Una vez que armaron este rompecabezas los científicos desarrollaron una dieta especial que puede administrarse a quienes están diagnosticados con PKU y que previene la discapacidad intelectual. El único problema es que los niños tenían que ser identificados y puestos en esta nueva dieta antes de que se volvieran irremediablemente sintomáticos.

¿Cómo saber quién padece PKU, y además lo bastante temprano como para no dejar nada a la suerte? Ese problema lo resolvió un hombre llamado Robert Guthrie, un médico y científico que comenzó su carrera investigando el cáncer. Guthrie terminó recorriendo un camino profesional muy diferente al que imaginó al principio; en efecto, abandonó su investigación oncológica para estudiar las causas y la prevención de las discapacidades intelectuales, y lo hizo por una razón muy personal.

Su hijo padecía una discapacidad intelectual, y también su sobrina. Pero la de ella pudo haberse prevenido.

Porque su sobrina nació con PKU.

Guthrie decidió aplicar su experiencia como investigador del cáncer para resolver el problema de la detección de PKU. Diseñó un sistema que usaba pequeñas muestras de sangre tomadas de los talones de los bebés recién nacidos y almacenadas en tarjetas para detectar PKU. Estas tarjetas, que se conocen como tarjetas de Guthrie, comenzaron a usarse en forma rutinaria en la década de 1960, primero en Estados Unidos y luego en docenas de países más en los años siguientes. A lo largo de las décadas se han expandido para su uso en la detección de muchas otras enfermedades.

Tuvieron que pasar más de 40 años entre el momento en el que Borgny Egeland decidió descubrir, contra todo pronóstico, las causas de la discapacidad intelectual de sus hijos, hasta el momento en el que se popularizó la prueba de Guthrie. Por supuesto, ese avance llegó muy tarde para ayudar a los niños Egeland.

¿Quién puede describir una tragedia como ésta? ¿Cómo entender en toda su magnitud la gloria de este largo, largo camino hacia un futuro mejor que inició con Egeland y terminó con Guthrie? Para eso los dejo en las capaces manos de Pearl Buck, ganadora de un premio Nobel y un Pulitzer, la madre adoptiva de una niña que parece haber sufrido PKU: "Lo que ha sido no tiene que seguir siendo siempre. Es demasiado tarde para algunos de nuestros niños, pero si su lucha puede hacer que la gente se dé cuenta de lo innecesaria que es mucha de esta tragedia, sus vidas, frustradas como están, no se habrán vivido en vano".[15]

Y la tragedia de los niños Egeland no fue insignificante.

Hoy en día las tarjetas de Guthrie y el tamiz neonatal que se desarrolló a partir de ellas se han ampliado a docenas de enfermedades metabólicas más, otro ejemplo de la forma en la que una enfermedad aparentemente rara puede tener amplias consecuencias para todos nosotros. Pero ni siquiera el tamiz neonatal es suficiente. Para algunas personas sólo las pruebas genéticas más sofisticadas pueden revelar las grandes diferencias que pueden tener en nuestra salud las más sutiles decisiones nutricionales.

Conocí a Richard en Manhattan durante una mañana lluviosa de la primavera de 2010.

Cuando entré al cuarto de examen parecía rebotar contra las paredes. Pronto descubriría que éste era su estado normal.

Por supuesto es perfectamente común que los niños de 10 años sean unos alborotadores, pero este chico en particular le habría dado diez vueltas a Max, el personaje de *Donde viven los monstruos*, y como resultado Richard se había estado metiendo en muchos problemas en la escuela.

Pero ésa no era la razón de la primera visita de Richard al hospital. No. Estaba ahí porque le dolían las piernas.

Por lo demás, Richard no tenía ningún problema visible; parecía el epítome de la buena salud. ¿Su tamiz neonatal? Perfectamente normal. ¿Su última revisión anual? Promedio. De hecho, se veía tan bien que tomaba un rato darse cuenta de que había algo mal en él, y tal vez nunca lo habríamos sabido a no ser porque algunos muy buenos médicos le prestaron atención a sus continuas quejas y rechazaron el diagnóstico, fácil pero poco científico, de que sufría "dolores de crecimiento".

A falta de otra buena explicación para el dolor de piernas del chico los médicos ordenaron una prueba genética que reveló que Richard sufría de deficiencia de OTC, la misma enfermedad que revisamos antes, cuando te presenté a Cindy.

Tal vez recuerdes que los síntomas de OTC de Cindy provocaron muchos viajes al hospital. La OTC de Richard, por el contrario, se expresaba en forma muy distinta; no parecía tener ningún impacto en él, fuera de esos inexplicables dolores en las piernas, que podrían haber tenido que ver con los niveles anormalmente altos de amoniaco en su cuerpo.

Pero los otros síntomas de Richard, en la medida en la que tenía alguno, eran tan sutiles que tanto a él como a su papá les costaba trabajo creer que tuviera algún problema. De hecho, el día que lo conocí llevaba en el bolsillo trasero un palito de pepperoni envuelto en aluminio, aunque a Richard y a sus padres les habían dicho muchas veces que se recomendaba que la gente con deficiencia de OTC llevara una dieta baja en proteínas, puesto que no le sienta muy bien las cargas altas de estas moléculas.

Ese palito de pepperoni era una clave para entener por qué sus síntomas no cedían.

Herencia

Lo que la familia de Richard no había notado era que los reportes de falta de concentración en la escuela y en casa no eran un problema de comportamiento, sino uno fisiológico. En el cuerpo de la mayor parte de las personas los niveles anormalmente elevados de amoniaco pueden provocar temblores, convulsiones y coma, pero en el caso de Richard era probable que estas concentraciones provocaran un comportamiento combativo y dificultades para concentrarse.

Pero déjenme ser muy honesto: al principio yo tampoco me di cuenta. Tras nuestra primera reunión, Richard se fue a casa con instrucciones de apegarse más estrechamente a su dieta, porque pensábamos que ésta podía ser la causa de su dolor de piernas.

Sólo nos enteramos de que el problema de Richard era más profundo de lo que pensábamos cuando regresó, tres meses después. Esta vez se había apegado mucho más estrictamente a su dieta. Ya no le dolían las piernas —ésa era una buena noticia—, pero la gran sorpresa es que le estaba yendo excepcionalmente bien en la escuela. Estaba más tranquilo. Más atento. Ya no era el rey de los monstruos.

En los meses siguientes pensé muchas veces sobre las implicaciones de la notable transformación de Richard. Sin duda hay muchos otros Richards. De hecho, es probable que haya muchos, muchos más, y que estén comiendo, sin saberlo, alimentos que no son adecuados para sus conformaciones genéticas. Tal vez sus enfermedades no son lo suficientemente graves como para despeñarlos por los abismos metabólicos, pero tal vez sí lo suficiente como para ganarles muchos viajes a la oficina del director.

El hecho de que, en su mayor parte, los niños que veo están en centros médicos muy especializados, hace que me pregunte cuántos pacientes con enfermedades metabólicas estamos perdiendo en la atención primaria, y cuántos no están recibiendo ninguna atención en absoluto.

Lo cierto es que no sabemos cuántas personas que han sido diagnosticadas con alguna forma de deficiencia cognitiva, o incluso algún desorden del espectro autista, de hecho, sufren una enfermedad metabólica subyacente que nunca ha sido diagnosticada ni tratada. Antes de que entendiéramos la PKU, por ejemplo, no podíamos saber que las discapacidades intelectuales de estos niños se debían a una condición metabólica no tratada.

Espero que mientras más avance la ciencia más casos como los de Richard podamos comprender, y más vidas podamos mejorar con intervenciones médicas y con simples cambios de vida que se adapten a las necesidades genéticas y metabólicas individuales de las personas.

En resumen, ¿qué pueden enseñarnos Cindy, Richard y Jeff sobre nutrición? La respuesta es que, en lo que respecta a nuestros genomas, todos somos únicos, y cuando hablamos sobre nuestros epigenomas e incluso nuestros microbiomas somos absolutamente irrepetibles. Optimizar lo que comemos no es lo mismo que prevenir deficiencias nutricionales. Podemos, y debemos, investigar lo que pasa en nuestros genes y en nuestro metabolismo para obtener pistas sobre qué alimentos nos vienen mejor. Estos hallazgos deberían tener implicaciones muy importantes sobre lo que comemos y lo que dejamos de comer.

Estamos en un momento en el que podemos ir más allá de crear dietas especiales para las personas que sufren enfermedades genéticas raras. Gracias a la información a la que hoy tenemos acceso mediante la secuenciación genética estamos en la antesala del momento en el que, finalmente, nos sentaremos a probar una comida preparada pensando en nuestro propio perfil genético individual.

Como veremos ahora, nuestras dietas no son lo único que se está adaptando, cada vez más, a nuestra herencia genética. Es hora de que también le echemos un vistazo al gabinete de las medicinas.

Capítulo 6

Dosificación genética

*Cómo los analgésicos letales, la paradoja de la prevención
y Ötzi, el hombre de hielo, están cambiando la faz de la medicina*

Todos los años mueren miles de personas —y muchas más enferman gravemente— ni más ni menos que por seguir al pie de la letra las dosis de medicina que les prescribió su médico.

No es que sus médicos sean negligentes. De hecho, en la mayor parte de los casos sus recetas siguen con precisión las recomendaciones de las compañías farmacéuticas y de las sociedades de profesionales médicos. La razón de muchas de estas reacciones adversas a los medicamentos puede encontrarse en nuestros genes. Del mismo modo que sucede con el metabolismo de la cafeína, algunos estamos genéticamente dotados para ser mejores procesando ciertas medicinas que otros. Las causas de las reacciones adversas a los medicamentos no siempre resultan ser la versión de los genes que heredaste; el número de copias que se heredan puede ser igual de importante.

Algunos de nosotros heredamos un poco más, o un poco menos, de ADN que otros, y como puedes imaginarte esto predispone a que existan muchas variaciones entre las personas. Es imposible saber qué heredaste y qué no hasta que te sometes a una prueba, o a una secuenciación genética, para averiguarlo.

Si da la casualidad que tienes una deleción, es decir que en tu genoma faltan secciones de ADN que contienen información crucial para tu desarrollo o bienestar, lo más probable es que este cambio genético te provoque un síndrome específico. Pero cuando existe una duplicación de ADN las implicaciones no siempre están claras.

A veces tener un poco de ADN extra no provoca ningún efecto, pero otras veces puede cambiar profundamente tu vida. Como estamos por ver, un poco de ADN extra hasta puede hacer que una medicina común se vuelva letal. De seguro ya estás sospechando que lo que haces con tus genes es igual de importante que los genes que heredaste. Y estas decisiones vitales incluyen las medicinas que tomas.

En un caso muy trágico una niñita llamada Meghan murió tras una tonsilectomía de rutina, y no porque su cuerpo no pudiera manejar la anestesia o la cirugía. De hecho, la operación fue un éxito y Meghan pudo volver a su casa al día siguiente. La razón por la que Meghan murió fue que sus médicos no sabían algo sobre ella que era de vital importancia. Nadie se fijó en los genes de Meghan.

Lo cierto es que Meghan podría haber vivido toda su vida sin saber que existía una diferencia en su código genético. Lo que ella heredó fue una pequeña duplicación en su genoma, no muy distinta de las diferencias en el ADN que poseen millones de personas más. Por el sitio en el que estaba situada esta duplicación en su genoma, en vez de tener dos copias del gen *CYP2D6*, una de cada padre, como era de esperarse, Meghan tenía tres.[1]

Y como a millones de pacientes antes, le dieron una medicina llamada codeína para tratar el dolor tras la operación. Pero a causa de la herencia genética de Meghan su cuerpo convirtió pequeñas dosis de esa medicina en grandes dosis de morfina. Rápidamente. La dosis recomendada para aliviar el dolor en la mayor parte de los niños, para hacerlos sentir más cómodos, para Meghan fue una sobredosis que resultó fatal.

Por esa razón la Food and Drug Administration (Administración de Alimentos y Medicamentos) de Estados Unidos finalmente decidió prohibir, en 2013, el uso de codeína en niños tras tonsilectomías y adenoidectomías.[2] El hecho de que no sea una reacción infrecuente agrava esta tragedia; hasta 10 por ciento de las personas de ascendencia europea y hasta 30 por ciento de quienes tienen ascendencia norafricana son metabolizadores ultrarrápidos de algunas medicinas[3] a causa de las versiones que heredaron de ciertos genes.

Dado el número de medicinas que recetamos y el espectro genético involucrado, el uso de codeína en poblaciones pediátricas seguramente sólo es uno de muchos ejemplos en los que las medicinas que se prescriben para ayudar a la gente a curarse tienen el efecto opuesto.

Hoy tenemos herramientas, pruebas genéticas relativamente sencillas, para identificar a los metabolizadores ultrarrápidos y ultralentos de ciertas medicinas, incluyendo los opioides. Pero es muy posible que si te han recetado hace poco un opioide como la codeína en la forma de Tylenol 3 no te hayan hecho esta prueba.

¿Por qué esas pruebas no se están usando de forma más proactiva? Es una muy buena pregunta, y te exhorto a que se la hagas a tu médico antes que permitas que tú o tus hijos sean tratados con ciertos medicamentos.*

Por supuesto, que algo sea peligroso para algunos no quiere decir que lo sea para todos. Para algunas personas la codeína puede ser una elección perfectamente segura para aliviar el dolor.

Así que hacia donde nos dirigimos, espero que más pronto que tarde, es hacia un mundo en el que no exista ninguna dosis promedio recomendada de ningún medicamento que sea sensible a tu herencia genética, sino una receta personalizada que tome en cuenta una infinidad de factores genéticos y que resulte en las dosis precisas, precisas sólo para ti.

Además de las recomendaciones para las dosis de medicamentos que le funcionan bien a la *mayor* parte de la gente, pero no a *toda*, estamos empezando a entender que nuestros genes también desempeñan un papel central en la forma en la que respondemos a las estrategias de prevención de las enfermedades. Para que aprecies mejor qué significa esto para ti y cómo interpretarlo a la luz de los consejos de salud que te han dado, me gustaría presentarte a Geoffrey Rose y su paradoja de la prevención.

Algunos médicos son clínicos. Otros son investigadores. No todos pueden ser ambas cosas, y no todos los que pueden ser ambas cosas quieren serlo.

Pero para algunos médicos, entre los que me cuento, la oportunidad de ver cómo el trabajo de laboratorio se refleja en las vidas de nuestros

---

* Algunas de las medicinas afectadas por tus genes incluyen cloroquina, codeína, dapsona, diazepam, esomeprazol, mercaptopurina, metoprolol, omeprazol, paroxetina, fenitoína, prapranolol, risperidona, tamoxifén y warfarina.

pacientes ofrece oportunidades increíbles, introspecciones formidables, y el privilegio de pelear en el frente para ayudar a las personas.

Esto también motivaba a Geoffrey Rose. Siendo, como era, uno de los principales expertos mundiales en enfermedades cardiovasculares crónicas y uno de los epidemiólogos más importantes de su época, la comunidad de investigadores no le exigía a Rose que hiciera absolutamente nada de trabajo clínico en el hospital St. Mary, ubicado en el histórico distrito Paddington de Londres. Pero él siguió viendo pacientes durante décadas, incluso después de que un brutal accidente de auto casi le costara la vida y le hiciera perder la visión en un ojo. Él seguía, le dijo a sus colegas, porque quería asegurarse de que sus teorías epidemiológicas siempre estuvieran firmemente asentadas en la relevancia clínica.[4]

Rose es mejor conocido por el énfasis que puso en la necesidad de contar con estrategias de prevención generalizadas para la población, entre ellas las medidas de difusión e intervención que hemos aplicado a la epidemia de enfermedades coronarias. Pero también reconoció el fracaso de estos programas de salud pública. Llamó a esto la paradoja de la prevención: esta paradoja dice que una medida que modifica el estilo de vida para reducir un riesgo en una población completa puede ofrecer pocos o nulos beneficios a un individuo en particular.[5] Este enfoque privilegia el éxito en general y tiende a hacer caso omiso de los pocos que no entran cómodamente en las etiquetas de la mayoría genética.

Pongámoslo así: la medicina que hace maravillas para el hombre blanco de 1.80 de altura y 80 kilos de peso puede no servirte para nada. Como vimos al inicio del capítulo, la codeína de Meghan puede hasta matarte.

Aun así hemos logrado avances médicos increíbles al tratar poblaciones completas con vacunas como las que se aplicaban contra la viruela. Sin embargo, los médicos no suelen tratar poblaciones enteras, sino individuos dentro de esas poblaciones y, sin embargo, los lineamientos que guían nuestra práctica médica provienen de evidencias que se obtienen mediante estudios de poblaciones compuestas por individuos de una mezcla ecléctica de entornos genéticos. Por eso la codeína se usó durante tanto tiempo para mitigar el dolor tras las tonsilectomías pediátricas: le funcionaba a la mayor parte de los niños, la mayor parte del tiempo.

Un ejemplo de la paradoja de la prevención ocurre durante las primeras semanas en las que la gente con niveles altos de LDL o colesterol "malo" comienza a tomar suplementos de aceite de pescado. Los investigadores encontraron que consumir aceite de pescado (que es alto en ácidos grasos omega-3 obtenidos de caballas, arenques, atunes, hipoglosos, salmones, aceite de bacalao e incluso grasa de ballena) está asociado con una amplia gama de cambios en los niveles de LDL en la población, desde un descenso de 50 por ciento hasta un asombroso incremento de 87 por ciento.[6] Los investigadores han ido más al fondo para demostrar que la gente que complementaba sus dietas con las llamadas grasas saludables que se encuentran en el aceite de pescado experimentaban un cambio negativo en sus niveles de colesterol si eran portadores de una variante genética llamada *APOE4*. Esto quiere decir que los suplementos de aceite de pescado pueden ser buenos para los niveles de colesterol de algunas personas y muy malos para otras, según los genes que hayan heredado.

El aceite de pescado está lejos de ser el único suplemento que consumen diariamente millones de personas en todo el mundo. Se calcula que más de la mitad de los estadunidenses toman suplementos alimenticios, a un ritmo de 27 mil millones de dólares de ventas al año, con la esperanza de prevenir y tratar enfermedades de una forma que les parece simple y natural.[7]

Cuando se trata de suplementos o vitaminas no hay muchos lineamientos o recomendaciones médicas; probablemente por eso me preguntan con frecuencia si es bueno tomarlos, y en qué dosis. Mi respuesta suele traer pegada un "depende". Hay muchas razones para tomar o para evitar suplementos y vitaminas. ¿Te han dicho que tienes una deficiencia de algo en particular? ¿Tienes una herencia genética que haga que requieras una ingesta alta de ciertas vitaminas? O, aún más importante, ¿estás embarazada?

No hay mejor lugar que el desarrollo fetal para apreciar cómo la mezcla de vitaminas y genes puede trabajar para prevenir serios defectos de nacimiento. Para profundizar en esta comprensión debemos dar un paso atrás para volver a principios del siglo XX, donde hay un monito metiche que quiero presentarte.

Uno de los avances más importantes del mundo en la erradicación de los defectos de nacimiento comenzó con Lucy Wills y su mono. Es un excelente ejemplo de cómo el viejo modelo que busca hacer "lo que es mejor para la mayor parte de las personas la mayor parte del tiempo" ha sido increíblemente efectivo para salvar y mejorar vidas, pero también ineficiente, en el mejor de los casos (y peligroso en el peor) para ciertos segmentos de la población.

Igual que muchos brillantes futuros médicos de la generación que nació justo antes del inicio del siglo XX, Wills sentía fascinación por el pensamiento freudiano, un área de vanguardia por ese entonces, y había considerado consagrar su carrera al arte y la ciencia de la psiquiatría. Pero mientras estudiaba en la Escuela de Medicina para Mujeres de la Universidad de Londres, que mantenía una estrecha relación con varios hospitales en India, Wills recibió una beca para viajar a lo que entonces era Bombay con el objetivo de investigar una enfermedad llamada anemia macrocítica del embarazo, un padecimiento del que se sabía poco y que en algunas madres embarazadas puede provocar debilidad, fatiga y adormecimiento en los dedos.[8] Wills pronto aprendió algo sobre ella misma: le gustaban los misterios.

Todo lo que se sabía en esa época sobre las causas de la anemia macrocítica del embarazo es que quienes la padecían tenían glóbulos rojos pálidos e hinchados. Pero ¿por qué? Dado que la enfermedad parecía afectar en forma desproporcionada a las mujeres pobres, Wills sospechó que podía tener algo que ver con sus dietas. En tiempos de Wills, como en los nuestros, las personas pobres y desamparadas tenían menos acceso a frutas y verduras frescas, y ése era, sin duda, el caso de los trabajadores textiles indios que Wills fue a estudiar.

Para probar su hipótesis Wills alimentó ratas embarazadas con una dieta parecida a la de los trabajadores textiles. En efecto, las ratas comenzaron a mostrar cambios similares en los glóbulos rojos, y Wills pronto descubrió que podía inducir resultados como éstos en otros animales de laboratorio.

Luego, Wills comenzó a "reconstruir" las dietas de los animales, de forma muy similar a lo que hacen los padres modernos a quienes se les recomienda que le presenten nuevos alimentos a sus bebés, uno por uno, para identificar más fácilmente cualquier reacción adversa.

Wills sabía que era probable que una dieta totalmente sana eliminara el problema, pero también sabía que no podía proporcionársela a todas las mujeres de la India, de modo que lo que debía hacer era identificar con precisión el elemento nutricional que faltaba en las dietas de estas mujeres para que pudiera suplementarlo durante el embarazo. A pesar de que se hicieron grandes esfuerzos ese elemento siguió siendo esquivo. Hasta el día providencial en que uno de sus monos de laboratorio se robó un poco de Marmite.

Los británicos, y quienes viven en un país que formó parte del imperio británico, saben bien qué es la Marmite: una pasta pegajosa, salada y de color café oscuro, con un sabor que o se ama, o se odia, hecha de levadura de cerveza concentrada y con muchas encarnaciones comerciales, entre ellas Vegemite, Vegex y Cenovis. No a todos les gusta, pero hay quien no sale de su casa sin ella. A lo largo de ambas guerras mundiales la Marmite fue un producto básico en las raciones militares británicas. Cuando empezó a escasear en los suministros del ejército durante el conflicto en Kosovo, en 1999, los soldados y sus familias organizaron una exitosa campaña epistolar para lograr que volviera a las mesas de los comedores de campaña.[9]

Wills tomaba notas muy meticulosas sobre todo lo que hacía, pero no existe ningún registro sobre cómo se las ingenió el mono para apoderarse de la Marmite. Los monos hacen monerías, después de todo, así que es posible que la traviesa criaturita simplemente se haya robado parte del desayuno de Wills.

Esta sustancia pastosa, que se conoce cariñosa y burlonamente como "*tar in a jar*" ("alquitrán en frasco") está repleta de ácido fólico. Cuando, tras su festín de Marmite, su mono fue el protagonista de una recuperación médica notable, Wills concluyó que ése era el secreto para curar la anemia macrocítica del embarazo.

Tuvieron que pasar dos décadas más para que los investigadores lograran entender la razón por la cual el ácido fólico es tan poderoso. Desde entonces hemos descubierto que es crucial para las células en rápida división, lo cual explica por qué las mujeres que no consumen suficiente durante el embarazo pueden ponerse anémicas: sus bebés están consumiendo todo su ácido fólico para poder crecer.

En la década de 1960 también se estableció un vínculo entre la deficiencia de ácido fólico y los defectos del tubo neural o DTN, aperturas anormales en el sistema nervioso central como las que aparecen en quienes padecen espina bífida, y que recorren toda la gama: desde problemas relativamente benignos hasta padecimientos mortales. Es por esto que los médicos suelen recomendarles suplementos de ácido fólico a las mujeres en edad fértil aunque no estén embarazadas, porque su capacidad para proteger contra las DTN sólo ocurre en los primeros 28 días de embarazo, una época en la que muchas mujeres ni siquiera saben que están embarazadas. El ácido fólico también se asocia con la disminución de los nacimientos prematuros, las enfermedades cardiacas congénitas y, según un estudio reciente, posiblemente del autismo.[10]

Ahora bien, si sabiendo todo esto no te sientes capaz de embadurnar tu pan tostado con Marmite no te preocupes; el ácido fólico también se encuentra naturalmente en las lentejas, los espárragos, los cítricos y muchas verduras de hoja verde.

El Colegio Americano de Obstetras y Ginecólogos recomienda que todas las mujeres fértiles consuman al menos 400 microgramos de ácido fólico al día. Pero esa cantidad está calculada con base en la mujer *promedio*, con genes *promedio*. Y como ya sabemos, en realidad no existe tal cosa como el paciente promedio.

Esta recomendación tampoco toma en cuenta una de las variaciones genéticas más comunes que existen. Cerca de una tercera parte de la población posee versiones distintas de un gen llamado metiltetrahidrafolato reductasa o *MTHFR*, que es extremadamente importante para el metabolismo del ácido fólico en nuestro cuerpo.

Lo que no entendemos es por qué algunas mujeres que han tomado con esmero sus suplementos de ácido fólico antes de concebir siguen teniendo bebés con DTN.[11] Parece que para algunas mujeres con ciertas mutaciones en *MTHFR*, u otros genes relacionados que tienen que ver con el metabolismo del ácido fólico, 400 microgramos de esta sustancia no son suficientes. Seguramente para ellas sería conveniente tomar más ácido fólico, y de hecho muchos médicos han empezado a recomendarlo, en especial para tratar de prevenir que se repita una DTN.

¿Crees, entonces, que más vale prevenir que curar?

Antes de que salgas corriendo a la farmacia hay algo que debes considerar: tomar demasiado ácido fólico puede enmascarar un problema distinto, una deficiencia de cobalamina o vitamina B12. En resumen, tratar de resolver un problema puede ocultar otro. Y como apenas estamos empezando a investigar clínicamente los riesgos de corto y largo plazo asociados con la ingesta de grandes dosis de suplementos de ácido fólico, tal vez más que "prevenir en vez de curar" sería buena idea evitar introducir compuestos químicos adicionales en tu cuerpo, a menos que estés segura de que tú y tu bebé los necesitan. Y es por eso, precisamente, que examinar detenidamente tu genoma sería muy útil.

Sin embargo, hasta hace poco no había una forma sencilla de averiguar qué versión de *MTHFR* tienen la personas. Pero hoy sí: existe una prueba para detectar las versiones comunes, o polimorfismos, del gen *MTHFR*, y se está incluyendo en algunas baterías de pruebas prenatales. Estos análisis, o pruebas de portadores, buscan miles de mutaciones en unos cuantos cientos de genes. Si estás planeando embarazarte es buena idea añadir ésta a la larga lista de preguntas que debes hacerle a tu médico.

Pero no te sorprendas si tu médico no te responde de inmediato o no está seguro sobre la disponibilidad comercial de las pruebas prenatales para encontrar diferentes versiones de genes como el *MTHFR*. Si bien el costo de las pruebas se ha reducido de modo importante, existe un rezago en lo que podemos hacer con toda la información que obtenemos gracias a ellas.

En particular, muchos médicos siguen tratando de determinar cuáles son los pasos correctos para aconsejar a las mujeres, en forma efectiva, sobre las posibilidades de la medicina individualizada; sencillamente, nunca habían tenido que hacerlo antes. Pero conforme los médicos aprenden más sobre todos los genes que podemos heredar, como el *APOE4*, y todas las cosas que podemos hacer para afectarlos durante nuestras vidas, tales como consumir aceite de pescado, las cosas están cambiando. A toda velocidad.

La relevancia de muchos de estos descubrimientos ha llevado a la creación de campos nuevos, como el de la farmacogenética, la nutrigenómica y la epigenómica, con el objetivo de entender mejor cómo nuestros genes afectan y modifican nuestra vida.

Ahora que ya sabes que la genética desempeña un papel crucial en tus necesidades nutricionales, hay una cosa más que debes considerar antes de tomarte el próximo suplemento nutricional.

Permíteme llevarte a un viaje importante para explorar la fuente de nuestros suplementos vitamínicos.

Tal vez estás pasando por una racha muy saludable, o es un propósito de año nuevo, o posiblemente llegaste a ese momento de tu vida en el que sientes que es hora de un cambio. O tanto hablar sobre nutrición está haciendo que reflexiones sobre tu peso, de modo que piensas deshacerte de unos kilitos y dormir mejor. Sea cual sea tu plan, es muy posible que hayas considerado consumir —o ya estés tomando— alguna vitamina o un suplemento natural.

O dos. O tres. O siete.

Pero ¿alguna vez te has preguntado sobre el origen de todas esas cápsulas y pastillas? ¿De dónde viene la vitamina C que contienen esos adorables ositos masticables?

Te apuesto a que acabas de decir "de una naranja".

Y no me sorprende, porque después de todo las compañías que anuncian estos productos suelen usar naranjas y otros cítricos en las etiquetas de sus vitaminas C, como si sus empleados se despertaran por la mañana en un campo de naranjas de Florida, cosecharan unas cuantas frutas jugosas de un árbol y, mediante algún proceso mágico, las encogieran hasta convertirlas en un osito de peluche comestible.

Pero lo cierto es que muchas de las vitaminas que tal vez tú y tus hijos tomaron esta mañana fueron creadas mediante un proceso muy similar a la fabricación de medicamentos. En cierta forma ésa es una buena noticia: que las vitaminas y los suplementos se fabriquen mediante procesos consistentes significa que, por lo general, consumes la misma cosa hoy que ayer, y que definitivamente estarás consumiendo lo mismo mañana.

De hecho, más allá de las distintas oleadas de regulaciones gubernamentales, la única diferencia real entre las medicinas y muchas vitaminas es que estas últimas están basadas en compuestos químicos que suelen encontrarse en forma natural en los alimentos.

Pero eso no equivale a ingerir vitaminas que están *en* los alimentos, porque cuando comemos una naranja no estamos consumiendo una fruta que está compuesta únicamente de vitamina C, sino también de fibra, agua, azúcar, calcio, colina, tiamina y miles de fitoquímicos.

Así, tomar vitaminas se parece un poco a escuchar nada más el *sample* de piano de "Empire State of Mind". Sin las ritmas en staccato de Jay-Z, la voz de apoyo de Alicia Key, las pistas rítmicas y los riffs de guitarra, no te quedarían más que unas cuantas notas repetitivas del teclado.

Lo que falta es el resto de la nutrición sinfónica: todos los fitoquímicos y fitonutrientes que se encuentran en una naranja *de verdad*, cuyos propósitos aún no comprendemos por completo.

Eso no quiere decir que los suplementos vitamínicos no sean útiles en ciertas circunstancias, como ya vimos en el caso del ácido fólico y su uso para prevenir defectos del tubo neural. Pero si tomas suplementos, o se los das a tus hijos, en vez de ingerir algo que pueden obtener en forma mucho más natural, tal vez te estés perdiendo del auténtico esplendor nutricional que implica consumir vitaminas en su forma original.

Ahora bien, si decides aplicar lo último en la investigación nutrigenómica y farmacogenética a tu dieta diaria, ¿por dónde tienes que comenzar?

Bueno, para empezar, como vimos antes, deberías procurar aprender tanto como puedas sobre tu herencia genética. Incluso podrías considerar la posibilidad de mandar a secuenciar tu genoma completo. Es mucho mejor obtener y usar tu información genética mientras sigues vivo, aunque no es necesario estar vivo para obtener resultados. Como estás a punto de descubrir, cuando se trata de los genes, hasta los muertos hablan.

El cadáver estaba desfigurado y terriblemente descompuesto. Es por eso que cuando unos excursionistas se toparon con él mientras caminaban por los Alpes de Ötztal, cerca de la frontera entre Austria e Italia, pensaron que habían descubierto los restos de otro montañista, tal vez de uno que había muerto hacía varias temporadas.

Recobrar el cuerpo y hacerlo descender de las montañas tomó varios días, pero una vez que lo consiguieron resultó claro que no se trataba de un excursionista cualquiera: el cadáver en realidad era un cuerpo momificado en extraordinario estado de conservación, de al menos 5,300 años de edad según los cálculos preliminares.

En las décadas que han transcurrido desde el descubrimiento de Ötzi hemos aprendido una enorme cantidad de cosas sobre su vida y su muerte. Para empezar, se cree que fue asesinado; murió de manera violenta, al parecer por una cabeza de flecha que se alojó en el tejido blando de su hombro izquierdo, y más tarde por un golpe en la cabeza. Los análisis del contenido de su estómago y su intestino mostraron que durante sus últimos días había comido bien: granos, frutas, raíces y varias clases de carne roja.

Pero la verdadera diversión genética empezó cuando los investigadores extrajeron un diminuto fragmento de hueso de la cadera izquierda de Ötzi. El análisis genético del ADN conservado en el hueso mostró que si bien Ötzi fue descubierto en el helado y montañoso norte de Italia, sus parientes genéticos más cercanos parecen ser los isleños de Cerdeña y Córcega, a casi 500 kilómetros de distancia. También es probable que tuviera piel clara, ojos oscuros y sangre tipo O, que fuera intolerante a la lactosa y portara genes que aumentaran su riesgo de sufrir enfermedades cardiovasculares, lo cual quiere decir que si pudiéramos regresar en el tiempo para mantenerlo lejos de la leche, la carne y los asesinos, Ötzi podría haber vivido un poquito más que los 45 años que se le calculan.[12]

Es un poco tarde para que esta información genética ayude a Ötzi, pero si podemos descubrir tantas cosas sobre alguien que murió mientras vagabundeaba por los Alpes hace más de 5,000 años, imagina todo lo que podemos aprender sobre nosotros mismos en la actualidad.

Si no tienes acceso a las pruebas y las secuenciaciones genéticas exhaustivas, hay una opción de baja tecnología que no requiere que te sometas a la misma clase de rigurosos exámenes genéticos póstumos que experimentó Ötzi. Una escalada de rutina por tu árbol genealógico puede proporcionarte un montón de información valiosa. Por ejemplo, preguntarle a tus parientes si alguna vez tuvieron una reacción alérgica a un medicamento puede salvarte la vida.

Cuando estás tratando de delimitar una enfermedad compleja, producto de una infinidad de interacciones genéticas, *cualquier* pequeño dato puede ser crucial. Lo cierto es que no hay nada que sustituya una buena historia médica familiar, y es por eso que, en lo que respecta a la salud genética de las próximas décadas, es posible que los mormones lleven la delantera.

Tal vez sepas que los mormones son miembros de la Iglesia Internacional de Jesucristo de los Santos de los Últimos Días, que crece en forma acelerada. Y es posible que de vez en cuando te los hayas encontrado en tu puerta, en parejas, con el pelo corto y peinado con gel, ataviados con pantalones negros y camisas blancas con etiquetas negras con su nombre.

Lo que tal vez no sabes es que algunos mormones también llevan a cabo una práctica que se conoce como el bautismo de los muertos, puesto que creen que la gente que murió sin ser bautizada por una autoridad apropiada puede tener una segunda oportunidad para salvarse si recibe un bautismo vicario a manos de un mormón vivo.

Este rito dio origen a la práctica mormona de emprender sofisticadas investigaciones genealógicas informáticas, una de las razones por las cuales muchos miembros de la Iglesia pueden recitar los nombres y las historias de sus ancestros, remontándose cientos de años incluso para los linajes familiares complicados por un solo marido y múltiples esposas. Todo esto para asegurarse de que ni una sola alma mormona se quede atrás.

Para los médicos que intentan vincular las enfermedades genéticas con las historias familiares esta información tan detallada puede constituir una absoluta mina de oro. Actualmente la Iglesia ha puesto en internet, a disposición del público, muchos de estos registros genealógicos,[13] cosa que ha beneficiado a muchos no mormones, aunque para los miembros de la Iglesia la genealogía es algo que deben hacer religiosamente.

Puesto que los mormones mantienen un conjunto bastante estricto de lineamientos sobre lo que introducen en sus cuerpos (muchos no beben cafeína, la mayor parte evita el alcohol y las drogas ilícitas están particularmente prohibidas) es posible que resulte más fácil entender los factores genéticos, epigenéticos y ambientales que afectan sus vidas.

No tienes que ser mormón para proporcionarle a tus hermanos, hijos y nietos la información que van a necesitar para entender su genoma y su salud. Uno de los mejores regalos que puedes darles es una minuciosa historia familiar, empezando con lo que conoces sobre la salud de tus propios padres, y subiendo y extendiéndote lo más que puedas por tu árbol genealógico.

Hazlo tan detallado como te sea posible: nunca se sabe cuándo un detalle trivial para una generación, como la sensibilidad a un medicamento específico, puede enriquecer la información médica familiar de otra. Así que saber más sobre tu herencia, ya sea mediante un árbol genealógico detallado o a través de pruebas genéticas, puede ser un recordatorio importante sobre tu irrepetible individualidad.

Es un recordatorio que te dice que es hora de separarse de la multitud antes de ponerse a hacer preguntas como ¿cuál es la mejor medicina y la mejor dosis para mi genotipo? ¿Cómo puedo evitar la paradoja de la prevención? ¿Qué estrategias nutricionales y qué estrategias de estilo de vida debería tratar de adoptar en beneficio de mis necesidades genéticas?

Herencia

¿Y qué lecciones genéticas puedo aprender de una momia congelada italiana de 5,000 años de edad?

Tal vez no encuentres de inmediato todas las respuestas a estas preguntas, pero al formularlas te acercas un poco a obtener una imagen más completa de algunas de las cualidades genéticas fundamentales que te hacen ser incomparablemente original.

Capítulo 7

¿De qué lado estás?

Cómo los genes nos ayudan a decidir entre la izquierda y la derecha

Era el fin del toro bravo. Lo habían puesto a pastar. Eso decían.

Y no eran sólo los críticos, aunque de ésos había bastantes. Eran sus compañeros surfistas. Hacía mucho tiempo que sabían que los demonios de Mark Occhilupo se habían apoderado de él. Sabían que las drogas se habían cobrado su parte. Podían ver cómo se iba ensanchando su cintura y cómo se iba quedando detrás de los otros surfistas de elite del momento.

En 1992, la historia tuvo un apogeo explosivo. Se dice que en la competencia Rip Curl Pro, en la famosa playa Hossegor, en el sureste de Francia, el hombre conocido en todo el mundo como Occy trató de tirar la caseta de los jueces, le lanzó una tabla a su oponente y hasta devoró un poco de arena antes de anunciarle a todos que pensaba nadar de regreso a Australia.[1]

Occhilupo, un australiano fanfarrón y seguro de sí mismo, nunca había ganado un título mundial. Y cuando ese año abandonó el tour del campeonato de la Asociación de Surfistas Profesionales quedó claro que nunca lo conseguiría.

Pero una vez que se alejó de los reflectores Occy se puso a trabajar para enderezar su camino. Dejó de beber. Volvió a ponerse en forma. Juró no volver a tocar un pollo frito, que durante demasiado tiempo había sido un ingrediente central en su dieta. Empezó a surfear de nuevo, esta vez por diversión y como ejercicio, más que para obtener fama y dinero.

En 1999, Occhilupo volvió a abrirse camino, ola por ola, triunfo por triunfo, hasta el título del Tour Mundial de la Asociación de Surfistas Profesionales. A los 33 años fue el campeón más viejo de la historia.

Unos años después, Occy seguía surfeando. Tras otro retiro más —éste ocurrió en términos más favorables que el primero— el toro bravo entró nuevamente al circuito mundial en busca de otra oportunidad. Fue entonces, una deslumbrante mañana en la isla hawaiana de Oahu, cuando vi a Occhilupo lanzarse de cabeza dentro de las olas rompientes, emerger no mucho después sobre una cresta espumosa e internarse en la base de la ola con el mismo esfuerzo que a cualquier otra persona le tomaría reírse de un buen chiste.

No soy un surfista profesional, pero al ver a Occhilupo ejercer su oficio me llamó la atención una cosa: es zurdo, o *goofy* en la jerga del surf.

Algunos los llaman chuecos, chuchos o siniestros, palabra que en latín originalmente sólo significa "izquierda" pero que más adelante se asoció con el mal.[2]

¿Te preguntas cuáles son las implicaciones médicas de nacer con el pie izquierdo? Tal vez te sorprenda saber que se descubrió que las mujeres zurdas tienen un riesgo de desarrollar cáncer de mama premenopáusico dos veces más alto que las mujeres diestras. Algunos investigadores creen que este efecto puede estar vinculado con la exposición a ciertas sustancias químicas *in utero* que afectan tus genes y sientan las bases tanto de la zurdera como de la susceptibilidad al cáncer,[3] con lo que se abre otro escenario más en el que la crianza altera la naturaleza.

En lo que respecta a nuestras manos, pies y hasta ojos, la mayor parte de los seres humanos tenemos lados derechos dominantes. Tal vez creas que los pies y las manos dominantes son los mismos, pero resulta que no siempre es así en el caso de los diestros, y es aún más infrecuente en las personas zurdas. Muchas personas no son *congruentes*.

El término *goofy* en surf se refiere a qué pie se coloca atrás en la tabla y, por lo tanto, qué pie tiene el control de los giros. Occy se para con el pie izquierdo atrás.

Existe una cantidad asombrosa de teorías que buscan explicar por qué algunos somos *goofys*, pero con frecuencia se sostiene que el término tiene su origen en un corto animado de Walt Disney de ocho minutos de duración llamado *Hawaiian Holiday* (*Vacaciones hawaianas*), que se presentó en los cines en 1937. La caricatura a color presenta en los papeles estelares a los sospechosos de siempre: Mickey y Minnie, Pluto y Donald y, por supuesto, Goofy. Durante las vacaciones de la pandilla en Hawái, Goofy intenta surfear y, cuando finalmente atrapa una ola y se dirige hacia la playa sobre su efímera cresta, se para con el pie derecho adelante y el pie izquierdo atrás.[4]

Si te estás preguntando si tú eres goofy y quieres averiguarlo antes de llegar a la playa, imagínate al pie de una escalera que estás a punto de subir. ¿Qué pie se mueve primero? Si das el primer paso imaginario con el pie izquierdo es probable que seas un miembro del club de los goofys. Y si descubres que no eres goofy, entonces formas parte de la mayoría.

Se cree que la razón por la cual algunos nacemos zurdos, diestros o goofys tiene que ver con lo que sucede durante una etapa temprana de la formación de nuestros cerebros. Una de las explicaciones más populares para la lateralización, que es el nombre con el que se conoce a este fenómeno, es que cada lado de nuestro cerebro ha evolucionado para adquirir una especialización funcional. Esta división del trabajo nos permite llevar a cabo muchas tareas complejas.

¿Te da por silbar cuando estás en el trabajo? Tus compañeros pueden darle gracias a la sorprendente lateralización de tu cerebro. ¿Eres capaz de conducir y hablar por teléfono al mismo tiempo? También se lo debes a la lateralización.*

Pero entonces, ¿por qué predominan los diestros? Una de las tareas más importantes de nuestra especie es la comunicación, que en general se procesa en el hemisferio izquierdo del cerebro. Algunos científicos creen que ésa es la razón por la que suele prevalecer el lado derecho; porque, como tal vez has escuchado, el lado izquierdo del cerebro, por lo general, controla los músculos del lado derecho del cuerpo (y es por eso que si sufres una embolia en el hemisferio izquierdo del cerebro es más probable que provoque una disfunción del brazo y la pierna derechos).

¿Qué más te da ser goofy? Es la misma pregunta que muchas personas le han hecho a Amar Klar, un investigador veterano del Laboratorio de Regulación Génica y Biología de los Cromosomas del Instituto Nacional

---

* Tal vez no seas tan hábil como crees: algunos estudios han demostrado que los usuarios de teléfonos celulares suelen conducir igual de mal que los conductores ebrios.

del Cáncer que ha estado interesado en la genética de la lateralidad por más de una década.

Klar propone que existe una causa genética directa para la lateralidad, tal vez incluso un único gen, que aún no logramos descubrir por más que escudriñamos el genoma humano. La teoría, que el equipo de Klar respalda mediante un modelo predictivo de rasgos dominantes y recesivos que haría que Gregor Mendel se hinchara de orgullo, incluso explica que los gemelos monocigóticos no siempre tengan la misma lateralidad. Esto parecería constituir un argumento contra la herencia genética, pero lo que Klar y varios otros genetistas respetados han propuesto es que este hipotético gen posee dos alelos, uno dominante que determina que su portador sea diestro y uno recesivo. Quien herede un par de alelos recesivos tiene 50 por ciento de posibilidades de ser zurdo o diestro. Klar lleva más de una década buscando ese gen esquivo, y aunque aún no lo encuentra no pierde la esperanza.

Una alternativa para una causa exclusivamente genética de la lateralidad es una hipótesis que sugiere que, durante el desarrollo, los individuos zurdos experimentan alguna clase de lesión o daño neurológico que afecta el cableado de sus cerebros.

En apoyo a la "teoría de la lesión" algunas personas han señalado estudios que encontraron una correlación entre los niños prematuros y la zurdera. Un metaanálisis* sueco halló que entre los niños que nacieron en forma prematura se multiplicó por dos el porcentaje normal de niños zurdos.[5]

Descubrir más sobre la biología de la lateralidad, rastrearla hasta sus causas genéticas o ambientales, o ambas, podría decirnos mucho sobre qué lado de la caja de bateo tenemos que poner a nuestros hijos. Esto ocurre porque la zurdera se ha asociado con tasas más elevadas de dislexia, esquizofrenia, trastorno de déficit de atención con hiperactividad, algunos trastornos afectivos y, como ya dijimos, incluso cáncer.[6] De hecho, añadir la lateralidad a la mezcla ha ayudado a los investigadores daneses a identificar qué niños que tuvieron síntomas de TDHA a los ocho años (cuando, aceptémoslo, casi todos los niños son más bien inquietos) siguen presentándolos a los 16 años.[7]

---

*Un metaanálisis es un estudio que combina los resultados de muchos estudios con diseños similares para aumentar su fuerza estadística y, en consecuencia, la precisión de los resultados.

A diferencia de lo que ocurre con la lateralidad, estamos mucho más cerca de entender los razonamientos genéticos que guían la planeación anatómica que ocurre durante el desarrollo de nuestros cuerpos, los genes que trabajan duro para asegurarse de que nuestros corazones y nuestros bazos terminen del lado izquierdo y nuestros hígados del derecho. Esta información genética nos ayuda a responder la siguiente pregunta.

¿De verdad importa tanto qué lado hace qué? Si alguna vez tuviste la dicha de encontrarte con una llave de agua caliente marcada como agua fría ya fuiste testigo de un doloroso problema de lateralidad. Cuando nuestros cuerpos no funcionan como se espera, las cosas pueden ponerse peligrosas.

Pero primero, para entender cómo los genes ayudan a tu cuerpo a escoger lado, tenemos que regresar en el tiempo, justo al momento en el que empezaste tu aventura como un embrión en el vientre de tu madre. Cuando comenzamos nuestro desarrollo en tres dimensiones es necesario que se conserve un exquisito equilibrio en el crecimiento para garantizar que mantengamos las que se convertirán en nuestras proporciones corporales futuras.

Lo chistoso sobre el desequilibrio es que no se requiere mucho esfuerzo para tirar todo por la borda. Así que si bien un poco de favoritismo hacia uno de los lados puede ser bueno para la vida, un poquito más puede provocar que las cosas se salgan seriamente de rumbo. Y rápido.

Si alguna vez has estado en un bote —tal vez una canoa durante un campamento— ya sabes cómo es. Si todos están sentados y reman en perfecta coordinación una canoa es una forma increíblemente estable de moverse por el agua. Pero sólo hace falta que una persona se pare en el momento equivocado para que todos zozobren.

Esto es lo que pensaba, allí parado en la playa de la costa norte de Oahu, viendo cómo Occhilupo emergía del túnel formado por una ola que rompía hacia la izquierda y giraba abruptamente, siempre un paso adelante de la cresta de la ola, manipulando el agua como un chef japonés que corta un trozo de pechuga de pollo que chisporrotea en un teppanyaki.

Occhilupo es un maestro artesano, pero ni él podría haber hecho esto a no ser por algo que ocurrió allá por la década de 1930.

Si miras esa caricatura, *Vacaciones hawaianas*, tal vez notes que la tabla de surf de Goofy se parece un poco a una plancha para ropa. Es larga y plana, un extremo termina en punta... y no tiene nada abajo. Eso es porque la tabla de Goofy todavía no conocía a un tipo llamado Tom Blake, un inventor y constructor de tablas de surf que, sólo unos años después de que apareciera esa caricatura, revolucionó el mundo del surf con el skeg, una aleta colocada en la parte inferior de la tabla que ayuda a mantener el equilibrio y la hace más maniobrable. Cuenta la historia que el primer prototipo de Blake fue parte de la quilla de un bote de motor que el mar había arrastrado hasta la orilla. Al principio nadie entendía muy bien cuál era la función de ese apéndice en una tabla de surf, pero una década después casi todas las tablas del mundo estaban equipadas con una o más aletas.[8]

¿Qué tiene que ver el surf con nuestros genes y nuestro desarrollo? Los humanos no tenemos un skeg en sí, pero un tipo de estructura similar, codificada en las profundidades de nuestros genes, desempeña un papel absolutamente vital en nuestro desarrollo y prepara el escenario para que los genes correctos se expresen en el momento adecuado. Sin embargo, lo más probable es que nunca hayas oído hablar de ellos. Se llaman cilios nodales, y aparecen durante el desarrollo embriológico, en un momento en el que nos parecemos a un pedazo de chicle aplastado dentro del útero de nuestra madre. En esta importantísima encrucijada los cilios nodales emergen de lo que luego se convertirá en nuestras cabezas, como diminutas antenitas de proteína.

Del mismo modo que un skeg ayuda a un surfista a dirigir su tabla en el agua y a atrapar buenas olas, nuestros cilios son cruciales para mover (y, en algunas situaciones, sentir) el fluido que rodea nuestros yos embrionarios y para crear un imprescindible gradiente de concentraciones químicas. Los cilios son simples pero vitales: al mover el fluido en una dirección específica crean una corriente en forma de remolino alrededor del embrión. Esto altera la cantidad de proteínas que flotan en el orden correcto, que a su vez dirigen el desarrollo de tu cuerpo mediante la expresión genética en el momento adecuado.

Nuestro embrión en desarrollo usa estas señales proteicas, que están codificadas en nuestros genes, para asegurarse de que nuestro hígado se forme en el que se convertirá en el lado derecho de nuestro cuerpo, y de que el bazo se forme en el lado izquierdo.

En la épica batalla que se libra entre los lados de un cuerpo humano, que compiten para ver quién se queda con qué órgano, nuestros genes codifican proteínas con nombres tan adecuados como Lefty2 (Zurdito2), Sonic Hedgehog (Erizo Sónico) y Nodal, que tiene la supremacía en asuntos de lateralidad.

Pero cuando los cilios no funcionan bien a causa de un cambio genético nuestro equilibrio en el desarrollo puede romperse por completo. Como un surfista al que un arrecife lejos de la costa, o una marea alta inesperada, le rompen el skeg, los cilios desobedientes pueden provocar un desequilibrio en la cantidad de proteínas que bañan al embrión.

Si la producción de proteína Sonic Hedgehog se dispersa más allá de sus fronteras usuales puede comerse tu bazo, hablando metafóricamente. Para no ser menos que Sonic Hedgeg, hay proteínas, como Lefty2, que cuando no funcionan bien pueden provocar que se desarrolle un bazo de más, una condición que llamamos poliesplenia.

Cuando se confunden los cilios incluso pueden hacer que nuestros órganos queden al revés. Si el remolino gira en la dirección equivocada puedes terminar con algunos de tus órganos principales en el lado opuesto del cuerpo: el corazón a la derecha, el hígado a la izquierda, el bazo a la derecha.

Pero no se trata de un problema benigno. Si la ubicación adecuada de nuestros órganos internos se desvía durante el desarrollo puede afectarlo casi todo, desde nuestra plomería vascular hasta nuestro cableado neurológico. Y lo que se hace anatómica y neurológicamente no es fácil de deshacer. Con frecuencia, es imposible.

Por eso los obstetras subrayan la importancia de evitar el alcohol durante el embarazo. En término generales se asume que cuando se trata de alcohol y embarazo no existe un nivel mínimo de exposición que resulte seguro. Por otro lado, conocemos casos de bebés que nacen de madres que bebieron alcohol durante su embarazo, y esos niños parece estar virtualmente ilesos.

¿A qué se debe la diferencia? A que todos somos genéticamente diversos, sobre todo, al parecer, en lo que se refiere al metabolismo del alcohol. Dependiendo de qué genes heredó la madre, y qué genes ella y su pareja le heredaron a su hijo, el impacto del alcohol en el feto puede ir de ligeramente tóxico a increíblemente venenoso.[9] Dadas las incertidumbres que existen durante esta etapa del desarrollo de nuestros hijos lo mejor sigue siendo, en mi opinión, evitar por completo el alcohol durante el embarazo.

Probablemente este consejo sirve para cualquier sustancia cuestionable, incluyendo los alimentos poco saludables que una mujer introduce en su cuerpo durante el embarazo, pero puede ser de especial importancia en lo que se refiere al alcohol, y en particular durante las primeras etapas del desarrollo, cuando es de vital importancia contar con cilios sobrios, por así decirlo.

En cierta forma los cilios son como los directores genéticos de una orquesta del desarrollo. Si alguna vez viste a un maestro en acción sabrás que ya es bastante difícil hacer música sinfónica cuando estás sobrio; trata de imaginarte cómo será hacerlo borracho. Por eso los investigadores han descubierto que los hijos de madres que bebieron en exceso durante el embarazo pueden tener problemas relacionados con la lateralidad, incluyendo dificultades para escuchar con el oído derecho y problemas para interpretar el habla, pues ambas funciones suelen procesarse con el hemisferio izquierdo del cerebro.[10]

En vez de dirigir genéticamente la orquesta en una espectacular interpretación de armonías, melodías y ritmos, los cilios defectuosos conducen sinfonías que recuerdan más el trabajo del compositor japonés Toru Takemitsu, cuyas composiciones, con frecuencia disonantes, son fascinantes de contemplar y estudiar, pero pueden ser difíciles de entender. Y ése es el reto con las enfermedades genéticas llamadas ciliopatías, que ocurren cuando los cilios no consiguen desempeñar sus funciones normales.

Para entender las ciliopatías es importante entender los cilios y su genética. Y para hacerlo primero tienes que saber que los cilios están en todos lados, y me refiero a *todos* lados. Aunque nunca hayas oído hablar de ellos, te han estado cuidando y velando por tu bienestar desde antes de que nacieras. Algunas células, incluso, usan cilios, como si se tratara de una forma modificada del tacto, para sentir físicamente su camino en su mundo microscópico.

Sin embargo, hay otros ejemplos convincentes de la importancia de usar el tacto para entender el mundo que nos rodea.

El escultor estadunidense Michael Naranjo quedó ciego y perdió el uso de la mano derecha en un ataque de granada a los 22 años, cuando peleaba en Vietnam. Mientras lo trataban en un hospital de Japón, Naranjo, que proviene de una familia de artistas de Nuevo México, le pidió a una enfermera que le consiguiera un poco de barro. Unos días más tarde ella consiguió cumplir su deseo, y Naranjo comenzó una travesía artística que lo ha llevado alrededor del mundo.[11] Muchos años después hasta lo invitaron a la Galleria dell'Accademia de Florencia, Italia, donde se construyó un andamio especial para que pudiera pasar sus manos sobre el rostro del *David* de Miguel Ángel. Porque así es como Naranjo ve.

Igual que este artista sorprendente, nuestras células están ciegas y deben usar sus cilios, codificados genéticamente, como medios para sentir el mundo que las rodea. Los cilios son fundamentales para nuestras propias vidas, pero dado su microscópico tamaño por lo general no les hacemos mucho caso. Lo que les falta en tamaño lo compensa con creces su trascendencia.

Su impacto sobre nuestras vidas comienza muy pronto —antes, incluso, que comiencen a remover y detectar los fluidos embrionarios que nos hacen ser quienes somos—, puesto que los cilios también desempeñan un papel crucial en la concepción.

Para empezar, la cola de un espermatozoide es un cilio modificado, conocido como flagelo. Si no se agita correctamente no nadará en línea recta, y si no nada en línea recta no va a llegar a donde se supone tiene que ir. Al otro lado de la operación, en la entrada de las trompas de Falopio, esperan cilios que se agitan más rápido durante la ovulación para crear una corriente poderosa que escolte al óvulo en su camino desde el ovario.

Nuestros pulmones también dependen de los cilios para que las cosas están físicamente ordenadas, y son importantes para que el oxígeno del mundo exterior llegue al interior de nuestros cuerpos. Como si se tratara de una multitud que durante un concierto transporta a un fanático de mano en mano, como si nadara sobre las hordas de gente, nuestros cilios también se llevan de nuestros pulmones los mocos, el polvo y los microbios. De por sí es una tarea difícil, pero la hacemos mucho más complicada cuando fumamos, pues inhalamos sustancias que pueden afectar en forma negativa a los cilios. Cada vez que escuchas una tos de fumador puedes agradecerle en silencio a tus cilios, porque si esos pequeñajos, genéticamente motivados, no hicieran bien su trabajo todos sonaríamos igual.

Pero no tienes que ser un fumador para que este proceso se deteriore. Todo lo que tienes que hacer es heredar mutaciones específicas en algunos genes, como *DNAI1* y *DNAH5*, que provocan que los cilios se porten mal. La enfermedad genética que provocan las mutaciones en estos genes se llama disquinesia ciliar primaria o PCD, por sus siglas en inglés. Todavía no conocemos la mayor parte de las funciones de los cilios, pero sabemos que cuando no funcionan bien el músculo y el tejido elástico de los pulmones terminan por degradarse, lo que provoca dificultades para respirar e hinchazón en los senos nasales, que obstruyen el drenaje de la nariz. Todos estos síntomas son el resultado de las enfermedades genéticas causadas por cilios que, por una u otra razón, no han recibido las instrucciones que necesitan para agitarse como se supone debieran hacerlo.

Algunas personas con PCD también tienen *situs inversus*, que, entre otras cosas, crea una gran oportunidad para que los médicos experimentados se diviertan de lo lindo a expensas de los jóvenes.

A mí me tocó sufrir esta novatada cuando era estudiante de medicina. Durante un examen físico que supervisaba uno de nuestros instructores, me pidió que "auscultara el hígado". Se trata de una técnica de percusión que los médicos han usado durante siglos para calcular el tamaño de este órgano vital, y es crucial conocerla, incluso hoy, tras el advenimiento del ultrasonido. Claro que el doctor no mencionó, antes de que empezara el examen, que esta paciente en particular tenía *situs inversus totalis*, es decir que todos sus órganos principales estaban en el lado opuesto al normal.

"¿Hay algún problema, Moalem?", preguntó el doctor mientras yo exploraba desesperadamente el abdomen de la paciente, tratando de repetir lo que había practicado tantas veces con amigos, familiares y pacientes cuando estudiaba para mis evaluaciones.

"Sí, bueno... este..."

"A ver, muchacho, auscúltalo de una vez."

"Lo estoy... digo... parece como si... hmm..."

Estaba tan aturdido que no me di cuenta de que la paciente, que estaba al tanto de la broma, trataba por todos los medios de contener la risa. Finalmente soltó una carcajada histérica, una señal que al principio pensé que significaba que le había hecho cosquillas sin querer mientras buscaba un hígado al parecer inexistente. No fue sino hasta que todos en el cuarto la acompañaron cuando advertí que yo era el blanco del chiste.

En retrospectiva puedo reportar que esta broma en particular, si bien fue bastante vergonzosa en su momento, fue una de las lecciones más instructivas de mi educación médica. Me enseñó a siempre tomarme un momento antes de examinar a un paciente para olvidar todas mis certezas.

No es fácil convertir la mente de un doctor en una *tabula rasa* médica. Hay algunas cosas que es imposible no presuponer, en especial si, como parte de nuestra capacitación médica, nos acostumbramos a dar por ciertos algunos supuestos clínicos sobre la anatomía y la fisiología humanas.

De hecho, se ha ido volviendo más difícil mientras más trabajo tengo, pero también más importante, porque conforme más nos aproximemos a tener una medicina verdaderamente personalidad es vital que superemos las suposiciones previas.

Aun así creemos que hay algunas cosas que de verdad se aplican para todos. Cuando se trata de nuestra salud, la genética que subyace al funcionamiento de los cilios es de una importancia incuestionable. Los cilios no sólo se ocupan de ayudar a los embriones a decidir dónde formar sus órganos internos; también tienen que ver con la formación correcta de la estructura interna de nuestros riñones, hígado y hasta de la retina de nuestros ojos.[12] Igual que las manos de Naranjo cuando recorren una pieza de mármol, unos cilios modificados incluso facilitan la formación de hueso, pues ayudan a las células a orientarse en un espacio tridimensional.

Resulta que casi no hay ningún lugar de nuestro cuerpo en el que los cilios no hayan desempeñado un papel crucial. Y sin embargo, siguen siendo una de las estructuras menos estudiadas de nuestro cuerpo.

Sin genes que nos permitan tener cilios funcionales no tenemos lateralidad. Y sin lateralidad nuestros órganos internos y nuestro cerebro no se forman adecuadamente. Por eso la lateralidad se encuentra en el núcleo de la vida como la conocemos. Como estamos a punto de ver, la lateralidad tiene unas implicaciones genéticas de una profundidad tan tremenda que tal vez sean fuera de este mundo.

A veces tenemos que elegir lados. Hace unos años fui testigo de un ejemplo muy cómico de esta situación en el mundo real, cuando me disponía a cruzar un puente que servía como puesto fronterizo entre Tailandia y Laos. Los tailandeses conducen por la izquierda y los laosianos por la derecha.

Cuando se abrió el puesto fronterizo esa mañana se organizó un caos y una hilaridad considerables, porque los conductores no sabían de qué lado del puente tenían que pasar.

Lo mismo ocurre en lo profundo de nuestros cuerpos. Si no escogiéramos lados, pronto nos perderíamos en un mundo de moléculas y desarrollo caóticos. Es por esto que casi todo está organizado de modo que se orienta hacia la izquierda o la derecha. Y a pesar de lo que quieran hacerte creer los "derechistas" de este mundo, nuestra bioquímica interna parece favorecer las configuraciones moleculares "zurdas".

Piensa, por ejemplo, en los 20 aminoácidos diferentes que trabajan en equipo para construir millones de combinaciones proteicas diferentes. En un nivel muy básico nuestros cuerpos usan aminoácidos como ladrillos que le otorgan forma y función a nuestros cuerpos. El orden específico en el que se enhebran los aminoácidos está determinado por información que tiene su origen en nuestros genes y que se traduce a partir de ellos. Un cambio en una letra de nuestro ADN puede modificar el aminoácido que se emplea para fabricar una proteína, y cambiar por completo la capacidad de esta proteína para hacer su trabajo. Por supuesto, esto significa que los aminoácidos y el orden en el que se ensamblan es extremadamente importante.

Todos los aminoácidos (con una excepción: la glicina) son quirales, lo que significa que puede haber aminoácido diestros y aminoácidos zurdos. De hecho, cuando los sintetizamos en un laboratorio con frecuencia podemos obtener diestros y zurdos por partes iguales.

Ahora bien, los aminoácidos diestros no tienen nada de malo; a veces pueden portarse igual que los zurdos. Si los amontonas uno sobre otro como si fueran sillas apilables son igualmente estables. Pero por alguna razón la biología de este planeta parece tener preferencia por los zurdos.

Si todo esto empieza a sonarte un poco extraterrestre es que estás en la misma frecuencia que una teoría que están desarrollando científicos de la NASA y que literalmente es fuera de este mundo.

Tras hacerse de unos cuantos fragmentos de un meteorito que cayó en el lago Tagish, en el noroeste de Canadá, en el invierno de 2000, científicos de la NASA mezclaron las muestras con agua caliente y separaron las moléculas poco a poco mediante una técnica que se llama cromatografía de líquidos con espectrómetros de masas, un procedimiento común de laboratorio que sirve para separar moléculas individuales de una maraña de otras moléculas.

Hete aquí que encontraron aminoácidos.

Pero los señores de la NASA no se quedaron aquí; siguieron explorando y separaron los zurdos de los diestros. Lo que encontraron fue que había una cantidad significativamente mayor de aminoácidos zurdos que de diestros.[13] Lo que esto implica, si es que la investigación se sustenta, es que el exceso de aminoácidos zurdos que tenemos aquí en la Tierra puede provenir de una galaxia muy muy lejana. Y eso tal vez signifique que hasta nuestro rinconcito del universo se inclina un poco hacia la izquierda.

Déjame compartir contigo uno de los secretos que la industria de los suplementos nutricionales preferiría que no supieras: algunas de las vitaminas que compras y consumes hacen más mal que bien, y todo debido a la lateralidad. La vitamina E es un ejemplo. Tal vez sepas que se trata de un importante antioxidante; allá por 1922 la llamábamos *tocoferol*, que en griego significa "traer un niño al mundo", puesto que una de las pocas cosas que sabíamos sobre ella era que la deficiencia de esta vitamina provocaba infertilidad en las ratas.

La vitamina E se encuentra en muchos de los alimentos que consumimos, incluyendo las verduras. Y sí, se sabe que protege las membranas de las células del ataque químico de la oxidación, del mismo modo que un tratamiento contra el óxido protege la parte inferior de tu coche de los estragos del clima y de la sal de las carreteras. Pero no es todo lo que hace. También hemos descubierto que puede cambiar dramáticamente la expresión de ciertos genes, entre ellos los que están asociados con la división celular, un proceso que debe ocurrir millones de veces al día para que permanezcamos con vida.[14]

¿De dónde proviene la vitamina E que se usa en los suplementos? La vitamina E, como la mayor parte de los suplementos que se ofrecen comercialmente hoy en día, se sintetizan en forma artificial en plantas químicas.

La forma de la vitamina E que suele encontrarse en los suplementos es alfa-tocoferol, que a su vez puede venir en ocho formas diferentes, llamadas esteroisómeros, y sólo uno de ellos se encuentra de forma natural en los alimentos. Hace muchas décadas sabemos que, en dosis elevadas, el alfa-tocoferol hace que desciendan los niveles de gamma-tocoferol que se encuentran en forma natural en nuestras dietas.[15] En otras palabras, la cápsula con la versión artificial puede contrarrestar una de las formas naturales y ubicuas de la vitamina E.

En vista de esto, ¿puedo sugerirte que te saltes las capsulitas y las pastillas con forma de personajes de televisión y en su lugar consumas alimentos ricos en vitamina E, como ciertas nueces, chabacanos, espinacas y taro? A fin de cuentas, la naturaleza suele ser un buen árbitro de los tipos de vitamina E que realmente necesitamos.

Obtener nuestras vitaminas por vía de los alimentos saludables reporta otro beneficio: resulta mucho más difícil ingerir una dosis de vitaminas que vaya más allá de lo prudente y razonable.

Supongo que a esta altura ni siquiera tengo que mencionar que tu genotipo específico puede tener un gran impacto en la forma en que metabolizas vitaminas particulares. De hecho, un estudio reciente incluso identificó tres tipos de variaciones genéticas distintas que afectan la forma en la que los hombres responden a los suplementos de vitamina E.[16]

Pero para la mayor parte de nosotros la clave es la estabilidad, es decir, el estado en el cual el equilibrio de nuestros cuerpos, nuestras vidas e incluso nuestro universo depende de que exista la cantidad justa de desequilibrio.

Así es como nuestros genes nos ayudan a escoger entre derecha e izquierda. A este organizado equilibrio de la lateralidad le debemos nuestras vidas y el desarrollo normal de nuestros cerebros. Si no se encendieran los genes correctos en el momento oportuno todos estaríamos revueltos por dentro y por fuera, desde el bazo hasta la yema de los dedos.

Capítulo 8

Todos somos hombres X

*Lo que los sherpas, los tragasables y los atletas dopados genéticamente
pueden enseñarnos sobre nosotros mismos*

En la cima del monte Fuji hay una máquina expendedora de Coca-Cola.
	Eso es casi lo único que recuerdo del tiempo que pasé en la cima de la montaña más alta de Japón.
	Desgraciadamente recuerdo muchas otras cosas del ascenso, que comencé un atardecer en el país del Sol Naciente. A la mayor parte de la gente le toma unas seis horas alcanzar la cima, y a quienes viajan por la noche (como hice yo, esperando llegar arriba con mucha anticipación para poder ver la salida del sol) les aconsejan hacerlo con bastante tiempo extra.
	Pero era joven y sano, y confiaba en que les haría morder el polvo volcánico de esa enorme, hermosa montaña, a todos los demás viajeros. Planeaba detenerme en una de las atiborradas cabañas de descanso que hay en el camino para tomarme un plato caliente de fideos udon y tal vez una rápida siesta vigorizante, y seguir mi ascenso para conquistar la cima a tiempo para crear un recuerdo hermoso y lleno de orgullo.
	Vaya que me estaba engañando.
	Alcanzar mi lugar de descanso fue la parte más fácil, aunque me tomó mucho más de lo que había planeado. Mientras más subía, más lento iba. No es que mis piernas estuvieran cansadas: mi mente lo estaba. Sabía que había dormido ocho horas seguidas la noche anterior, así que me dije

a mí mismo que seguramente fue un sueño inquieto, tal vez a causa de la emoción de este ascenso, tan anticipado.

Sí, pensé. Eso debe ser.

Como sea, estaba decidido a alcanzar la cima antes del alba. Me salté mi *inemuri* —así llaman los japoneses a las siestas energéticas—, sorbí mi plato de udon, llené mi termo de metal con té verde caliente y me puse en marcha por el sendero de montaña.

Y luego, como si fuera un maestro de karate, la montaña me pateó. Duro.

Pasé el resto del ascenso peleando contra la lluvia, el aguanieve y el granizo, pero el clima no era, por mucho, el peor de mis problemas.

Mi corazón saltaba dentro de mi pecho. Tenía náuseas y me sentía mareado. El mundo daba vueltas. Imagínate la peor resaca que has experimentado; bueno, esto era peor. Me tiré a un lado del camino, sin poder continuar y sin idea de qué hacer a continuación.

Mi mente se negaba a funcionar.

Entonces llegó al rescate una anciana japonesa. La había conocido hacía unas horas, en la base de la montaña, donde me pidió que la ayudara a mantener el equilibrio mientras trataba de introducirse en un enorme traje térmico. Había señalado con orgullo sus caderas y su rodilla izquierda, y me había contado que recientemente la habían "mejorado" con implantes de acero inoxidable y de titanio. Estaba seguro de que la pobre no iba a llegar ni a la mitad del camino. Para ser sincero, dado el mal clima y lo difícil del ascenso, me tenía bastante preocupado.

Y ahora ella, una mujer de casi 90 años que había subido renqueando graciosamente todo el costado de la montaña con ayuda de dos bastones, me ayudaba a mí. Se detuvo para cargar mi mochila y me ayudó a levantarme.

Estaba seguro de que nada podía ser más humillante. Pero estaba equivocado. Para mi consternación, y para la de los que me rodeaban, descubrí en carne propia cuánta flatulencia somos capaces de producir los seres humanos.

Sí, me pedorreé hasta la cima del monte Fuji.

Había escuchado sobre la hipoxia hipobárica, una falta de oxígeno provocado por una disminución de la presión atmosférica. Pero nunca la había experimentado antes de esa noche, y mi cerebro no estaba en condiciones de darse cuenta de que la flatulencia, el mareo, la confusión y el agotamiento son parte de los encantos del mal de altura.

Pero ¿por qué me estaba sucediendo a mí, y no a mi dulce y anciana compañera de escalada? ¿Por qué ella podía seguir platicando, cargando mi mochila además de la suya y volteando ocasionalmente para animarme con su brillante sonrisa, mientras yo luchaba para seguirle el paso?

Bueno, pues resulta que mis genes parecen hacerme un poco más susceptible al mal de altura. En vez de ayudarme a subir el monte Fuji, mi herencia genética era una carga pesada.

Si sólo hubiera tenido un poco de ascendencia sherpa.

Casi todas las civilizaciones tienen una historia que narra cómo es que llegaron al lugar en el que viven. Con mucha frecuencia estos mitos de origen involucran un viaje físico: una travesía por un mar furioso, una huida a través de un yermo desértico, un cruce por una escabrosa cordillera montañosa.

Hay una buena razón para esto. Aunque hoy podamos sentirnos separados por el idioma, la cultura o la política, la historia de la humanidad no es más que un largo viaje, en busca de pastos más verdes, de mares más generosos. Cuando la gente viaja también lo hacen sus genes. De hecho, todos somos migrantes genéticos.

En la actualidad, y con ayuda de técnicas de cartografía genética global, podemos explorar, cada vez con mayor profundidad, los mitos de origen, pero todavía hay muchos agujeros que llenar y muchas historias que descubrir.[1]

En mi opinión una de las historias más fascinantes es la de los sherpas, que se cree que llegaron hace unos 500 años a un sitio particular de la cordillera de los Himalayas, provenientes de otras regiones de la meseta del Tíbet. Fue lo más cerca que consiguieron llegar a un pico sagrado que llamaron Chomolungma.[2]

Tal vez lo conozcas como el monte Everest.

El peor problema de vivir tan cerca de la Madre del Mundo, como los sherpas conocen este pico, es que la gran matriarca vive en un lugar en el que escasea justamente la sustancia que hace posible la vida humana en este planeta. A casi 4,000 metros de altitud, la aldea tibetana de Pangboche, la aldea sherpa más antigua del mundo, se asienta un kilómetro y medio por arriba de la altura en la que muchas personas empiezan a sentir los efectos de la hipoxia hipobárica.

En lo que a mí respecta no pienso visitarla pronto.

Pero ¿qué suele pasarle a la gente cuando alcanza esa altura? Quienes suben muy lentamente pueden experimentar un poco de dolor de cabeza, fatiga, náuseas o incluso euforia.[3]

Pero como estamos por ver, quienes no han heredado genes específicos para la vida a esas alturas pueden sufrir las mismas consecuencias que yo. Aunque no tengas una constitución genética que te permita vivir cómodamente a alturas elevadas sí hay algunas cosas que puedes hacer: puedes tomarte tu tiempo para tratar de aclimatarte conforme subes y dejar que tu genoma te ayude a ajustarte mediante la expresión genética.

O puedes tomar algunas medicinas, o drogas. Se dice que ciertos grupos indígenas de América del Sur mastican hojas de coca para aliviar los síntomas asociados con el mal de altura. Existen casos anecdóticos que sugieren que la cafeína puede ayudar en estas condiciones.[4] Tal vez por eso la lata de Coca que me tomé en la cima del monte Fuji me supo tan bien, aunque por entonces pensé que se debió a que pagué diez dólares por el honor de adquirir "un pasaporte para la frescura".[5]

Por lo general, cuando pasamos mucho tiempo a una altura elevada nuestros genes comienzan a ajustar sutilmente su expresión, lo que provoca que las células de nuestros riñones produzcan y secreten más eritropoyetina, o EPO. Esta hormona estimula a las células de nuestra médula ósea para que aumenten la producción de glóbulos rojos, así como para que conserven los que ya circulan por nuestro cuerpo más allá de su fecha de caducidad.

Nuestros glóbulos rojos suelen conformar un poco más de la mitad de nuestra sangre, y los hombres tienen un poco más que las mujeres. Mientras más tenemos, mejores somos para absorber y transportar el oxígeno vital que nuestros cuerpos necesitan para sobrevivir. Los glóbulos rojos son como esponjitas de oxígeno. Y mientras más alto estás, menos oxígeno hay, así que necesitas más glóbulos rojos. La fisiología de nuestro cuerpo reconoce estos cambios y envía señales a nuestros genes para que cambien su expresión y se adapten a ellos.

Cuando necesitas fabricar más EPO, tu cuerpo incrementa la expresión de un gen del mismo nombre. Éste funciona como una plantilla genética para incrementar la producción. Sin embargo, nada en tu vida biológica sale gratis, así que el EPO debe funcionar un poco como un cabildero de Washington, D. C.: tiene que convencer a los miembros del Congreso para que gasten un poco más de capital en la producción de glóbulos rojos cuando disminuye la disponibilidad de oxígeno. Y, justo como sucede en Washington, el financiamiento para un proyecto suele concederse a expensas de otro. Después de todo, el tipo de cambio biológico no es muy distinto de los dólares y, como ocurre con cualquier tipo de inversión, siempre hay costos imprevistos.

En el caso del aumento en el gasto genético para poder fabricar EPO —y tener más glóbulos rojos— el costo genético es que la sangre se vuelve más espesa. Como el aceite de motor de alta viscosidad, tu sangre se mueve un poco más lentamente por tu cuerpo. Esto, por supuesto, aumenta las probabilidades de que se produzca un coágulo.

Mientras no se espese demasiado, y por demasiado tiempo, un poco de producción genética extra de EPO puede ser justo lo que tu cuerpo necesita para incrementar el flujo de oxígeno. Si la carencia de oxígeno te hace sentir letárgico, un excedente puede darle a tu cuerpo la capacidad de usar y quemar más energía. Es por eso que la EPO sintética ha sido una bendición para la gente que no puede fabricar suficiente por sí misma a causa de una falla renal y que, por lo tanto, sufre anemia.

Y es por la misma razón que la EPO sintética es una consentida de muchos deportistas de resistencia profesionales. O, al menos, lo era hasta que se desarrollaron pruebas para detectarla. Entre los que han admitido usarla, o han sido atrapados "dopándose" con EPO sintética, se encuentran Lance Armstrong, su colega el campeón de ciclismo David Millar y la triatleta Nina Kraft.

Pero no todos tienen que administrarse una dosis de EPO sintética para obtener un poco de ventaja competitiva. Piensa, por ejemplo, en Eero Antero Mäntyranta. Este legendario esquiador de fondo finlandés, que ganó siete medallas olímpicas en la década de 1960, sufre una condición genética llamada *policitemia primaria familiar y congénita*, o PFCP por sus siglas en inglés, que significa que, en forma natural, posee niveles elevados de glóbulos rojos que circulan por sus venas y sus arterias. Y esto quiere decir que tiene una ventaja genética natural en lo que se refiere a la competencia aeróbica.

Así que va una pregunta: si algunas personas tienen una ventaja genética natural —la capacidad de que su sangre transporte oxígeno extra, por ejemplo—, ¿de verdad es injusto que otros traten de alcanzar ese nivel? No es que esté defendiendo el dopaje, pero conforme aprendemos más sobre el impacto de nuestra herencia genética sobre nuestras vidas es probable que debamos enfrentarnos al hecho de que algunos de nosotros ya nacemos genéticamente dopados.

Por supuesto resultaría ridículo reducir el éxito olímpico de Mäntyranta a los genes que le tocó en suerte heredar. Hasta para un atleta que posee una ventaja biológica el nivel de entrenamiento que se requiere para competir en el ámbito internacional es extremo. Pero como sucede con la imponente figura de 2.13 metros de Shaquille O'Neal, o la insólita envergadura de brazos y el enorme tamaño de los pies del campeón olímpico de nado Michael Phelps, sería un poco ingenuo sostener que la herencia genética única de Mäntyranta no resultó un factor decisivo en su camino hacia el éxito.

A consecuencia de la enorme diversidad de tamaño de los cuerpos humanos, los luchadores y los boxeadores han peleado, durante mucho tiempo, en categorías de peso. Los conductores de autos modificados compiten en un sistema en el que todos los automóviles se construyen más o menos con las mismas especificaciones. Y, por supuesto, los hombres y las mujeres casi siempre compiten separados en los deportes profesionales, puesto que los hombres tienden a tener sobre las mujeres una ventaja natural en estatura, peso y fuerza. Todas éstas son formas más o menos arbitrarias de que las competencias sean lo más justas posibles.

¿Es inconcebible, entonces, que un día también compitamos en categorías genéticas?

Por cierto, la herencia genética cardiovascular de Mäntyranta, turbocargada como está, es consecuencia de un único cambio de letra en su ADN. El cambio ocurrió en un gen que sirve como plantilla para fabricar la proteína que es el receptor de EPO. En vez de una G (de guanina) en el nucleótido en la posición 6002, Mäntyranta y unos 30 miembros de su familia tienen una A (de adenina) en un gen conocido como *EPOR*. Este cambio de 0.00000003 por ciento del genoma de Mäntyranta fue suficiente para que el gen *EPOR* fabrique una proteína muy sensible a la EPO, y esto dio origen a muchos más glóbulos rojos. Sí, una letra entre un conjunto de miles de millones fue todo lo que hizo que la proteína correspondiente, elaborada a partir del gen *EPOR*, le diera a su sangre 50 por ciento más capacidad para transportar oxígeno.[6]

Todos llevamos en nuestros genomas estos pequeños cambios en una sola letra o nucleótido. Mientras más emparentados estamos, más similares son nuestros genomas. Hoy sabemos que nuestros genomas codifican plantillas que dirigen la forma en que se construye tu cuerpo, de modo que mientras más similar sea tu genoma —piensa en los gemelos monocigóticos o "idénticos"—, más te parecerás físicamente. Ahora bien, si no te pareces en nada a tus hermanos no quiere decir que no estén emparentados; seguramente lo que sucede es que cada uno heredó de sus padres una combinación de genes única y diferente.

Y lo que heredaste también ha sido moldeado por lo que experimentaron tus ancestros. Como vimos antes con la intolerancia a la lactosa, si tus ancestros no criaron animales para consumir su leche es seguro que llevas las de perder, genéticamente hablando, si quieres comer helado en la edad adulta. Y muchas de nuestras adaptaciones no terminan ahí.

Lo que nos lleva de regreso a los sherpas, quienes, dada su herencia genética única, han asumido —como un problema de orgullo cultural y de necesidad económica— la peligrosa tarea de ayudar a los montañistas de todo el mundo a alcanzar la cima de la montaña más alta del planeta (que con sus 8,848 metros se alza un poco por debajo de la altura a la que suelen volar las aerolíneas comerciales). Entre estas sorprendentes personas se encuentra un hombre modesto llamado Apa Sherpa, que en 2013 compartió el récord mundial de más ascensos al Everest, incluyendo cuatro en los que subió sin ayuda de oxígeno complementario. Cuando era niño Apa no intentó subir la montaña ni siquiera una vez, pero cuando descubrió que tenía una habilidad natural le pareció una buena manera de ayudar a su familia.[7]

¿Cómo es posible que sea tan bueno para escalar hasta la cima de una montaña que, hasta 1953, nunca había sido hollada por pies humanos? Es más, ¿cómo es que los sherpas parecen estar tan bien adaptados a vivir en las alturas?

Como seguramente ya adivinaste, algunos miembros de esta comunidad étnica han heredado un diminuto cambio genético que provoca profundas diferencias en sus vidas. En su caso, el cambio ocurrió en un gen llamado *EPAS1*. En vez de producir más glóbulos rojos, este gen sherpa especial produce menos, lo cual parece acallar la respuesta biológica de los sherpas a la EPO.

Después de todo lo que te dije sobre el poderoso Mäntyranta y sus herencia genética, de entrada esto no parece tener sentido. ¿Qué los sherpas no estarían mejor adaptados para su existencia atmosférica si nacieran con una sangre tan espesa como la miel, rebosante de glóbulos rojos y por lo tanto llena de oxígeno?

Bueno, sí... por un rato. Pero recuerda que si bien la sangre espesa puede ser benéfica por periodos cortos, también puede ser peligrosa, pues aumenta las probabilidades de sufrir derrames devastadores si se permite que se prolongue demasiado. Los sherpas no visitan las cumbres del Himalaya; viven allí. Así que no necesitan sangre bien oxigenada sólo para esquiar o para hacer carreras de bicicletas, la necesitan todo el tiempo.

En vez de proporcionarles niveles cada vez mayores de glóbulos rojos cuando hay menor disponibilidad de oxígeno, lo que hace la configuración única del gen *EPAS1* de los sherpas es darles estabilidad a lo largo del tiempo: la capacidad de transmitir adecuadamente el oxígeno por todo el cuerpo, incluso en condiciones en las que es difícil obtenerlo de la atmósfera circundante.

Para ser un grupo genético único, los sherpas son bastante recientes. Por ponerlos en contexto, es probable que su llegada a Chomolungma haya ocurrido más o menos por la época en la que Cristóbal Colón se disponía a navegar hacia el lugar que terminaríamos llamando América.

De hecho, la mutación de *EPAS1*, específica de los sherpas, puede ser un ejemplo de selección natural en acción, y algunos investigadores creen que puede tratarse del caso de evolución humana más veloz que se haya documentado.

En otras palabras, las condiciones de bajo oxígeno en las que viven los sherpas han modificado rápidamente los genes que heredaron y que hoy se transmiten de una generación a otra.

Y seguramente tú también heredaste esos cambios. Tal vez no en tus genes *EPOR* o *EPAS1*, pero probablemente sí en genes que les ayudaron a sobrevivir a tus ancestros en particular. Conforme más genomas cartografiamos, y más y más nos familiarizamos con polimorfismos de un solo nucleótido (cambios en una única letra del código genético de una persona, que llamamos SNP por sus siglas en inglés) que son tanto sutiles como magníficamente diversos, entre grupos de personas de todo el mundo, más luz arrojamos sobre la historia de nuestros ancestros, y al mismo tiempo más aprendemos sobre nosotros mismos.

Sentado sobre la cima del monte Fuji, viendo cómo el sol repuntaba lentamente en el cielo de la mañana, no podía creer lo mucho que me dolían los pies. Estaba tan concentrado en la náusea y la flatulencia que acompañaron mi ascenso por la montaña que no me había dado cuenta de que tenía los pies adoloridos y llenos de ampollas. Tras permanecer ahí unos minutos, bebiendo de mi lata de coca, me quité las botas para evaluar el daño. Suponía que mis pies no se verían tan mal como se sentían... hasta que me quité los calcetines. Los dedos gordos se habían llevado la peor parte. La lluvia había encharcado mis botas y transformado mis dedos gordos en salchichitas hinchadas e increíblemente dolorosas. Y ya sabía lo que me esperaba: horas de descenso por la montaña. Mientras pensaba qué hacer a continuación empecé a fantasear: además de parecerme un poco más, genéticamente, a un sherpa, ¿no sería lindo vivir una vida completamente libre de dolor?

Todos conocemos el dolor en algún momento de nuestras vidas. Puede ser uno de tus recuerdos infantiles más tempranos. Tal vez sientas dolor ahora mismo. Pero algo es seguro: el dolor, en especial cuando es del tipo crónico, es un asunto serio. Tal vez te sorprenda saber que su costo se calcula en unos 635 millones de dólares al año, sólo en Estados Unidos,[8] una suma mayor que la asociada a las enfermedades cardiacas y el cáncer juntos.

Allí arriba, en el monte Fuji, observaba mis pobres dedos gordos y sabía que el dolor que estaba sintiendo era inofensivo y, de seguro, sólo temporal (o al menos eso esperaba). Por desgracia, no es así para millones de personas cuyas vidas están crónicamente debilitadas por el dolor, y no hay forma de calcular en dólares cuánto cuesta ese sufrimiento.

Consideré seriamente la idea de ponerme de nuevo los calcetines empapados sobre los pies ampollados. Lo único que quería en ese momento era una breve prórroga de ese dolor pulsante. Me imaginé qué se sentiría transformarse en un personaje de historieta con capacidades sobrehumanas. Sabía que no era el único que alberga esas fantasías; de hecho, ¿qué no daría la mayor parte de la gente por ser inmune al dolor? Pero antes de que se nos conceda ese deseo tenemos que conocer a una joven de 12 años llamada Gabby Gingras.

Los padres de Gabby notaron muy pronto, tras su nacimiento en 2001, que su pequeña era un poco inusual. Se rasguñaba la cara. Se metía los dedos a los ojos. Aporreaba la cuna con la cabeza y no lloraba. Y cuando empezaron a salirle los dientes —una experiencia extremadamente dolorosa para la mayor parte de los niños— a Gabby no pareció importarle en lo absoluto.[9] Y luego estaba el tema de las mordidas. Muchos niños muerden a sus padres y hermanos. Los dientes, por supuesto, son una de las razones por las cuales las madres dejan de amamantar. Pero Gabby no sólo mordía a otras personas; se mordía a sí misma. Se masticó la lengua hasta que quedó como una hamburguesa cruda. Se masticó los dedos hasta que le escurrió sangre por las comisuras de la boca.

Sus padres tuvieron que desfilar durante meses por los consultorios médicos para descubrir por qué esta hermosa niñita se estaba haciendo daño: Gabby pertenece a un muy reducido grupo de personas en todo el mundo que sufre una enfermedad genética llamada insensibilidad congénita al dolor con anhidrosis parcial. Esta enfermedad provoca que no sientan dolor en ninguna parte del cuerpo, o sólo en algunas.

Es posible que nazcan más personas con esta rarísima enfermedad, pero no sobreviven mucho tiempo, porque resulta que es muy difícil vivir una vida sin dolor.

Aunque los padres de Gabby finalmente descubrieron por qué su hija se lastimaba a sí misma, no había mucho que pudieran hacer para protegerla por completo. Tendrían que pasar años antes de que Gabby fuera lo suficientemente grande como para poder razonar con ella. Mientras tanto, sólo les quedaba hacer lo mejor que pudieran para protegerla de sí misma. Así que tomaron la difícil decisión de extraerle todos los dientes de leche de la boca, pero esto provocó que sus dientes definitivos crecieran demasiado pronto. Y también ésos se fueron con rapidez.

Su ojo derecho estaba muy lastimado de tanto picárselo, así que para salvarlo los doctores tuvieron que coserlo durante un tiempo. Cuando se curó, tanto como fue posible, obligaron a Gabby a usar goggles de natación casi todo el tiempo. Pero no pudieron salvar su ojo izquierdo; se lo extrajeron cuando tenía tres años de edad.

Aunque no nos gusta pensar en él cuando está presente, el dolor en realidad nos protege. Nos ayuda a ir de la infancia a la madurez, y nos proporciona la retroalimentación binaria básica que necesitamos para tomar decisiones más avanzadas. *¿Me duele cuando toco esto? Muy bien, ya no voy a tocarlo.*

Pero para que todo esto ocurra tu cuerpo debe tener la capacidad de transmitir señales de dolor de un lugar a otro. Existen proteínas específicas encargadas de pasar el mensaje de dolor de una célula a otra y luego de llevarlo a tu cerebro, como un microscópico servicio de mensajería que se mueve a la velocidad de la electricidad.

Esto se hizo evidente cuando se descubrió una mutación en el gen *SCN9A*, que provoca una enfermedad rara y emparentada con la de Gabby llamada insensibilidad congénita al dolor.[10] La diferencia entre las personas que son insensibles al dolor y el resto de la gente sobre este planeta es una diminuta variación en la versión del gen *SCN9A* que heredamos.

Los cambios en *SCN9A* y en otros genes relacionados pueden provocar una familia de enfermedades llamadas canalopatías. Este término simplemente se refiere a diferentes condiciones que, se cree, son resultado de compuertas no funcionales que se encuentran en la superficie de nuestras células y median, o determinan, qué entra y qué sale. En el caso de algunas personas que no sienten dolor, la proteína que se fabrica a partir del gen *SCN9A* evita que la señal se envíe. El mensaje se entrega, pero en vez de seguir su camino, el mensajero y su transporte se quedan dando vueltas.

El descubrimiento de *SCN9A* y su asociación con la transmisión del dolor se hizo cuando científicos del Cambridge Institute for Medical Research decidieron investigar los reportes de un chico en Lahore, Pakistán, de quien se decía que tenía una capacidad sobrehumana para tolerar el dolor. Como un alfiletero humano, su aparente incapacidad para sentir el dolor le permitía ganarse la vida en espectáculos callejeros, donde se atravesaba con toda clase de objetos puntiagudos (ninguno de ellos estériles), tragaba espadas, caminaba sobre carbones al rojo vivo y no expresaba ni la más mínima señal de que todo aquello le causara incomodidad. Sólo acudía regularmente a un hospital local para que le cerraran las heridas tras apuñalarse con cuchillos. En un giro trágico, cuando los científicos llegaron a Lahore el chico estaba muerto; a unos días de su cumpleaños número 14 había saltado de un edificio para impresionar a sus amigos. Las entrevistas con la familia extendida del chico revelaron que varios de sus parientes también reportaban nunca haber sentido dolor, y un análisis de sus genes mostró que todos tenían una cosa en común: la misma mutación en su gen *SCN9A*. Siempre me deja pasmado el increíble rango de efectos que pueden surgir de los más sutiles cambios en nuestro código genético y en su expresión. Cambia una sola letra entre miles de millones y tus huesos se rompen con la más ligera presión. Otro diminuto cambio en la expresión y no sentirías ninguna fractura.

Desde que descubrimos el gen *SCN9A* las cosas han avanzado muy rápido en cuestiones de dolor. Ahora tenemos una lista cada vez más abundante de genes (cerca de 400) que desempeñan un papel fundamental en el dolor que sentimos a lo largo de nuestras vidas. Todos estos descubrimientos nos están conduciendo hacia una nueva línea de investigación que, con suerte, en un futuro muy cercano nos permitirá modular selectivamente la intensidad de algunos tipos de dolor crónico. La palabra clave es *selectivamente*, puesto que, como vimos en el caso de Gabby y el chico de Lahore, los efectos protectores del dolor inmediato son vitales para nuestra supervivencia.

Muchas de las diminutas diferencias en nuestra herencia genética desempeñan un papel aún más importante que el de mediar nuestra respuesta al dolor. El próximo reto para los investigadores —entre ellos yo mismo— es descubrir cómo se relacionan todas ellas entre sí.

Cuando se publicó el genoma humano, los investigadores se apresuraron a identificar genes que estuvieran vinculados con rasgos específicos, y los más evidentes fueron bastante rápidos de encontrar. Muchas de las enfermedades genéticas que hemos identificado hasta ahora son monogénicas. Como sucede con el chico de Lahore que no sentía el dolor, estos cambios pueden ser producto de alteraciones en un solo gen. Pero desenmarañar la compleja red de factores que dan origen a enfermedades como la diabetes o la hipertensión, que probablemente involucran a más de un gen, resulta mucho más complicado.

Para que tengas una idea de la clase de tarea que es, imagina que tratas de seguir un patrón específico en tu camino de los dormitorios de la universidad al salón de clases, al patio, al laboratorio, a la biblioteca y de regreso, todo usando las escaleras del Colegio Hogwarts de Magia y Hechicería de Harry Potter, esas que se mueven y se transforman de manera impredecible. Un pequeño traspié y estás de regreso donde empezaste. Esta complejidad puede ser alucinante y también frustrante, en particular cuando lo que está en juego, con mucha frecuencia, es literalmente un asunto de vida o muerte.

La tendencia actual en genética es no sólo buscar genes específico y entender qué hacen, sino apreciar mejor cómo funciona la red de nuestra herencia genética y, por supuesto, entender cómo afectan nuestras experiencias a este complejo sistema a través de mecanismos como los epigenéticos.

Aún es más complicado el reto de entender cómo las experiencias vitales de nuestros padres y de otros ancestros relativamente recientes también afectan nuestros diversos paisajes genéticos de hoy en día.

Si entendemos qué significan estos cambios para nosotros, a nivel personal, podemos tomar mejores decisiones sobre cualquier cosa, desde qué tipo de aventuras emprender (no vuelvo a escalar montañas), dónde vivir (no creo que vaya a mudarme a Alma, Colorado, con una altitud de 3,224 metros) y, como tratamos en el capítulo 5, qué comemos (me encantan mis ñoquis de semolina, aunque prefiero comerlos a nivel del mar).

Todos estos dones genéticos, y muchos más, son parte integral de nuestra herencia genética única.

No recuerdo gran cosa de mi estancia en la cumbre del monte Fuji, más allá de la máquina de Coca-Cola y mis pies adoloridos. Pero recuerdo el amanecer. Y recuerdo haber volteado a ver los rostros de todas las personas que compartían la experiencia conmigo. Había gente de todas las edades. Algunas se veían resplandecientes como el sol de la mañana, tan frescas y rejuvenecidas como si hubieran pasado la noche profundamente dormidas y no subiendo una montaña, y otras, yo por ejemplo, como si estuvieran a punto de colapsar.

En cuanto el sol atravesó las nubes que flotaban sobre el horizonte nos dispersamos.

Nuestro guía se acercó con un brazo extendido que señalaba un punto bajo las nubes. Era hora de que bajáramos la montaña. Recogí mis cosas y hurgué un poco en mi mochila, en busca de un par de calcetines para prepararme para el descenso. No podía dejar de pensar que, a pesar de no tener genes de sherpa, me las arreglé para llegar a la cima del monte Fuji, lo que para mí era un símbolo de la capacidad humana para superar las supuestas limitaciones que nos impone nuestra herencia genética. Después de todo, ser un superhéroe se trata de tomar decisiones de superhéroe todos los días, independientemente de los genes que nos hayan tocado en suerte.

Capítulo 9

Hackea tu genoma

Por qué las grandes tabacaleras, las compañías aseguradoras, tu doctor y hasta tu amante quieren que decodifiques tu ADN

El cáncer es la peste negra de nuestros tiempos, lo cual, curiosamente, es un hecho que habla con elocuencia sobre nuestros éxitos: quiere decir que hemos conseguido domar muchas de las enfermedades infecciosas que han sido los principales asesinos de humanos a lo largo de casi toda nuestra historia. En la actualidad, en el primer mundo, uno de los grandes peligros que nos acechan no proviene de ratas o garrapatas, virus o bacterias, sino de nuestro interior.

Todos los años mueren de cáncer en el mundo cerca de 7.6 millones de personas. Si metes a 10 personas en un cuarto, cuatro de ellas serán diagnosticadas con algún tipo de cáncer durante su vida.[1] ¿Conoces a alguien cuya familia no haya sido tocada, de algún modo, por esta enfermedad? Yo no. Tampoco conozco a nadie que no haya considerado que él mismo, o alguien que ama, pueda padecerlo algún día.

No es una maldición nueva. Algunos antropólogos arqueológicos creen que la faraona que reinó Egipto durante más tiempo, Hatshepsut, puede haber muerto a causa de complicaciones relacionadas con el cáncer.[2] Remontándonos aún más en nuestra historia evolutiva, los paleontólogos han encontrado evidencias esqueléticas fósiles de que los dinosaurios —en particular los hadrosaurios con sus picos de pato, herbívoros del Cretácico tardío que se alimentaban de las hojas y los conos de árboles de coníferas que, creemos, eran cancerígenos— corrieron la misma suerte.[3]

Actualmente, entre nuestra propia especie el más prolífico de estos asesinos malvados es el cáncer de pulmón.[4] Sabemos que entre 80 y 90 por ciento de los casos de cáncer de pulmón ocurren en gente que fumó, pero también que no todos los fumadores tienen las mismas posibilidades de desarrollarlo.[5]

Tenemos, por ejemplo, a George Burns. En una de sus últimas entrevistas el comediante, entonces de 98 años de edad, le dijo a la revista *Cigar Aficionado*: "Si hubiera seguido el consejo de mi doctor y hubiera dejado de fumar cuando me lo recomendó no habría vivido para ir a su funeral".[6] ¿Será que la afición de Burns por los puros —10 o 15 al día durante 70 años— contribuyó a su longevidad? Es poco probable. Pero hasta donde sabemos, todas las cajas que se fumó tampoco parecen haber acortado su vida.

Algunas personas piensan que casos como éste contradicen la idea imperante de que fumar es malo para la salud, y están equivocadas. No prueban nada. Pero es justo añadir que sólo porque un hábito —ya sea fumar, beber o comer compulsivamente— haga que sea *más probable* sufrir efectos adversos sobre la salud (la gente que fuma tiene entre 15 y 30 veces más probabilidades de sufrir cáncer de pulmón que los no fumadores, según los Centros para el Control y la Prevención de Enfermedades), esto no quiere decir que lo haga probable en primer lugar (sólo uno de cada 10 fumadores desarrollará, finalmente, cáncer de pulmón).

Pero para decirlo con claridad, fumar es jugar a la ruleta rusa. Por no mencionar que es caro. Y el humo de segunda y tercera mano pone en riesgo a otras personas, en general a las que están más cerca.

Entonces, ¿por qué algunas personas pueden fumar toda su vida y no padecer cáncer de pulmón? Aún no encontramos la combinación mágica de factores genéticos, epigenéticos, conductuales y ambientales que predigan con exactitud quiénes tienen mayores riesgos. Adentrarse en esta maraña no va a ser una tarea fácil, pero es probable que exista cierta combinación de factores genéticos y ambientales que, de hecho, disminuya la probabilidad de que desarrolles cáncer de pulmón a causa del tabaquismo. No se ha hecho demasiado trabajo científico serio en esta área de la salud humana; no hay muchos científicos que anden buscando la oportunidad de realizar una investigación que pueda tener el efecto perverso de decirle a ciertos grupos de personas que no tienen que preocuparse tanto como las demás cuando se ponen un cigarro entre los labios.

Pero hay una industria que está mucho muy interesada en esta línea de investigación científica: las grandes tabacaleras.

Desde la década de 1920 los científicos honestos saben que probablemente existe un vínculo entre el tabaquismo y el cáncer de pulmón. La verdad es que cualquiera que lo piense un poco llegará a la conclusión de que meterse a la boca un trozo de papel en llamas, empapado en sustancias químicas y relleno de hojas de tabaco, aceleradores, insecticidas y quién sabe qué más, difícilmente va a ser la panacea que las compañías tabacaleras prometieron alguna vez.

Sin embargo, el público básicamente ignoró los peligros del tabaco durante tres décadas más.

Entonces llegó Roy Norr. Cuando este veterano escritor neoyorquino publicó su *exposé* sobre los peligros de fumar en la edición de octubre de 1952 del *Christian Herald*, una revista relativamente desconocida, nadie le prestó mucha atención. Pero cuando *Reader's Digest*, en ese entonces la revista con más circulación del mundo, publicó una versión condensada del mismo artículo unos meses después, pareció como si se abrieran las compuertas.[7] Durante los años siguientes los periódicos y las revistas estadounidenses publicaron una cascada de artículos condenatorios que vinculaban el uso de tabaco con el "carcinoma broncogénico", como se llamaba por entonces al cáncer de pulmón.[8]

Estos reportes se vieron sustentados gracias a que la investigación científica que se estaba aplicando a la medicina tenía una naturaleza crecientemente sofisticada y cuantificable; hoy damos esta característica por sentada, pero en la década de 1950 era relativamente rara. Aunque consideremos que este tipo de investigación es un éxito de la ciencia, en realidad tiene su origen en un fracaso de la humanidad: medio siglo de guerras mundiales, que incluyeron por primera vez el uso de armas nucleares, bombardeos sistemáticos y armas químicas y biológicas modernas, nos hizo expertos tanto infligiendo como analizando la muerte. Estos ataques repentinos al cigarro fueron uno de los primeros casos en los que las espadas cuantitativas se convirtieron en rejas de arado médicas. También ocurrió en un momento histórico perfecto, cuando, tras la segunda guerra mundial, convergió una ola sin precedentes de financiamientos para la investigación médica.

Pero las grandes tabacaleras no tardaron en devolver el golpe. Por ese entonces más de 40 por ciento de los adultos estadunidenses era fumador habitual, y el fumador promedio prendía unos 10,500 cigarros al año, la extraordinaria cantidad de 500 mil millones al año.[9]

Las tabacaleras hacían su agosto, y no estaban solas. En esa época cada vez que se vendía un paquete de cigarros el gobierno de Estados Unidos recibía unos siete centavos.[10] Esto representaba la cantidad de 1,500 millones de dólares al año, el equivalente de 13 mil millones actuales. Por no hablar de todos los trabajos que existían gracias a los fumadores en estados como Virginia, Kentucky y Carolina del Norte.[11]

Para contrarrestar la ola de mala publicidad las tabacaleras tenían que dar la impresión de que estaban haciendo *algo*. Así que, en lo que llamaron "Un mensaje honesto para los fumadores de cigarros", los directores de 14 compañías tabacaleras se unieron para publicar un anuncio en una plana en más de 400 periódicos de Estados Unidos. En él presentan el atrevido argumento de que los estudios recientes que vinculaban el cigarro con las enfermedades "no se consideraban concluyentes en el campo de la investigación oncológica".

"Creemos que los productos que fabricamos no dañan la salud", continuaba la declaración de los jefes de las tabacaleras. "Por más de 300 años el tabaco ha proporcionado consuelo, relajación y placer a la humanidad. Ha habido momentos, durante esos años, en los que los críticos le han adjudicado la responsabilidad de prácticamente todas las enfermedades del cuerpo humano. Estas acusaciones se han abandonado, una por una, por falta de pruebas."

Pero en el mismo anuncio —y a pesar de su postura pública de incredulidad— el grupo de directores de las tabacaleras hizo un compromiso muy notable: crearían el Comité de Investigación del Instituto del Tabaco, un organismo independiente de investigación científica que sería responsable de analizar los últimos estudios y de realizar sus propias investigaciones para entender mejor los efectos del tabaco en la salud.

Tal vez a nadie le sorprenda, entonces, que el comité (más tarde rebautizado como Consejo para la Investigación sobre Tabaco) en realidad no era nada independiente, y que su *verdadera* misión era rotundamente diabólica. Durante las décadas siguientes los investigadores de esta organización recolectaron miles de artículos científicos y recortes de prensa, en busca de inconsistencias y ejemplos de resultados contradictorios. Luego usaron esa información para formular mensajes publicitarios cuidadosamente diseñados, para combatir acciones legales y regulaciones y para seguir sembrando dudas sobre los peligros reales del tabaquismo.

Quien dirigía esta misión de desinformación era Clarence Cook Little, un genetista cuyo trabajo académico sobre herencia mendeliana había sido extremadamente influyente en los años previos a la primera guerra mundial y cuyo curriculum vitae incluía temporadas como presidente de la Universidad de Maine y la Universidad de Michigan, así como papeles más controvertidos como presidente tanto de la Liga de Control Natal Americana como de la Sociedad Eugenésica Americana.

Pero el dato del currículo de Little que más le interesaba a las compañías tabacaleras era la que mencionaba su puesto como director operativo de la Sociedad Americana para el Control del Cáncer, el antecesor de la actual Sociedad Americana de Cáncer.

Cuando apareció como invitado en el espectáculo televisivo de Edward R. Murrow, *See It Now*, en 1955, a Little le preguntaron si se había identificado en los cigarros algún agente que provocara cáncer.

"No", respondió. Y luego, con un denso acento de Nueva Inglaterra, dijo: "Absolutamente ninguno, ni en los cigarros, ni en ningún producto del tabaco en sí".[12]

No se suponía que fuera un chiste, pero durante el último medio siglo ese segmento (que incluye a Little masticando el extremo de lo que parece ser una pipa apagada) se ha reproducido una y otra vez, con un excelente efecto cómico.

En defensa de Little, sin embargo, su respuesta completa fue un poco más sutil. "Esto resulta interesante", continuó, "porque en el alquitrán existen muchas sustancias que producen cáncer, y estoy seguro de que seguirá investigándose en este campo. La gente seguirá buscando agentes cancerígenos en toda clase de materiales."

¿Así que los cigarros no causan cáncer, pero el alquitrán que se consume al fumarlos —y que inevitablemente se acumula en los pulmones— sí? Si Little no hubiera estado ya tan cómodo dentro del bolsillo de las compañías tabacaleras podría haber tenido una segunda carrera como político. Como dijo George Orwell, faenas tan magistrales como éstas "están diseñadas para que las mentiras suenen verdaderas y el asesinato respetable".

Little estaba mareando un poco la verdad, pero no estaba mintiendo, en rigor. Porque, después de todo, la mayor parte de la investigación que se estaba haciendo por entonces buscaba una asociación directa y específica entre la acción inmediata de fumar y el cáncer de pulmón, y todavía faltaban muchos años para que se desarrollaran las sofisticadas herramientas con que contamos hoy para identificar lo que provocaba que las células benignas se volvieran malignas.

Pero para nuestros propósitos resulta aún más interesante otra de las cosas que Little dijo esa noche, tal vez una señal de lo que nos espera, no sólo de la industria del tabaco, sino de cualquiera que haya fabricado un producto que puede hacer que la gente se enferme.

"Estamos muy interesados", continuó diciendo, "en encontrar qué clase de personas son fumadoras empedernidas y cuáles no. No todos son fumadores. No todos los fumadores son fumadores compulsivos. ¿Qué determina estas elecciones por parte de la gente? ¿Los que fuman mucho son personas muy nerviosas? ¿Son personas que reaccionan en forma diferente a la presión o al estrés? Porque está muy claro que a ciertas personas les cae peor que a otras."

¿Muy interesados? Claro que la industria tabacalera estaba muy interesada. Y claro que sigue estándolo. Si puede establecer por qué algunos individuos son más propensos a convertirse en fumadores empedernidos —y por lo tanto más propensos a enfermarse—, la industria puede argumentar que la culpa la tiene una susceptibilidad heredada, y tal vez genética, a fumar compulsivamente, y no los cigarros mismos.

Si aún no escuchas el mismo tipo de argumentos de la industria de los refrescos y la comida chatarra, mantén los oídos abiertos. No falta mucho. La próxima vez que alguien demande a una cadena de comida rápida por hacerlo engordar (como hizo un gerente de McDonald's en Brasil hace unos años), puedes estar seguro de que el genoma del demandante (y su microbioma bacteriano también) estarán en la lista de los testigos expertos del acusado.

En lo que respecta a obtener una absolución completa de responsabilidad, las grandes empresas tienen un historial de lo que Sonny Corleone, de *El padrino*, llamaría "Irse a los colchones...".

¿Quieres pruebas? No busques más: BNSF, el ferrocarril de Burlington Northern Santa Fe.

No se supone que nuestros cuerpos funcionen así.

Somos animales activos. O al menos alguna vez lo fuimos. Nuestros días prehistóricos eran más animados, físicamente. Atrapábamos animalitos, trepábamos rocas, cruzábamos ríos y escapábamos de tigres dientes de sable.[13]

Pero desde que llegó la Revolución industrial, y en particular la Revolución digital, han ocurrido dos grandes cambios: nos hemos vuelto sedentarios y nuestras vidas son sumamente repetitivas.

Sólo llevamos unos siglos sometiendo a nuestros cuerpos al tipo de esfuerzos físicos que implican repetir los mismos movimientos miles o millones de veces. Desde el síndrome del túnel del carpo hasta los dolores lumbares, nuestras articulaciones y nuestros cuerpos están pagando el precio.

Mucho de lo que sabemos sobre las lesiones ocasionadas por esfuerzos repetitivos se lo debemos al padre de la terapia ocupacional, un italiano de nombre Bernardino Ramazzini. Su libro *De Morbis Artificum Diatriba* o *Enfermedades de los obreros* se publicó en Módena, Italia, en 1700, y quienes trabajan en temas de salud pública siguen citándolo.

¿Qué puede decirnos un médico del siglo XVII sobre la vida de oficina del siglo XXI? Echemos un vistazo a *De Morbis* para descubrirlo:

> Los males que afligen a los escribanos [...] se presentan por tres causas: primera, permanecer constantemente sentados, segundo, el incesante movimiento de la mano y siempre en la misma dirección, tercero la tensión de la mente ocasionada por el esfuerzo de no desfigurar los libros con errores o provocarle pérdidas a sus patrones cuando suman, restan o hacen otras operaciones aritméticas [...] Pasar incesantemente la pluma sobre el papel provoca una intensa fatiga de la mano y de todo el brazo causado por el esfuerzo continuo y casi tónico de los músculos y los tendones, que con el paso del tiempo resulta en falta de fuerza en la mano derecha.[14]

Sí, básicamente le atinó; lo que describe brevemente es lo que hoy llamamos lesiones por esfuerzo repetitivo.

Lo que Ramazzini reconoció hace más de trescientos años fue que el proceso de hacer lo mismo, una y otra vez, es malo para nosotros.

Y esto nos lleva al ferrocarril BNSF. La compañía se fundó en 1849 en el medio oeste de Estados Unidos, y creció hasta convertirse en unos de los mayores ferrocarriles de carga de América del Norte, con líneas que cruzan 28 estados del país y dos provincias canadienses.

Se requieren casi 40,000 obreros para mantener todos esos trenes sobre las vías. Y, como puedes imaginar, el trabajar en un ferrocarril puede ser físicamente arduo; por eso no resulta raro que algunos de los empleados de BNSF pidan permisos de incapacidad ocasionales a causa de lesiones de trabajo. Esto, por supuesto, puede ser demasiado caro para empresas como BNSF, que le solicitó a su equipo directivo que explorara formas de mantener bajos los costos.

Ahora bien, una buena manera de hacerlo habría sido mejorar los estándares de salud ocupacional. Pero no hicieron eso. Otra forma habría sido animar a todos los trabajadores a tomar descansos más frecuentes, o hacer rotaciones de las actividades más repetitivas y desgastantes. Tampoco hicieron eso.

Lo que hicieron fue buscar en los genes de sus empleados.[15]

Verás, al parecer algún directivo de BNSF se había interesado por la genética tras descubrir que el ADN puede desempeñar un papel clave para determinar si una persona es susceptible a los síntomas de hormigueo, debilidad y dolor en las manos y los pies que hoy identificamos como síndrome de túnel del carpo.[16] Según la Comisión de Equidad en las Oportunidades de Empleo de Estados Unidos, los empleados de BNSF que habían presentado demandas por lesiones laborales en el túnel del carpo fueron obligados a aceptar que les extrajeran una muestra de sangre. Luego se dice que esa sangre se usó —sin el conocimiento o la autorización de los empleados— para buscar marcadores de ADN que mostrarían si ese empleado era genéticamente propenso a sufrir dolor y lesiones de la muñeca.

Al parecer, enfrentados a la posibilidad de perder su empleo si se negaban a que les realizaran la prueba, la mayor parte de los empleados permitió que les sacaran sangre. Pero al menos uno decidió contraatacar. Con el tiempo se firmó un acuerdo de 2.2 millones de dólares entre BNSF y la Comisión de Equidad en las Oportunidades de Empleos, que adoptó la causa de los empleados sobre la base de que las pruebas violaban la Ley de Americanos con Discapacidades.

Eso ocurrió a principios de la década de 2000. Hoy, la ley federal de Estados Unidos protege a los individuos de la discriminación genética en el lugar de trabajo. Se creó la Ley de Información y No Discriminación Genética, o GINA por sus siglas en inglés, para proteger a las personas de la discriminación genética en situaciones que tienen que ver con el empleo y los seguros médicos. Se pregonaba que esta legislación, que convirtió en ley el presidente George Bush en 2008, y que algunos llamaron "la ley anti-Gattaca" (se rumora que algunos políticos se convencieron de apoyar la medida tras ver la película de 1997 sobre una sociedad genéticamente estratificada) era un avance importante para tratar de predecir y prevenir algunos de los actos de discriminación que la gente podría sufrir como resultado de las pruebas genéticas.

Desafortunadamente BNSF no ofrece protección contra la discriminación en asuntos de seguros de vida y de discapacidad. Esto quiere decir que si heredaste una mutación genética, digamos en tu gen *BRCA1*, que puede desempeñar algún papel en la reducción de tu esperanza de vida, o hacerte más proclive a sufrir alguna discapacidad, es legal que tu compañía de seguros te cobre más o directamente te niegue este tipo de cobertura. Por eso siempre le pido a mis pacientes que consideren cuidadosamente los problemas en los que pueden meterse ellos y sus familias antes de que se hagan cualquier prueba o secuenciamiento genético que no se realice en forma anónima. Porque lo que descubramos —que bien puede ser vital para su salud— también puede descalificarlos a ellos, a su familia inmediata y a todos sus descendientes futuros para obtener seguros de vida y de discapacidad.

Conforme las pruebas y el secuenciamiento genético comiencen a usarse en forma más extendida y rutinaria en diferentes aspectos del cuidado médico, desde la pediatría hasta la gerontología, habrá más información disponible que nos permita vincular problemas de salud específicos con nuestra herencia genética única.

El programa Obamacare se propone ofrecerle a muchos estadunidenses un mejor acceso a los servicios de salud, pero también puede estarlos condenando, involuntariamente, a la discriminación genética. Gracias a una evidente laguna legal que se introdujo de manera deliberada en GINA, las compañías de seguros son libres de usar esa información genética contra nosotros cuando determinan las primas que nos cobrarán por los seguros de vida y de discapacidad.

Aquí las cosas se ponen más aterradoras. Actualmente los proveedores de seguros, o cualquier persona, para el caso, pueden obtener mucha información sobre tu herencia genética sin necesidad de tocar una sola de tus células.

Entre científicos como yo una práctica común es compartir datos genéticos y de secuenciamiento con otros investigadores; eliminamos la información que pueda identificar a los pacientes, como el nombre o el número de seguridad social. Pero lo que la mayor parte de nosotros considera un protocolo de privacidad relativamente sólido, un astuto grupo de expertos en biomédica, ética e informática de Harvard, MIT, Baylor y la Universidad de Tel Aviv lo considera un blanco potencial en espera de ser hackeado.

Lo que hicieron estos investigadores fue subir fragmentos cortos de información, supuestamente anónima, a páginas de internet en las que se pueden construir árboles genealógicos con propósitos recreativos (y cuyos usuarios incluyen cada vez más información genética como una forma de rastrear familiares lejanos y perdidos), y con esto pudieron identificar fácilmente a las familias extendidas de los pacientes anónimos. Con unos cuantos datos adicionales que suelen incluirse en las muestras que compartimos —edad y estado de residencia, por ejemplo— pudieron triangular la identidad precisa de muchos individuos.[17]

Esto también puede funcionar al revés. ¿Tienes un familiar que sobrevivió al cáncer? ¿Tenía un blog? ¿Habló del tema en Facebook? ¿En Twitter? Las redes sociales no sólo son una excelente manera de mantenerse en contacto con los seres queridos; también son una rica y profunda fuente de información potencial para los ciberdetectives genéticos. Actualmente más de una tercera parte de los empleadores afirman que han usado información que hallaron en redes sociales como Facebook para descartar candidatos a un empleo.[18] El enorme aumento en los costos de los servicios de salud en Estados Unidos puede empujar a los empleadores a utilizar prácticas de contratación tales como supervisar de modo sistemático y en secreto el estado de salud de sus empleados en las redes sociales.

Una persona inquisitiva e ingeniosa —alguien que está considerando la posibilidad de contratarte, salir contigo o tal vez casarse— puede descubrir más cosas sobre ti de las que tú mismo puedes llegar saber, y esto simplemente usando tu nombre y los millones de registros genealógicos disponibles para el público en internet.[19] Si tú fueras esa persona inquisitiva e ingeniosa, y hubiera una forma mucho más sencilla de acceder a la información genética de otra persona sin que ella lo supiera, ¿hasta dónde llegarías? Lo que te estoy preguntando es lo siguiente: ¿estarías dispuesto a hackear el genoma de alguien?

Trataba de conseguir un taxi cuando mi teléfono vibró para avisarme que había llegado un correo electrónico. Era de un amigo mío, un joven profesional llamado David que acababa de comprometerse. Su novia, Lisa, era una fotógrafa de modas que también vivía en Nueva York. Tuve el placer de conocerla apenas unas semanas antes de que se comprometieran oficialmente, durante su primera exposición individual en una galería del SoHo.
 David me escribió esa noche para preguntarme si tenía tiempo para conversar, porque quería hacerme algunas preguntas sobre pruebas genéticas. Estoy acostumbrado a que los amigos y familiares que buscan consejo sobre este campo de tan rápido desarrollo me hagan esta petición. David me había contado que en cuanto se casara con Lisa quería comenzar una familia, y supuse que deseaba que le hablara sobre pruebas genéticas neonatales. Estos "paneles genéticos" pueden usarse para determinar si tú y tu pareja tienen mutaciones en cientos de genes y ofrecen una instantánea de sus compatibilidades genéticas. Todos llevamos dentro de nosotros un puñado de mutaciones recesivas; por su cuenta son básicamente inofensivas, pero si tú y tu pareja comparten el mismo gen desobediente esto constituye una receta para un posible desastre genético. En la actualidad muchas parejas están aprovechando las ventajas de examinar cientos de sus genes antes de aventurarse por el camino de la paternidad. Es fácil de hacer: escupes en un frasquito, lo echas al correo y esperas los resultados.
 Dado que la mayor parte de nuestras mutaciones no ocurren en los mismos genes que nuestra pareja, este tipo de incompatibilidad genética suele evitarse.
 Pero muy pronto descubrí, tras conseguir un taxi y llamar por teléfono a David, que no estaba buscando exámenes prenatales. Quería saber si podía hackear el genoma de su novia sin que ella lo supiera.
 Las inquietudes de David comenzaron cuando su novia, que fue adoptada cuando era muy pequeña, se reencontró con su padre biológico.

Herencia

Lisa rastreó a su padre con anticipación para poder invitarlo a la boda. Una conversación en un café reveló que la madre biológica de Lisa había muerto tras sufrir un conjunto de síntomas que sonaban mucho como enfermedad de Huntington, una enfermedad neurodegenerativa heredada y fatal.

En las personas que sufren de enfermedad de Huntington las neuronas del cerebro se degeneran lentamente. No hay cura para el Huntington, y el camino hacia el fin está sembrado de síntomas como la pérdida de la coordinación muscular, problemas psiquiátricos y, al final, el deterioro cognitivo y la muerte.

Lo que complicaba aún más las cosas era que la novia de David no estaba interesada en realizarse la prueba.

"Pero", dijo él, "si pudiera traerte un poco de pelo, o tal vez su cepillo de dientes, es todo lo que necesitarías, ¿no? Podríamos asegurarnos, ¿no crees? Digo, ella ni tendría que saber. Entiendo que es una locura. Pero... sería mucho más fácil si sé a qué me enfrento."

Lo que me estaba pidiendo hacer constituía un grave problema ético, en el mejor de los casos, y un delito en muchos países.[20] En vez de expresarle de inmediato mi total desaprobación, rechazar su propuesta y dejarlo así que se las arreglara por su cuenta, pensé que era mejor invitarlo a tomar algo. David dijo que tenía que ocuparse de algunos pendientes al salir del trabajo, y que estaba libre después. Acordamos vernos a las 10 de la noche. Ansiaba descubrir qué estaba provocando que David se comportara de forma tan poco característica.

Era una de esas tardes de agosto en Manhattan tan húmedas y calientes que casi todo mundo busca asilo en algún lugar con aire acondicionado o, si puede, se va de la ciudad. Cuando salí del taxi y me agaché para entrar al bar me sentí aliviado de poder escapar por un rato de la humedad.

Encontré dos taburetes libres en la barra, me senté y pedí algo de beber. Mientras veía cómo el cantinero preparaba mi mojito con mano experta pensé en David y decidí llamar a Kelly, una amiga que es trabajadora social y que tiene mucha experiencia aconsejando y trabajando con las parejas de personas a las que acaban de diagnosticarles una enfermedad terminal.

"Trata de identificar algunos de los miedos y expectativas subyacentes asociadas con casarse con una persona que puede ser portadora de un gen para una enfermedad hereditaria fatal", dijo Kelly. "Luego trata de descubrir qué discusiones han tenido. Por lo general, le tenemos miedo a ser vulnerables —en especial frente a nuestras parejas—, pero si no le ha expresado sus miedos a ella, ninguno de los dos puede tener una conversación honesta sobre qué significa esto para su futuro y para su relación, y qué toca hacer después."

Unos minutos más tarde David entró al bar. Como era de esperarse, no le interesaba que tuviéramos una conversación sobre ética médica aplicada. Sólo quería que lo escuchara.

Conforme transcurría el tiempo más recordaba que a veces *no saber* es más complicado y doloroso que saber. Hacía años que era amigo de David, y era evidente que estaba sufriendo un gran dolor emocional, por no mencionar una conmoción. Sentía que la persona con la que quería pasar el resto de su vida guardaba un secreto que no quería revelar.

Hice lo que pude por quedarme sentado, escuchar y responder únicamente las preguntas para las que conocía la respuesta, que la verdad no eran muchas. Me contó que los tomó por sorpresa descubrir que el padre biológico de Lisa vivía no muy lejos de ellos, al norte del estado de Nueva York. Escuché sobre la dolorosa revelación de que su madre había muerto joven, dejando tras de sí muchas preguntas sin respuesta. Supe sobre la frustración que David sentía hacia la aparente ambivalencia de Lisa y su resuelta negativa a hacerse la prueba.

"No entiendo por qué no quiere saber", repetía una y otra vez.

Como estamos en una era digital, David ya sabía mucho sobre la enfermedad de Huntington. Sabía que, a diferencia de otras enfermedades que son provocadas por la mutación de una sola letra específica, la genética tras la enfermedad de Huntington puede compararse con un disco rayado que se salta siempre el mismo pasaje. La gente con esta devastadora enfermedad neurológica tiene, en un gen llamado *HTT*, una sección más larga de lo normal de tres nucleótidos —citosina, adenina, guanina— que se repite una y otra vez.

Todos heredamos cierta cantidad de estas repeticiones, pero cuando alguien porta un gen que tiene 40 o más de ellas, casi siempre desarrolla la enfermedad de Huntington. Mientras más se repiten, más temprano se desarrolla la enfermedad. Si hay más de 60 repeticiones la persona afectada puede comenzar a presentar síntomas de Huntington a la tempranísima edad de dos años.

Herencia

No está claro por qué, pero la mayor parte de la gente que desarrolla Huntington muy joven heredó el gen de su padre. Pero incluso en el caso de quienes lo heredan de sus madres las repeticiones suelen aumentar de una generación a la otra. A este tipo de cambios en la herencia genética los llamamos *anticipación*.

Por lo que conversamos me dio la impresión que David entendía bastante bien todo lo que había leído, incluyendo la forma en la que se transmite la enfermedad. Como lo único que necesitas es una copia del gen *HTT* con un número de repeticiones mayor del normal, sabía que si la mamá de Lisa estaba afectada, ella tenía 50 por ciento de probabilidad de heredar la enfermedad de Huntington. Y si ése era el caso, dado el mecanismo de anticipación, probablemente comenzaría a manifestar síntomas a una edad menor que su madre.

Y sobre todo sabía que si se enfermaba no envejecerían juntos. Por el contrario, tendría que ver cómo cambiaba su personalidad conforme la enfermedad remodelara su cerebro y desintegrara su mente poco a poco. ¿Tendría la fuerza emocional, mental y física para cuidar bien de ella y satisfacer sus necesidades?

"Pero puedo hacer esto", dijo. "Mira, ya sé que está mal hacerle la prueba del Huntington sin su consentimiento. Pero me gustaría saber a qué nos enfrentamos. Lo que me está matando es *no* saber. ¿Por qué no se hace la prueba y ya? Tal vez tener una respuesta, en uno u otro sentido, nos haría vivir nuestras vidas de otro modo… pero supongo que a fin de cuentas es su decisión."

Y eso fue todo. David terminó abruptamente la conversación. Pedí la cuenta y me dispuse a enfrentar un viaje húmedo y pegajoso de regreso a casa.

Me encantaría decirte que esta historia tiene un final feliz.

Ojalá pudiera decir que tuvieron una vida fabulosa juntos en un barrio de moda de Brooklyn, tal como lo habían planeado. Y que David encontró el ánimo para proponerle la prueba a Lisa otra vez, y que ella lo aceptó.

Y más que nada me gustaría contarte que la prueba de Lisa resultó negativa para la enfermedad de Huntington.

Pero las historias genéticas son como la vida. A veces son increíbles, hermosas y otras veces terriblemente dolorosas. Y, en ocasiones, están en algún lugar intermedio.

Lo cierto es que David y Lisa no se casaron como habían planeado. Ella todavía usa el anillo que le dio, y todavía están locamente enamorados, como pasa a veces con el amor. David está tratando de aceptar la decisión de Lisa de no descubrir qué les espera a ambos. Por su parte, Lisa ha estado viendo a un consejero que se especializa en ayudar familias afectadas por la enfermedad de Huntington, aunque mientras escribo esto aún no ha tomado la decisión de hacerse la prueba.

El costo de las pruebas genéticas se reduce a una velocidad vertiginosa, y cada vez son más fáciles de hacer, así que en el futuro enfrentaremos con más frecuencia estos dilemas, y para muchas otras enfermedades. Hackear o no hackear un genoma va a ser la cuestión que tendremos que responder cada vez más en el futuro. Y no siempre vamos a contar con la sofisticación ética y con la experiencia necesarias para manejar los conflictos que produzca.

Ahora que entramos de lleno en este espléndido mundo nuestras relaciones se pondrán a prueba, y nuestras vidas van a cambiar. Y también, como estamos por ver, nuestros cuerpos.

Angelina Jolie sabía que sus perspectivas no eran muy buenas.

La actriz, ganadora de un Óscar, había visto cómo su madre perdía una larga batalla contra el cáncer, y se había sentido impotente a pesar de todo su estatus y su fama. Jolie quería asegurarse que iba a seguir allí para su pareja y para sus hijos, así que se sometió a una prueba genética que reveló una mutación en su gen *BRCA1*.

En la mayor parte de las mujeres una mutación en *BRCA1* significa que tiene 6 por ciento de posibilidades de desarrollar cáncer de mama. Esto ocurre porque *BRCA1* pertenece a un grupo de genes que cuando son funcionales evitan que se formen los tumores al aplacar cualquier crecimiento demasiado rápido o injustificado.

Pero eso no es todo lo que puede hacer el gen *BRCA1*. También puede trabajar en equipo con otro grupo de genes para reparar el ADN dañado.

Hasta ahora hemos hablado mucho sobre cómo nuestros comportamientos pueden modificar la expresión de nuestros genes a través de mecanismos como los epigenéticos. Pero lo que tal vez no sepas es que muchas de las cosas que haces a diario pueden dañar físicamente tu ADN. Es probable que lleves años abusando de tu genoma sin saberlo.

De hecho, si hubiera un organismo gubernamental llamado Departamento de Servicios de Protección Genética ya te habrían quitado tus genes para protegerlos de ti.

Hasta cosas que pueden parecer tan positivas como unas breves vacaciones en el extranjero pueden ser sorprendentemente dañinas. Tal vez tus antecedentes penales se verían más o menos así:

1. Viajó en avión de Estados Unidos al Caribe: culpable.
2. Se quedó demasiado tiempo al sol porque quería broncearse: culpable.
3. Se tomó dos daiquirís junto a la alberca: culpable.
4. Humo de cigarro de segunda mano: culpable.
5. Exposición a insecticidas, usados para control de chinches: culpable.
6. Nonoxinol-9, que se encuentra en el lubricante anticonceptivo: culpable.

Lamento haber arruinado así tus últimas vacaciones ficticias. Pero el Departamento de Servicios de Protección Genética está presentando estos cargos contra ti para tratar de que aprecies lo mucho que das por hecho sobre tu genoma.

Todo lo que hay en esa lista puede dañar tu ADN. Sin la capacidad de reparar continuamente y de manera adecuada todos los cambios negativos que le infligimos a nuestro genoma estaríamos en serios problemas. Qué tan buenos somos para reparar los daños genéticos tiene mucho que ver con los genes "reparadores" que hemos heredado. Si da la casualidad de que heredaste una de las más de mil mutaciones del gen *BRCA1* que se sabe que pueden predisponerte a sufrir cáncer, tienes que ser extracuidadoso con la forma en que tratas a tus genes. Y sin embargo, resulta interesante que no todas estas mutaciones heredadas sean igual de preocupantes.

Lo que nos lleva de regreso a Angelina Jolie. Cuando hicieron la prueba de su gen *BRCA1* sus médicos le dijeron que su variante genética, o mutación particular, no era nada tranquilizante.[21] Le explicaron que tenía 87 por ciento de posibilidades de desarrollar cáncer de mama, y 50 por ciento de cáncer de ovario.

Durante un periodo de tres meses, entre invierno y verano de 2013, una de las mujeres más vigiladas del mundo imitó a las espías que interpretó en la pantalla grande y se las ingenió para evadir a los paparazzi y someterse a una serie de operaciones en el Pink Lotus Breast Center de Beverly Hills, California, entre ellas una mastectomía doble.[22]

"Despiertas con tubos de drenaje y con expansores en los senos", escribió Jolie en el *New York Times* poco después que terminara el procedimiento. "Se siente como una escena de una película de ciencia ficción."

Y hasta hace no mucho, lo habría sido.

Los doctores llevan mucho tiempo realizando mastectomías, pero hasta hace poco era una operación que tenía el objetivo de eliminar enfermedades, no de prevenirlas.

Todo eso cambió cuando maduró nuestra comprensión de las bases moleculares del cáncer, y las pruebas genéticas se volvieron más accesibles. Esto hizo que más mujeres (e incluso algunos hombres) comenzaran a recibir las mismas aterradoras noticias que Jolie. Frente a la decisión de someterse a un régimen de supervisión abrumador e imperfecto, cerca de una tercera parte de estas mujeres están optando por hacerse una mastectomía preventiva, es decir, quitarse los senos antes que el cáncer ataque. Al hacerlo han creado una clase totalmente nueva de paciente: el previviente.

Ya hay miles de previvientes, y casi todas son mujeres que tuvieron que enfrentar la misma decisión que Jolie. Conforme entendamos mejor los factores genéticos en juego en otras enfermedades —el cáncer de colon, tiroides, estómago y páncreas— sin duda este grupo de personas se hará aún más numeroso.

"El cáncer sigue siendo una palabra que siembra pavor en los corazones de las personas y produce una profunda sensación de desamparo", escribió Jolie. Pero hoy, afirma, una prueba sencilla puede ayudar a las personas a saber si son altamente susceptibles, y "luego tomar medidas".

Todo esto está creando un nuevo conjunto de problemas éticos para los médicos, que ante todo practican el dictado *primum non nocere*.*

Cuando hablamos de tomar medidas no nos referimos sólo a cirugías radicales como mastectomías, colectomías o gastrectomías, porque naturalmente hay algunas cosas que no puedes extirpar. Así que la gente puede usar

---

* "Lo primero es no hacer daño", en latín.

otras medidas preventivas, como una supervisión o revisiones constantes, medicamentos preventivos y, en la medida de lo posible, evitar activar los disparadores genéticos.

Es por esto que tu lista de antecedentes penales puede resultar un recordatorio tan importante de todas las cosas que puedes hacer para cuidar tu herencia genética. Si no cuidas tus genes, puedes modificarlos sin querer.

La exposición a la radiación durante los viajes aéreos de rutina, la radiación ultravioleta cuando te bronceas, el etanol de tu coctel, los residuos químicos en el humo de tabaco, los insecticidas y las sustancias químicas en los productos de cuidado personal, todos son ejemplos de factores que pueden dañar tu ADN. La forma en que decidas vivir determinará qué tan bien trates a tu genoma.

Esto quiere decir que todos debemos estar mejor informados. No sólo debemos descubrir nuestra historia médica familiar y decodificar nuestra propia herencia genética, sino también investigar qué cambios proactivos y positivos podemos realizar en nuestra vida con esa información. Estos cambios proactivos requerirán que cada uno de nosotros emprenda distintas acciones. Para algunos significará evitar la fruta, para otros realizarse una mastectomía.

Al mismo tiempo tenemos que estar conscientes de cómo pueden usar esta información otras personas en un acelerado futuro genético. Y "otras personas", como ya vimos, incluye tus médicos, las compañías de seguros, las grandes corporaciones, las oficinas de gobierno y probablemente también tus seres queridos. Aunque esperamos poder mantener la confidencialidad, antes que pensemos en hackear nuestro genoma debemos recordar que aún no existe una protección, en sentido estricto, contra la discriminación de los seguros de vida y de discapacidad.

No sólo estamos parados en la orilla del precipicio de un tremendo cambio de paradigma; muchos de nosotros ya saltamos. Y puesto que estamos tan conectados, tanto tecnológica como genéticamente, muchos más lo haremos, nos guste o no.

Capítulo 10

Niños por catálogo

*Las inesperadas consecuencias de los submarinos,
el sonar y los genes duplicados*

Comenzó como una tranquila mañana en el Caribe. Era el jueves 13 de mayo de 1943, y el *SS Nickeliner*, un buque mercante estadunidense adaptado para transportar grandes cantidades de amoniaco, llevaba un cargamento de 3,400 toneladas de su volátil carga con destino a Inglaterra. El amoniaco era un ingrediente esencial para fabricar municiones, escasas en esos días, y llevarlo a Inglaterra implicaba un peligroso viaje para cruzar el océano en los meses culminantes de la batalla del Atlántico durante la segunda guerra mundial.[1]

En cuanto a la tripulación del *Nickeliner*, de 31 hombres, el día que los esperaba era todo menos rutinario. Eso se debía a que un submarino alemán, capitaneado por un oficial naval de 35 años llamado Reiner Dierksen, había estado siguiendo al barco desde que abandonó el puerto.

A seis millas al norte de Manatí, Cuba, un periscopio de acero que le pertenecía al submarino alemán rompió en silencio la superficie del agua. Los torpederos de Dierksen apuntaron lenta y deliberadamente. Cuando confirmaron su blanco, el veterano capitán —que ya era responsable de hundir 10 barcos aliados— dio la orden de disparar. Dos torpedos alemanes entraron al agua, las hélices giraban y ganaban velocidad. Hubo una terrible explosión que lanzó agua y fuego cientos de metros hacia el cielo. Pronto el *Nickeliner* estaba en el fondo del mar, y su tripulación abandonada a su suerte en botes salvavidas.

Para los aliados el problema era al mismo tiempo sencillo y endemoniadamente complejo: necesitaban una forma de localizar a los submarinos cuando se sumergían.

Su respuesta fue el sonar. Por ese entonces se escribía todo en mayúsculas —SONAR—, un acrónimo de sound navigation and ranging, navegación por sonido. Un gran amplificador producía un sonido bajo el agua y un receptor "escuchaba" los sonidos que rebotaban de regreso, que luego podían usarse para calcular aproximadamente la distancia al blanco.

Setenta años después los barcos de todo el mundo siguen usando la tecnología del sonar como parte de sus actividades antisubmarino y antiminas. Pero en estos años hemos descubierto que el sonar sirve para otras cosas; hoy, una tecnología que se diseñó originalmente para matar gente se ha convertido en una herramienta útil para salvarla.

A finales de la década de 1940, cuando terminó la guerra, miles de operadores del sonar volvieron a casa y comenzaron a experimentar con otros usos de la tecnología. Entre quienes lo adoptaron primero se encuentran los ginecólogos, quienes pronto descubrieron que el sonar médico, como lo llamaron al principio, podía usarse para detectar tumores ginecológicos y otras masas sin necesidad de cirugías exploratorias.[2]

Pero cuando de verdad se puso de moda fue cuando los obstetras descubrieron que podían usarlo para ver imágenes de un feto y de su placenta a unas pocas semanas de la implantación; esto les proporcionó lo que por aquel entonces debió haberles parecido una capacidad casi mágica de observar, de primera mano, cómo transcurrían las etapas del desarrollo del bebé. Lo que la mayor parte de la gente no sabe hoy es que estas imágenes también transmiten la delicada interacción genética entre la expresión y la represión de genes durante la vida fetal, que desempeñan un papel crucial durante nuestro desarrollo.

Los ultrasonidos fetales, como los conocemos hoy, le permitieron a los médicos echar un vistazo, por primera vez, a los tropiezos o anormalidades genéticas que antes permanecían ocultas hasta el alumbramiento.

Antes que aprendamos más sobre la influencia de la genética en nuestro desarrollo, detengámonos un momento para contestar una pregunta pendiente: ¿qué le pasó al submarino alemán que atacó y hundió el *Nickeliner* durante la segunda guerra mundial?

Dos días después del hundimiento un avión patrulla descubrió lo que parecía ser un submarino alemán que emergía. El avión liberó un marcador en el agua para indicar su posición. Mientras la tripulación alemana trabajaba con desesperación para volver a sumergirse en las profundidades, donde estarían seguros, un barco aliado se apresuró hacia el punto en el que había sido visto el submarino y, con ayuda de su recientemente inventado sonar, pudo localizar el submarino bajo el agua.

Usando la información que proporcionó el sonar sobre la profundidad y la dirección del submarino, la tripulación del avión patrulla soltó tres cargas de profundidad en el agua. Y con eso el submarino nazi, como si fuera una lata de aluminio destrozada, se unió al *Nickeliner* en el fondo del mar.[3]

Lo que comenzó como tecnología sonar para encontrar submarinos ocultos hoy se ha convertido, indudablemente, en una herramienta inestimable para ayudar a traer bebés al mundo. Lo que nadie imaginó es que una tecnología que se desarrolló para quitar vidas volvería a servir, tras un tiempo de prórroga, para eliminarlas en forma selectiva.

Las tecnologías que desarrollamos con cierto propósito, con frecuencia se adaptan para otros usos en formas sorprendentes. Como te imaginarás, en los países en los que se les asigna más importancia cultural a los niños varones que a las niñas, el uso del ultrasonido se ha vuelto extremadamente problemático. Cuando el valor del género es asimétrico la capacidad de determinar el sexo del bebé antes del nacimiento le permite a los padres escoger el género de su hijo.

Eso es exactamente lo que ha pasado en China. Durante muchos años este país ha aplicado políticas de control de población muy estrictas, y a veces obligatorias, que limitan el número de hijos que puede tener una pareja, por lo general sólo uno. La importancia cultural de tener un hijo varón en China, combinada con la política de un solo hijo, ha creado entre los padres embarazados una presión aún mayor por tener varones. Los resultados —un exceso 30 millones de varones chinos, un desequilibrio creado por el uso sistemático de ultrasonidos para encontrar y abortar a las niñas— habla por sí mismo.[4] Y se cree que esta práctica se está extendiendo.

En efecto, los investigadores han demostrado que cada vez que la tecnología del ultrasonido alcanza áreas de China en las que no existía, crece el desequilibrio entre los alumbramientos de mujeres y de varones.[5]

Los ultrasonidos también han servido para desencadenar otra tendencia, si bien mucho más benigna en comparación, que tiene un éxito tremendo hasta el día de hoy. Es muy probable que tú también seas culpable de participar en ella y de apoyarla.

En Estados Unidos la ropa de bebé especial para niños y para niñas comenzó a ponerse de moda durante el periodo de posguerra, y se consagró cuando los ultrasonidos prenatales resultaron accesibles en todo el país. Los amigos, los familiares y los colegas tenían más tiempo para ir de compras, y así fue como nacieron los baby showers especiales para niños y para niñas.[6]

Pero donde algunos ven rosa y azul, camioncitos y gatitos, camuflaje y encajes, yo veo los efectos culturales de la que resultó ser la primera prueba genética prenatal ampliamente disponible. Después de todo, durante la mayor parte del siglo pasado hemos coincidido en que, en el nivel cromosómico, la diferencia más importante entre las mujeres y los hombres es que éstos tienen un cromosoma Y y aquéllas no. Más que una imagen borrosa de los futuros bebés, la llegada de los ultrasonidos prenatales nos proporcionaron una instantánea del ADN que heredaron.

Si bien los ultrasonidos pueden proporcionarnos información anatómica bastante precisa, como el género, por lo general alrededor del cuarto mes de embarazo, en el mundo moderno de la fertilización in vitro y de la selección de sexo preimplantación no tenemos que esperar para conocer el sexo del bebé. Es por ello que si las nuevas tecnologías médicas, cada vez más accesibles y generalizadas, no van unidas a iniciativas sociales y educativas que fomenten el que se aprecie a las niñas del mismo modo que a los niños, las cosas pueden ponerse peor.

Por supuesto, la cantidad de información que podemos obtener hoy de las pruebas genéticas previas al embarazo, o las que se realizan durante las etapas tempranas de la gestación, puede decirnos mucho más que el género.

Lo cual, supongo, puede sugerir que el género es una cosa más bien sencilla.

No lo es.

¿Niño o niña? ¿Verdad que ésa es la primera pregunta que haces cuando te dicen que alguien tuvo un bebé? La mayor parte del tiempo esta pregunta tiene una respuesta binaria y sencilla.

La identidad de género depende de un verdadero abanico de influencias, pero cuando un bebé sale por primera vez del vientre de su madre todo lo que podemos ver es la plomería. Como le explica un precoz niñito de cinco años al personaje de Arnold Schwarzenegger en *Un detective en el kínder*: "Los niños tienen pene. Las niñas tienen vagina".

Lo que sucede es que éste no siempre es el caso. Hoy usamos el término *desórdenes del desarrollo sexual*, o DSD por sus siglas en inglés, para referirnos a los niños y los adultos cuyos cuerpos tomaron rutas alternativas durante el desarrollo de sus órganos reproductores.

Algunas de estas rutas pueden desembocar en genitales exteriores marcadamente ambiguos, por ejemplo un clítoris inusualmente grande que se parece a un pene y labios fusionados que se parecen un poco a un escroto. A los médicos ya les resultaba bastante difícil mantenerse al tanto de la cambiante gama de ideas psicosociales sobre la sexualidad, pero hoy estamos descubriendo que el desarrollo de nuestro sexo físico es un reflejo de ese amplio espectro. Así, el modelo clásico del sexo, con sus estrechas nociones de que "XY significa hombre y XX significa mujer" ha pasado de moda en buena medida.

En un mundo en el que el género sigue vinculado con todo, como los nombres propios, los pronombres, la ropa y la segregación de los baños, la ambigüedad puede causar mucha vergüenza y consternación, en particular cuando el sexo de un bebé está rodeado de incertidumbre.

Es por ello que en vez de ser una pequeña preocupación de los padres, la ambigüedad de género suele tratarse como una urgencia médica, una para la cual consultan a médicos como yo a todas horas del día y de la noche.

Así que déjame darte un paseo por lo que sucede cuando se cree que un niño que acaba de nacer puede tener DSD. Dada la profundidad de los problemas psicosexuales que están en juego, por lo general dejamos de lado cualquier trabajo no urgente que estemos haciendo y nos dirigimos a conocer a la familia y al equipo médico que cuida a estos preciosos pacientes.

Una vez que llegamos, lo primero que hacemos es tratar de obtener de los padres tanta información como sea posible sobre el árbol genealógico

177

del bebé, incluyendo hermanos, sobrinas, sobrinos, tías, tíos, abuelos, y tantas personas hacia arriba y hacia abajo de su linaje como se pueda. Durante este proceso hacemos muchas preguntas. ¿Los parientes vivos están sanos? ¿Hay una historia de abortos recurrentes o niños con trastornos graves del aprendizaje? ¿Los padres o los abuelos o los bisabuelos están emparentados de algún modo?

Estas preguntas no sólo nos proporcionan información genética valiosa, sino que ayudan a que todas las personas involucradas recuerden que el bebé ahora forma parte de una familia y, lo más importante, que no sólo es un *problema* médico que hay que resolver.

Lo que sigue es un examen físico que comienza con el mismo tipo de evaluación dismorfológica de la que hablamos en el capítulo 1, pero mucho más detallada. Con una cinta métrica del hospital colgando del cuello y serpenteando entre nuestros dedos medimos la circunferencia de la cabeza del bebé, la distancia entre los ojos, la distancia entre las pupilas, la longitud del filtrum, etcétera. Medimos los brazos, las piernas, las manos y los pies. También medimos la longitud del clítoris y del pene y verificamos si el ano está en el lugar correcto. Hasta cosas como la distancia entre los pezones del bebé pueden darnos, en ocasiones, información valiosa sobre lo que está pasando dentro de su genoma. Cuando evaluamos DSD en un bebé lo más importante es tratar de determinar si parece dismórfico en general.

No es inusual que las personas que nos ven realizar este examen hagan el chiste de que parecemos más sastres que toman medidas para hacer ropa para bebé a la medida que médicos que buscan hasta la más mínima irregularidad.

Y todos somos irregulares de alguna forma. Es por eso que desde una perspectiva clínica lo importante es cómo se combinan estas irregularidades, unas veces grandes y, otras, increíblemente pequeñas.

Hasta el rasgo más sutil puede llevarte en una dirección diagnóstica completamente nueva. Y, como estás a punto de ver, el más mínimo detalle puede terminar cambiando por completo la forma en la que vemos el mundo.

Era hermoso en todo sentido. Y allí, dormido tranquilamente en su carriolita, Ethan se veía igual de adorable que cualquier otro bebé.[7]

El desarrollo de cada uno de nosotros sigue un camino único, pero casi todos compartimos una ruta común. El viaje está pavimentado y modelado por nuestras circunstancias genéticas y ambientales. Y siempre comienza con la deslumbrante belleza de un bebé, tan pequeño y vulnerable y, sin embargo, tan lleno de posibilidades.

El niño que dormía frente a mí tenía todo eso. Y aunque no lo sabía aún, también era distinto a cualquier niño que hubiera visto. De hecho, era distinto a cualquier bebé que hubiera existido.

Es importante señalar que todos los ultrasonidos fetales de Ethan fueron normales. Varios meses atrás, cuando su mamá preguntó si era niño o niña, la obstetra deslizó su varita sobre el gel azul de ultrasonido que cubría su enorme panza y echó un vistazo entre las piernas del bebé.

"Es niño", dijo.

Y todo parecía darle la razón.

Cuando nació, Ethan tenía un rasgo que podía llegar a ser preocupante, pero no demasiado extraño. En la mayor parte de los niños el orificio uretral —el agujerito por el que orinan— está más o menos en el centro de la cabeza del pene. Pero Ethan tenía hipospadias, lo que significa que del orificio uretral no estaba en el lugar habitual, sino desplazado hacia el escroto.

Cerca de uno de cada 135 niños nace con alguna forma de hipospadias, desde orificio uretrales que están cerca del escroto hasta aquellos que están más cerca de su posición común, y en general es bastante fácil de corregir.[8] En la mayor parte de los casos la corrección se considera cosmética, aunque algunas veces los cirujanos deben sacrificar el prepucio para realizarla. En ocasiones los padres deciden que un caso leve y cosmético de hipospadias no justifica una operación. Pero en los casos más severos, cuando un niño no podrá orinar de pie sino que tendrá que sentarse, la cirugía suele considerarse importante por razones psicosociales.

Sin embargo, siempre y cuando no esté bloqueado el flujo de orina los procedimientos quirúrgicos para corregir el hipospadias no tienen carácter de urgentes. De modo que a unos minutos de nacer Ethan, cuando los médicos se dieron cuenta de su condición, le informaron a sus papás y los asesoraron sobre sus opciones. Cuando terminaron todas las pruebas que le hacen a los bebés recién nacidos los mandaron a casa, con instrucciones de que no se preocuparan y programaran en unos meses una consulta de seguimiento con el equipo de cirujanos para corregir el hipospadias.

Pero los padres de Ethan sí se preocuparon, particularmente porque al cabo de unos meses su hijo se aferraba al fondo de los percentiles de altura y peso. Querían saber qué hacer para que aumentara de tamaño. Pero lo que comenzó como una cita de rutina para revisar su crecimiento pronto se convirtió en un enigma de proporciones globales.

Dado el tamaño de Ethan y su rasgo físico, al parecer benigno, se pidió una prueba genética común llamada cariotipo. Para esta prueba se extrajeron algunas de las células de Ethan, se colocaron en una caja de Petri, se las animó a crecer y luego se les aplicó un tinte especial que le diera contraste a los cromosomas.

Entonces fue cuando empezó a quedar claro que Ethan era un poco diferente a todos los niños y los hombres antes que él, que heredaron un cromosoma Y de sus padres. Aunque es raro, se sabe de niños que si bien genéticamente son niñas se desarrollan como varones porque heredan un pequeño fragmento del cromosoma Y que contiene una región llamada *SRY* (siglas en inglés de determinante del sexo en el cromosoma Y). Cuando esto sucede el desarrollo de una persona puede desviarse hacia la ruta masculina, en vez de la femenina.

En busca de este pequeño fragmento de *SRY*, nuestro siguiente paso en el caso de Ethan se llamó FISH (hibridación fluorescente *in situ*, por sus siglas en inglés). La prueba FISH usa una sonda molecular que sólo se une a las partes del cromosoma que son complementarias.

Lo que esperábamos ver en el caso de Ethan era que la FISH para la región *SRY* fuera positiva, como ocurre en otros casos que se presentan de ese modo. Pero no fue así. De hecho, Ethan no sólo no heredó un cromosoma Y de su padre; ni siquiera tenía rastros microscópicos de uno. De modo que nos quedamos sin demasiadas explicaciones genéticas sobre las razones por las que Ethan se convirtió en niño.

De hecho, según todos los libros de texto de genética que descansaban en mi escritorio, debería haber sido niña.

"¡Es niño!" Eso anhelaban escuchar los padres de Ethan, John y Melissa. Y estuvieron encantados de oírlo. También lo estuvieron casi todos en su familia, en especial los padres de John, que eran inmigrantes de primera generación de China continental. Incluso antes de que se aplicaran las políticas de un solo hijo en su país, se consideraba que el nacimiento de un hijo era afortunado, así que estaban particularmente emocionados con la noticia de que Melissa estaba embarazada de un varón.

Y tal vez eran un poco sobreprotectores. La mamá de John llamaba a Melissa al trabajo al menos una vez al día para preguntarle por su salud y para repetirle lo que, según sus tradiciones culturales familiares, tenía que hacer y dejar de hacer, pensar y comer. La larga lista de alimentos prohibidos incluían dos de las frutas favoritas de Melissa: las sandías y los mangos.

Pero eso no era todo. Le dieron instrucciones a Melissa de no dejar objetos cortantes, como cuchillos o navajas, sobre la cama, no sólo porque podría cortarse por accidente, sino porque a la madre de John la habían criado con la idea de que estas acciones traían mala suerte y presagios funestos que podían provocar que el bebé naciera con un "labio cortado", lo que hoy llamamos labio o paladar hendido.

Melissa no era particularmente supersticiosa, pero como quería evitar conflictos familiares innecesarios hizo todo lo que pudo por seguirle el juego. Sin embargo, había un área en la que sentía que debía poner un límite, al menos en secreto. Conforme avanzó su embarazo Melissa tuvo un antojo irresistible de comer sandía. Pensó que si podía ocultar las grandes cáscaras verdes y las semillitas negras cuando sus suegros fueran de visita, no habría problema. Pero un día su suegra se ofreció como "voluntaria" para sacar la basura y encontró trozos de cáscara y ese característico juguito rojo que siempre queda en el fondo de la bolsa, y se organizó una tremenda discusión. Nada de lo que decía Melissa podía aminorar la ira de su suegra. Al final se disculpó y prometió mantenerse lejos de esas "frutas asesinas" mucho después del parto, aunque en realidad se prometió a sí misma tener más cuidado al tirar las evidencias la próxima vez que se comiera un bocadillo secreto.

Aunque Melissa sabía que los temores de su suegra eran disparatados, cuando le di la noticia de que su bebé era genéticamente excepcional no pudo evitar preguntarse en voz alta si todas esas supersticiones familiares tendrían algo de cierto. Nunca había escuchado sobre esta aversión particular a las sandías, pero su angustia no era para nada inusual.

Muchas veces la primera pregunta que hacen los padres cuyos hijos tienen algún problema genético es: "Doctor, ¿hice algo que pudiera haberlo causado?".

En situaciones como ésta siento que es mi obligación ayudar a mitigar la culpa que puedan sentir los padres. Así que en vez de hablar sobre todas las posibilidades que existían de que las cosas "salieran mal", hago un esfuerzo por formular el tema en términos de lo que se ha establecido científicamente.

Por supuesto, esto requiere que tenga alguna pista de qué dice la ciencia. Y en el caso de Ethan, no tenía la menor idea.

Una de las posibilidades que se mencionaron pronto en el caso de Ethan era la hiperplasia adrenal congénita o CAH, por sus siglas en inglés, un grupo de enfermedades genéticas (causadas por un puñado de genes) que pueden provocar que las mujeres tengan el aspecto externo de un hombre. La gente con CAH no fabrica cantidades suficientes de una hormona esteroide llamada cortisol. Cuando sus cuerpos reconocen esta deficiencia estimulan a las glándulas adrenales para que hagan más. El problema es que no es lo único que fabrican; también pueden producir más hormonas sexuales.

En algunos casos de CAH una versión del gen llamado *CYP21A* puede provocar que las niñas y las jóvenes desarrollen casos graves de acné, una cantidad excesiva de vello corporal y un clítoris agrandado que, en ciertas circunstancias, puede parecer un pene al nacer. Es por ello que la CAH es una de las causas más comunes de genitales ambiguos, y hace que las niñas parezcan más masculinas.

El exceso de andrógenos que ocurre cuando se hereda este gen también interfiere con el ciclo ovulatorio normal e impide que algunas de las mujeres se embaracen. Cerca de una de cada 30 judías ashkenazíes y aproximadamente una de cada 50 mujeres de herencia hispanoamericana, y tasas menores de mujeres de otros orígenes étnicos, han heredado los genes que producen CAH, pero muchas ni siquiera lo saben.[9]

No necesitas someterse a una prueba genética para averiguarlo; existe un examen de sangre relativamente simple que indica si una mujer puede sufrir esta forma de CAH, pero no siempre se pide. Como resultado, muchas mujeres reciben durante años tratamientos de fertilidad inútiles y gastan miles de dólares antes de descubrir que el problema que les impide embarazarse en realidad no es un asunto de fertilidad, sino una enfermedad genética que puede tratarse fácilmente con un medicamento llamado dexametasona.

Pero ¿qué pasaba con Ethan? ¿Se trataba de una forma inusualmente aguda de CAH? Tras una breve discusión tachamos esa posibilidad de la lista. Las mutaciones genéticas que causan CAH pueden provocar virilización en las niñas, al grado que algunas parecen hombres al nacer, pero hay una cosa que no pueden hacer: fabricar testículos. Y como confirmó una inspección visual y un ultrasonido testicular, Ethan tenía dos testículos normales.

Existen unas cuantas enfermedades, aún más raras, que pueden provocar una reversión sexual XX de esta clase, pero ninguna coincidía con lo que podíamos ver en Ethan. Lentos pero seguros, fuimos tachando de la lista todas las causas posibles para la condición de Ethan, de las más probables a las más improbables.

Finalmente nuestro grupo coincidió alrededor de una idea que hizo famosa Sherlock Holmes, el personaje de sir Arthur Conan Doyle: "Cuando has eliminado lo imposible, lo que queda, por más improbable que sea, debe ser la verdad". Pero cuando empezamos a eliminar lo imposible, lo que quedó parecía tan increíblemente improbable que nos llevó mucho tiempo aceptar que podía ser verdad.

Tal vez todo lo que sabíamos sobre sexo estaba equivocado.

Durante mucho tiempo el dogma fue que aunque tengamos cromosomas de hombre o de mujer, en términos de desarrollo todos comenzamos igual. Si heredamos un cromosoma Y, o al menos un fragmento de él, nos desviamos por el camino de la masculinidad. Pero en su ausencia todos nos dirigimos por la ruta genética que nos lleva a convertirnos en mujeres.

Pero como vimos, Ethan no se encontraba en esa situación. Así que comenzamos a sospechar que nuestros supuestos genéticos convencionales estaban equivocados.

Como los primeros espías satélites que orbitaron la Tierra, casi todas las primeras pruebas de cariotipos genéticos estaban granuladas y tenían mala resolución. Básicamente eran una perspectiva desde las alturas de nuestro atiborrado genoma.

Durante muchas décadas lo único que podía decirnos esta prueba era si se encontraban presentes grandes secciones de los brazos que conforman cada uno de los cromosomas.[10] De cierta forma, realizar un cariotipo es como entrar en una tienda de antigüedades y observar un librero que contiene una enciclopedia. Con sólo echar un vistazo puedes contar los volúmenes numerados y saber si todos están ahí. Lo mismo pasa con el cariotipo, que nos proporciona una instantánea de los 46 cromosomas, aunque desde esa altura es imposible saber si todas las páginas en las que están "impresos" nuestros genes están ahí, sanas y salvas.

En años recientes la resolución con la que podemos estudiar los genomas ha mejorado en forma espectacular. Hoy podemos usar un método de investigación muy detallado, llamado hibridación genómica comparativa por microarreglos, con la que básicamente "abrimos el cierre" del ADN de una persona y lo mezclamos con una muestra de ADN conocida. Al compararlas podemos identificar las pequeñas secuencias de ADN que faltan o que están duplicadas. Esto cumple el mismo propósito que el cariotipo, pero a un nivel increíblemente detallado.[11]

Claro que si quieres tener aún más información, en el nivel de las letras individuales que deletrean tu genoma —en el nivel en el que podemos ver no sólo tus cromosomas, sino buscar cambios raros en la secuencia de cada uno de los miles de millones de nucleótidos individuales, adenosina, timina, citosina y guanina— necesitas secuenciar tu ADN.

En el caso de Ethan encontramos un detalle en particular que no esperábamos: tenía una duplicación de un gen llamado *SOX3* que se encuentra en el cromosoma X. Los bebés que se desarrollan como niña tienen dos cromosomas XX, así que uno esperaría que tuvieran dos copias del gen *SOX3*. Y así es, pero por lo general uno de los cromosomas X se apaga, o "silencia" al azar en cada una de las células gracias a la producción de un gen llamado *XIST*. Curiosamente, la duplicación de Ethan le proporcionaría una oportunidad extra para que el gen *SOX3* se expresara a partir de cromosomas X no silenciados. Como vimos en un capítulo anterior sobre las dosis de medicamentos, Meghan heredó copias extra de un gen que metaboliza la codeína, y tener genes extra puede alterar la cantidad total de proteínas que se producen, lo que en el caso de la niña provocó una sobredosis letal de codeína.

Resulta que tener una copia extra del gen *SOX3* era importante para Ethan porque comparte cerca de 90 por ciento de su secuencia de nucleótidos con la región *SRY*, ese pequeño fragmento del cromosoma Y que funciona como una señal fundamental en la ruta para convertirse en hombre. El parecido es tal que es probable que *SOX3* sea un ancestro genético de *SRY*. La diferencia principal es que *SRY* sólo existe en el cromosoma y, mientras que *SOX3* se encuentra en el cromosoma x.

Como diría Sherlock: el juego había comenzado.

Como si se tratara de un viejo jugador de beisbol que abandona su retiro por un último juego, hoy nos resulta claro, gracias a Ethan, que el gen *SOX3* puede ser el bateador sustituto de *SRY*. Y cuando se encuentra en el lugar adecuado, en el momento adecuado y en las circunstancias adecuadas, puede crear un niño a partir de una niña, sin importar si está presente o no el cromosoma y.

Actualmente conocemos unas cuantas personas más con una constitución genética parecida a la de Ethan, pero no idéntica. Para complicar las cosas, hemos descubierto que algunas de las personas que, como Ethan, heredaron una duplicación del gen *SOX3* y un complemento cromosómico xx "femenino" se desarrollaron como mujeres anatómicamente normales.

Entonces, ¿por qué Ethan es diferente?

Si hace 35 años le hubieras dicho a un genetista que podías transformar a un ratón pardo y delgado en uno gordo y anaranjado, y que podías hacer que ese cambio fuera hereditario dándole ácido fólico para prender y apagar sus genes, seguro se habría reído de ti.

Pero mientras mejor entendemos el nuevo y cambiante paisaje genético que nos rodea más nos vemos obligados a mantener la mente abierta. Los agutíes de Jirtle son sólo un pequeño ejemplo del poder que tiene sobre el genoma un factor ambiental singular.

Por supuesto que nuestras vidas rara vez sufren influencias tan bien identificadas como las de un ratón de laboratorio, lo que nos recuerda que existe una cantidad insospechada de interacciones entre un enorme espectro de variables que ocurren más allá de nuestro alcance tecnológico y aun intelectual.

La verdad es que, incluso con todas nuestras herramientas genéticas avanzadas, todavía no sabemos la razón exacta por la que Ethan se convirtió en niño, mientras que otras personas que heredaron una conformación genética parecida se quedaron en su ruta de desarrollo y se convirtieron en niñas. Pero sabemos que en muchas otras situaciones —Adam y Neil, los gemelos monocigóticos con NF1, por ejemplo—, no se necesita demasiado para inclinar hacia un lado, o hacia el otro, la expresión, o la represión genética y con ello cambiar nuestras vidas.

Apenas estamos arañando la superficie del amplio espectro de factores genéticos y epigenéticos que influyen nuestro desarrollo sexual. Y sin embargo, para muchos niños como Ethan el impacto sigue siendo binario: ¿niño o niña? ¿Él o ella? ¿Rosa o azul?

Pero no tiene por qué ser así.

La primera vez que conocí a un *kathoey* formaba parte de un programa de prevención del VIH de la Asociación de Población y Desarrollo Comunitario o PDA, por sus siglas en inglés, una organización no gubernamental que opera en Tailandia.

Se llamaba Tin-Tin, y trabajaba todas las noches a unos pasos de donde me encargaba de un puesto informativo en Patpong, el famoso barrio rojo de Bangkok. Uno de los objetivos de PDA en Tailandia era incrementar el uso de condones para frenar el contagio de VIH. Por supuesto, esto era de especial importancia entre los trabajadores sexuales de la ciudad.

El objetivo de Tin-Tin, por el contrario, era ligeramente diferente: atraer tantos clientes con dinero como fuera posible hacia uno de los clubes locales que presentaban espectáculos sexuales estilo burlesque.

Era bastante alta para ser tailandesa, incluso con tacones; tal vez era su altura lo que la hacía destacarse en un lugar en el que los trabajadores sexuales se congregan como abejas en un panal.

Patpong tiene su origen en la década de 1940, en lo que entonces eran las afueras de Bangkok, pero realmente empezó a prosperar durante la guerra de Vietnam, cuando cientos de soldados estadunidenses pasaban sus días libres y gastaban sus dólares en la clase de cosas que siempre han hecho los soldados. Hoy, sin embargo, el lugar más bien parece una trampa para turistas, un mercado de pulgas combinado con un carnaval interminable y un patio de juegos sexual.

Las chicas como Tin-Tin frecuentan las entradas de los bares, ya sea como empleadas que procuran hacer entrar a los hombres extranjeros y a las parejas en busca de aventuras sexuales, o como emprendedoras autoempleadas que quieren tentar a quienes salen a gastar un poco más de dinero en un poco más de diversión.

Durante días observó mi puesto informativo, pero no se acercó a la mesa, sino hasta una noche en la que un aguacero la obligó a dar de saltos, con bastante gracia si tomamos en cuenta que las calles estaban empapadas y que usaba tacones de 15 centímetros, y se refugió bajo un toldo cercano.

Tomó uno de los folletos que preparó la organización para la que estaba trabajando y le dio la vuelta con indiferencia para leer la página impresa en tailandés.

"¿Estás casado?", me preguntó en un inglés sorprendentemente bueno, y con una voz mucho más profunda de lo que hubiera esperado.

La tormenta duró unos 30 minutos, y hablamos hasta que se detuvo. Esa media hora con Tin-Tin resultó increíblemente informativa.

Esto es parte de lo que me reveló: en Tailandia hay unas 200 mil personas que se consideran *kathoey*, lo que muchos tailandeses, incluso los que son socialmente conservadores, consideran un "tercer sexo". Algunos son travestis. Otros son transexuales aún no operados. Unos más han finalizado su transición quirúrgica de hombres a mujeres.

Y no, no todos son trabajadores sexuales. Los *kathoey* trabajan en todos los ámbitos de la sociedad tailandesa, desde las fábricas de ropa hasta las aerolíneas, e incluso en el cuadrilátero de boxeo muay thai. Es cierto: tal vez el *kathoey* más famoso es un campeón boxeador llamado Parinya Charoenphol, un exmonje budista que emprendió una carrera en el muay thai para reunir suficiente dinero y pagar su operación de reasignación de género. A veces llega al cuadrilátero con maquillaje y, tras despachar rápidamente a su oponente, le da un beso de despedida.

Nada de esto quiere decir que los *kathoeys* no sufran una gran discriminación en Tailandia. Para empezar, no existe ningún mecanismo legal para cambiar tu género de hombre a mujer, ni siquiera para las que genéticamente resultan ser mujeres. En un país que recluta unos 100,000 jóvenes al año para el servicio militar esto ha provocado algunos problemas.

Quienes buscan la reasignación de género también tienen que enfrentar otros problemas. El proceso en Tailandia es relativamente barato, para los estándares occidentales, y es por eso que este país es uno de los lugares más populares del mundo entre las personas que quieren hacerse operaciones de cambio de sexo. Pero aunque es barato está fuera del alcance de la mayor parte de los tailandeses. Muchos *kathoeys* desesperados optan por la prostitución para cumplir su sueño de operarse.

Y ésa fue la historia de Tin-Tin. Nació en una familia de campesinos pobres en la ciudad de Khon Kaen, en el noreste de Tailandia, y se mudó a Bangkok cuando tenía 14 años para ganarse la vida. Cuando la conocí tenía 25 años y aún estaba ahorrando para una operación que, ya se había hecho a la idea, tal vez nunca podría hacerse. Además cada mes le enviaba religiosamente dinero a sus padres. "De donde vengo se espera que un hijo cuide a sus padres", me dijo. "Aunque soy más como una hija para mi madre y mi padre, aún siento esa responsabilidad."

Durante las siguientes semanas de conversaciones ocasionales con Tin-Tin descubrí mucho más, y fui aceptado en el que se convertiría en un curso personal de dismorfología para aprender las mejores formas de reconocer un *kathoey*. Fue fascinante.

"Fíjate en mí", me dijo una noche. "El mejor lugar para comenzar es la altura. Es tu primera pista."

Tenía razón. Sin importar el origen étnico, genéticamente hablando, los hombres tienden a ser significativamente más altos que las mujeres.

"Bueno", dije, y le señalé a una chica de menor estatura parada frente a un bar del otro lado de la calle. "¿Y ella?"

"*Kathoey*", dijo Tin-Tin. "Mírale la garganta. Se le ve una enorme… ¿cómo llamas a esta cosa?" Inclinó la cabeza hacia atrás y apuntó hacia su garganta.

"Manzana de Adán", respondí.

"Sí, eso", dijo. "Ésa es la pista número dos."

De nuevo, estaba genéticamente en lo cierto. La manzana de Adán, cuyo nombre técnico es prominencia laríngea, es el resultado de las hormonas masculinas que modifican la expresión de los genes durante la pubertad y desencadenan el crecimiento de los tejidos.

"La verdad mi primera pista fue tu voz", le dije.

"Es muy fácil que las voces engañen a la gente", dijo, alzando la voz dos octavas, modificando el tono vocal más profundo de su propia manzana de Adán.

"Muy bien", dije, y apunté a otra chica, una visitante regular de mi puesto. "¿Qué dices de Nit? Es bajita. No he visto que tenga una manzana de Adán. Y su voz es aguda."

"*Kathoey*", dijo Tin-Tin.

"¿Estás segura?"

Tin-Tin me miró y sonrió con confianza, como una maestra paciente.

"Claro que sí. Es obvio. Mira sus brazos cuando camina", respondió. "¿Los ves? Tan rectos, como un hombre. No estás viendo a una verdadera dama. Nació niño. Se operó toda, la suertuda. Pero los codos nunca mienten."

A lo que se refería Tin-Tin es al ángulo de porte, esa forma tan sutil en la que los antebrazos y las manos de las mujeres se alejan del cuerpo cuando los doblan a la altura del codo. Puedes verlo tú mismo si te paras frente a un espejo y simulas que cargas una bandeja con los brazos doblados.

Pero no te preocupes si este efecto es más pronunciado en ti y resulta que eres hombre. El consejo de Tin-Tin es sólido —mientras más grande sea el ángulo de porte más probabilidades hay de que seas mujer—, pero como sucede con muchas partes de nuestro cuerpo existe una importante variabilidad.

Tailandia no es el único país en el que prevalece una idea matizada del género.

Hasta 2007 las relaciones homosexuales eran ilegales en Nepal. Pero en 2011 esta pequeña nación asiática de unos 27 millones de habitantes hizo historia como el primer país del mundo en realizar un censo en el que no sólo contó a los hombres y a las mujeres, sino también a un "tercer género", incluyendo a las personas que no se sentían, o no caían de lleno en ninguna de las dos categorías.

Cerca de allí, en India y Paquistán, un grupo conocido como *hijras* —hombres fisiológicos que se identifican como mujeres, y que a veces se someten a castración— también han ganado un reconocimiento especial. Ya en 2005 las autoridades que emiten pasaportes en India comenzaron a permitirle a los *hijras* identificarse como tales en sus documentos, y a partir de 2009 Paquistán siguió sus pasos.

En todos estos lugares resulta fundamental la noción de que la identidad de género —o su ausencia— no suponen una decisión personal. Lamentablemente esto no atenúa los prejuicios que muchas de estas personas enfrentan, pero sí prepara el terreno para que estas sociedades, relativamente conservadoras, al menos reconozcan en el ámbito legal a quienes no entran en los clásicos papeles binarios del género y les proporcionen alguna protección.

Es importante reconocer que no estamos hablando de individuos o de grupos que hayan adquirido ideas modernas y liberales sobre la fluidez de géneros de las sociedades occidentales. Los *hijras*, en particular, tienen una historia de 4,000 años en India y en Paquistán.[12]

La castración tampoco es un fenómeno exclusivamente asiático; se encuentra en docenas de civilizaciones, incluyendo varias culturas occidentales relativamente modernas. En Italia, por ejemplo, entre los siglos XVII y XIX se le quitaron los testículos a cientos de muchachos, si no es que a miles, en nombre de la música. Estos chicos se conocieron como *castrati*.

Hoy Gizziello, Domenichino y Carestini no son nombres famosos, pero en el siglo XVIII estos castrati, que combinaban la capacidad pulmonar de un hombre con el rango vocal de una mujer, gracias a sus voces, congeladas en la preadolescencia, eran las superestrellas del canto en Italia. George Friedrich Händel les tenía una afinidad particular; escribió varias operas, incluyendo *Rinaldo*, con ellos en mente.

Actualmente sólo existen unas cuantas grabaciones de un castrato, todas ellas hechas por Thomas Edison del cantante Alessandro Moreschi, que ocupó el puesto de primer soprano del coro de la Capilla Sixtina del Vaticano por tres décadas, hasta su retiro en 1913.[13] Moreschi murió en 1922 a la edad de 63 años, muy joven según los estándares actuales, pero vivió más de una década que el promedio de los italianos de su época.

Tal vez ésa no sea una coincidencia. Además de sus voces únicas, la investigación sobre la vida de los eunucos que trabajaron en la corte imperial de la dinastía Chosun de Corea, muestra que vivieron décadas más que otros habitantes del palacio, incluyendo a la misma familia real, un fenómeno que los investigadores han sugerido que es evidencia de que hormonas masculinas como la testosterona pueden ser dañinas para la salud cardiovascular, o tal vez debilitan con el tiempo el sistema inmunitario, mediante modificaciones tanto en la expresión como en la represión genética.[14]

No estoy promocionando la castración como un método para que te ganes unos cuantos añitos extra de vida. Lo que sugiero, sin embargo, es que nuestra biología sexual no sólo se trata de nuestro sexo genético, sino de la combinación única de genes, momento y ambiente. Como hemos visto una y otra vez, las personas que se salen de la norma, por cualquier razón, tienen mucho que enseñarnos a los demás.

Y no sólo sucede en el caso de pacientes que son uno en mil millones, como Ethan, sino también en el de cientos de millones de personas en todo el mundo que no se ajustan genética, biológica, sexual o socialmente a las ideas rígidas y tradicionales sobre la masculinidad y la feminidad.

Hemos ido aprendiendo que nuestros genes son increíblemente sensibles. Ya sea un cambio en la dieta, la exposición al sol o incluso el bullying, nuestras vidas retroalimentan de modo constante nuestra herencia genética. Y en lo que respecta al momento en el que ocurre la expresión o la represión genética, no se necesita demasiado para inclinar la balanza.

Después de todo, en Ethan no se necesitó una enciclopedia completa —ni siquiera un volumen de material genético— para convertirlo de niña en niño. Todo lo que hizo falta fue un poco de expresión genética extra justo en el momento correcto durante su desarrollo. Así fue como Ethan, con su trocito extra de *SOX3*, alteró por completo, y para siempre, muchas de nuestras percepciones sobre cómo nos desarrollamos.

Tal vez hayas escuchado el dicho "Lo que queda detrás de nosotros, y lo que nos espera, son asuntos sin importancia comparados con lo que hay en nuestro interior".[15] Sin duda es un lindo sentimiento. Pero estamos descubriendo que esas cositas que hay dentro de nosotros tienen mucho que ver con lo que tenemos detrás, y también adelante, en formas que no habíamos imaginado.

Nuestro entorno cultural también puede tener un impacto importante en nuestro panorama sexual. Piensa de nuevo en lo que pasó en China, por ejemplo, donde los ultrasonidos le ofrecieron a más y más personas una sencilla instantánea binaria del desarrollo fetal, y le proporcionaron a los padres que preferían tener varones una forma de eliminar niñas por millones. Recuerda que no fue para esto que se desarrolló el sonar médico. Se suponía que iba a ayudar a traer nueva vida al mundo.

La forma en que algunos padres chinos usan hoy los ultrasonidos prenatales para escoger niños en vez de niñas incomoda a muchas personas en Occidente. Y sin embargo, vivimos en un mundo en el cual el género es sólo uno de muchos factores que pueden elegirse o eliminarse antes de la concepción, o durante el embarazo, con ayuda de las pruebas genéticas.

191

Herencia

¿Estamos listos para vivir en un mundo en el que pueden identificarse genéticamente y, como si fueran un submarino en el Caribe, eliminarse a niños como Ethan, Tin-Tin, Richard, Grace y todas las personas que te he presentado en este libro, por no mencionar a los millones y millones que viven fuera de nuestras normas sociales, culturales, sexuales, estéticas y de género?

Como veremos, en la búsqueda por obtener una perfección genética cada vez mayor es posible que eliminemos mucho más que a millones de personas que no entran en las normas sociales que hemos creado. Tal vez estemos erradicando justamente las soluciones a los problemas médicos que de manera tan esforzada tratamos de resolver.

Capítulo 11

Ahora todo junto

Lo que las enfermedades raras nos enseñan sobre nuestra herencia genética

A esta altura seguramente ya estás un poco más sintonizado con todos los pequeños acontecimientos, al parecer intrascendentes, que deben ocurrir —en el orden preciso, en el momento preciso— para que pueda nacer un bebé.

Y luego para que ese niño sobreviva un día. Y una semana. Y su primer año.

Y más allá.

Durante la pubertad. Hasta la adultez y la paternidad. Durante los cambios de la mediana edad. Y, como aprendimos en los capítulos anteriores, contra todas las influencias biológicas, químicas y radiológicas que conspiran diariamente contra nuestros genes.

Sin embargo, lo que tal vez nos estamos perdiendo son los acontecimientos biológicos inmediatos. Desde la forma en que late tu corazón hasta cómo se expanden tus pulmones para llenarse de aire con cada respiración, la mayor parte de tu vida biológica y de sus consecuencias genéticas ocurre en las sombras. Por lo general no es sino en los extremos del exceso fisiológico cuando recuerdas que tu corazón no ha dejado de latir desde que naciste. Cuando se acelera porque estás excitado, nervioso o haciendo ejercicio tu atención se dirige a lo que sucede dentro de tu cuerpo, pero tal vez no reflexiones a menudo sobre cómo un cambio específico es orquestado, y, a su vez, afecta a una multitud de mecanismos genéticos y fisiológicos. Como hemos visto, nuestros genomas existen en armonía con el ambiente en el que vivimos, y mediante la expresión y la represión responden, momento a momento, a lo que necesitamos, cuando lo necesitamos.

Algunos de estos acontecimientos pueden ser tan triviales como la necesidad de crear una maquinaria molecular, en forma de una enzima, que te ayude a digerir el desayuno. En otras ocasiones pueden ser más significativos, como cuando se requiere que tu genoma proporcione la plantilla de proteínas como el colágeno, que se usa para dar soporte estructural o andamiaje, para ayudar a curarte y a recuperarte de un trauma físico o de una cirugía.

Me parece desafortunado que siempre que las cosas marchan bien pasamos la mayor parte de la vida ignorando, felizmente, los detalles de la infraestructura genética de nuestros mecanismos internos, sin saber que incluso cuando descansamos nuestros cuerpos están en movimiento constante. Con frecuencia no es sino hasta que sucede algo terrible, a nosotros o a alguien que queremos, que comenzamos a fijarnos en todas las cosas inexplicablemente complejas, alucinantes y enigmáticas que tienen que ocurrir, y que deben seguir ocurriendo, día tras día, para que vayamos desde la concepción y el nacimiento hasta el punto en el que nos encontramos en este preciso momento.

Como sombras que se mueven tras una pantalla de papel de arroz, en ocasiones podemos echar un vistazo a nuestros mecanismos internos. Sentimos cómo se nos acelera el pulso cuando estamos excitados. Vemos cómo una cortada se cubre por una costra, y luego, con lentitud, desaparece por completo. Mientras todo esto sucede somos indiferentes a los cientos, si no es que miles, de genes que se expresan y se reprimen continuamente para que todo suceda de forma armoniosa hasta que ocurra lo inevitable.

Igual que sucede con esa cañería que empieza a gotear en nuestra casa, no pensamos mucho en lo que hay detrás de nuestras paredes o bajo nuestros pisos hasta que se rompen o revientan. Y cuando lo hacen, no podemos pensar en otra cosa.

Así es la vida. Por lo general nuestros cuerpos no nos piden demasiado a cambio de que sigamos existiendo. Unos cuantos miles de calorías al día, un poco de agua y algo de ejercicio ligero. Eso es todo. El único pago necesario para conservar nuestras valiosas vidas.

En general nuestros cuerpos hasta pueden ayudarnos en el proceso, como un entrenador personal o un nutricionista que no nos da mucha lata. Ordenan que se fabriquen señales moleculares que nos recuerdan amablemente (o a veces no tan amablemente) que debemos comer, beber y dormir. Al liberar estos pequeños mensajeros nuestros cuerpos nos invitan a portarnos bien. Pero siempre se trata de un equilibrio más bien precario.

Si ignoramos estas exigencias, o si no tenemos los medios para satisfacerlas, nuestros cuerpos entran en un estado de movimiento continuo hasta que se cumplen sus necesidades (sólo recuerda la última vez que necesitabas ir al baño y no encontrabas ninguno). Todo ocurre de forma tan natural que durante la mayor parte de nuestras vidas estamos en un estado de casi completa ignorancia fisiológica y genética.

Es difícil reconocer lo bien que funcionan las cosas hasta que algo se descompone. Es entonces, como estamos por ver —casi como si te quitaras de los ojos una venda que no sabías que llevabas— que todo se vuelve claro como el agua.

En todo este planeta no existe nadie exactamente como tú.

Pero déjame decirlo con claridad: aunque eres genéticamente único (a menos que tengas un gemelo monocigótico, y aun así lo más probable es que sus epigenomas sean muy diferentes), hay muchísima gente bastante similar.

Pero a veces lo que nos hace diferentes son diminutos cambios genéticos —como el de Ethan en el capítulo anterior— que pueden afectar y cambiar dramáticamente nuestras vidas. Algunos de esos cambios son tan singulares que es dificilísimo encontrar en este planeta a alguien que los comparta. Si eres genetista, encontrar y estudiar las cosas que hacen única a una persona puede cambiar la forma en la que ves al resto de la humanidad. Si un genetista tiene la suerte de hacer un descubrimiento como ése tal vez pueda desarrollarse un nuevo tratamiento para millones de personas de todo el mundo.

Éstos pueden ser los dones de la rareza. Si entendemos qué provoca que las personas atípicas sean diferentes podemos alcanzar una perspectiva totalmente diferente de nuestras propias vidas. Las nuevas formas de entender nuestra identidad genética, vista a través de la lente de alguien con una rara enfermedad genética, abre el camino a descubrimientos médicos y a tratamientos para todos.

Por eso quiero que conozcas a Nicholas.

Se cuenta que Nicholas era un joven maestro. Dado lo improbable que resultaba su existencia misma —es una de las rarísimas personas en el mundo que sufre una enfermedad llamada síndrome de hipotricosis linfedema telangiectasia, o HLTS, por sus siglas en inglés—, sabíamos que teníamos mucho que aprender de él.

No tendrías que ser un dismorfólogo experto para saber, de un solo vistazo, que Nicholas era diferente. Pero tal vez alguien como yo tendría que decirte que se conocen las bases genéticas de esa diferencia.

Con unos brillantes ojos azules y un rostro que parecía congelado en un permanente estado de contemplación, este guapo joven podía atraparte en una sonrisa tan grande y contagiosa que no podías sino imitarla. Apenas era un adolescente, pero había algo en su carácter que te daba la impresión de que era mucho mayor de lo que parecía.

Estas características suyas eran tan llamativas y cautivadoras que al principio era difícil notar los otros rasgos que le dan nombre a su síndrome: hipotricosis, falta de pelo; linfedema, un ciclo continuo de hinchazón, y telangiectasia, una telaraña de vasos sanguíneos en la superficie de la piel.

La escasez de pelo (Nicholas sólo tenía unos cuantos mechones de cabellos rojos en la cabeza) y las sutiles venitas arácnidas que surcaban su piel eran problemas básicamente estéticos. Esto no quiere decir que no fueran importantes, pero no amenazaban su vida. La hinchazón era otro tema.

En circunstancias normales nuestros cuerpos son sorprendentemente eficientes para llevar de un lado a otro los fluidos que se acumulan en los tejidos cuando hacemos nuestra vida diaria. A veces, como respuesta a una infección o una herida, los fluidos se detienen en cierta área por un rato. A casi todo mundo le pasa en algún momento de su vida; si alguna vez te lastimaste un tobillo o una muñeca ya sabes cómo es. La hinchazón ligera es una parte muy normal del proceso de curación, y por lo general es benéfica para el cuerpo. Pero en el caso de las personas con HLTS la hinchazón no ocurre como respuesta a una herida, sino como un síntoma permanente de lo que parece ser un sistema linfático descompuesto, y eso no es nada sano.

Aunque el HLTS es extremadamente raro —lo sufren menos de una docena de personas en el mundo— es común que los pacientes experimenten una combinación de todos estos síntomas. Nicholas, sin embargo, también sufría falla renal, de modo que necesitó urgentemente un trasplante de riñón. Hasta donde sabemos, esto no era "normal" en el caso de las otras personas en las que se ha identificado el HLTS, y fue lo que nos mandó en un viaje por el mundo en busca de una explicación.

Como muchos viajes, éste comenzó con un mapa. Pero en vez de mostrar números de carreteras y nombres de calles, este mapa incluía una dirección genética particular que, hasta donde sabíamos en ese momento, sólo se encontraba en el genoma de Nicholas. Al comparar todas las letras de estas secuencias de ADN contra los genomas conocidos de personas que no sufren HLTS y observar dónde divergen, pudimos ver que el HLTS parece ser consecuencia de las mutaciones en un gen llamado *SOX18*.

A veces me gusta hacerme amigo de los genes que estudio, y para esto les pongo apodos. A éste me gusta llamarle el gen Johnny Damon en honor de ese jugador de los Medias Rojas de barba desgreñada, que usó el número 18 en Boston y también en Nueva York, una vez que desertó al otro bando de esa histórica rivalidad.

Los Yankees reclutaron a Damon porque tenían buenas expectativas de lo que haría con el equipo. Había sido un bateador de .290 durante 11 temporadas en la liga, una amenaza consistente de robo de bases y una sólida presencia en el jardín.

Del mismo modo que sucede con nuestros genes, cuando conoces la historia de un jugador se vuelve mucho más fácil predecir su desempeño futuro. En sus cuatro temporadas con los Yankees Damon siguió bateando cerca de .290, pero en su última temporada en el Bronx su porcentaje bajó casi cien veces (un desafortunado récord personal), robó menos bases que en cualquier temporada en su carrera y empató por el título de jardinero izquierdo con más errores en la Liga Americana. Cuando quedó libre, en la temporada de 2009, los Yankees decidieron no recontratarlo.

Los genes funcionan igual. Una vez que sabemos qué hace un gen particular en circunstancias normales se vuelve fácil establecer un punto de referencia y determinar cuándo no se está desempeñando como se espera, y viceversa. Así, en el caso de *SOX18* la gente con HLTS nos ayuda a aclarar el importante papel que suele tener el gen para ayudar al cuerpo a desarrollar los mecanismos linfáticos correctos para eliminar el exceso de fluidos que se filtra en los espacios vacíos de nuestros tejidos.

Es una información increíblemente útil. Pero, por supuesto, no nos ayudaba a entender por qué Nicholas sufría una falla renal.

¿Era posible que el HLTS y su falla renal fueran pura coincidencia? Por supuesto. Después de todo, en el mundo hay personas que sufren dos o más problemas médicos similares que no están genéticamente relacionados. Tal vez Nicholas tenía mala suerte, pero eso no me convencía. Me sentía impulsado a seguir explorando cómo podían estar relacionadas esta mutación particular en *SOX18* y la falla renal, en especial ante la falta de explicaciones. Así fue como, con Nicholas como nuestro guía, nos embarcamos en otra aventura genética.

Cuando nos topamos con un paciente en el que hemos conseguido identificar una mutación específica puede ser útil —e incluso vital— descubrir si es original o heredada, así que una de las primeras cosas que hacemos es analizar el ADN de los padres del paciente, para determinar cuál de ellos se la transmitió. Si los padres no tienen la misma mutación en sus genes puede tratarse de un cambio genético nuevo, llamado *de novo*. Aunque no podemos suponer, de entrada, que se trate de una mutación original, porque también tenemos que considerar una debilidad humana muy común: la infidelidad.

Como te imaginas, esto puede llevarnos por el espinoso y potencialmente peligroso camino de las peleas entre padres, en particular si hay otras personas a las que debemos advertir sobre la enfermedad genética que encontramos, como un asunto de vida o muerte.

En el caso de Nicholas no encontramos el gen mutado en el ADN de ninguno de sus padres, aunque confirmamos su paternidad. Así que, de acuerdo con lo que te acabo de contar, eso querría decir que teníamos ante nosotros una mutación de novo.

Excepto por un trágico detalle. Al año de nacer Nicholas su madre, Jen, se embarazó de otro niño. A los siete meses de embarazo Jen se enfermó gravemente. Una evaluación de su estado reveló que su bebé estaba en crisis, de modo que le practicaron una operación de emergencia *in utero* que no consiguió salvar al bebé. Una evaluación del ADN del bebé perdido mostró que tenía la misma variación de *SOX18* que su hermano. Nicholas no estaba solo.

¿Es posible que ambos niños, de algún modo, desarrollaran exactamente la misma mutación nueva? Era increíblemente improbable. No, yo sospeché que uno de los padres de Nicholas podía ser portador de una mutación en sus órganos reproductores. Cuando vemos este patrón hereditario —padres sin una mutación que tienen más de un niño con la misma mutación genética— lo llamamos mosaicismo gonadal.

Ahora que habíamos establecido el mecanismo por el cual Nicholas podía haber heredado su mutación en *SOX18* estaba listo para ir aún más profundo. Cuando lo hice hubo una cosa que siguió llamándome la atención: los otros individuos con esta condición son homocigóticos para la mutación de *SOX18*, es decir, tienen dos copias del gen mutado. Pero Nicholas sólo heredó una copia del *SOX18* defectuoso, y no dos, lo que significa que es heterocigótico para esta mutación. A diferencia de Nicholas, los padres de los otros "portadores" no tienen HLTS, aunque igual que Nicholas eran heterocigóticos y sólo tenían una mutación en el gen *SOX18*. Esto quiere decir que, si entendemos correctamente la genética, Nicholas no debería sufrir HLTS.

En genética ocurre con frecuencia que una respuesta produce cinco nuevas preguntas. Lo que esperábamos era que en el caso de Nicholas todas estas preguntas nos ayudaran a entender las razones de su falla renal. Di un paso hacia atrás para reconsiderar su caso, y comencé a preguntarme si la sorprendente falla renal de Nicholas podía deberse a otra enfermedad, una que fuera genéticamente parecida al HLTS pero no idéntica.

Las teorías son una cosa. Tratar de probarlas o falsearlas es, por supuesto, otra historia. Para hacerlo necesitaríamos encontrar otra aguja genética en un pajar hecho de siete mil millones de individuos. En términos prácticos, nuestras probabilidades de encontrar otra persona que tuviera exactamente la misma mutación y los mismos síntomas de Nicholas eran casi nulas; con estos números era casi imposible no fallar. Así que valía la pena intentarlo.

De modo que hice lo mismo que habría hecho cualquier genetista en búsqueda de respuestas: emprendí un tour. Mientras estuve de viaje presenté el caso de Nicholas en todas las conferencias médicas que pude, con la esperanza de que apareciera alguien con un paciente con síntomas parecidos a los que experimentaba Nicholas.

En retrospectiva creo que era una esperanza un poco inocente, dado que las probabilidades de que esto sucediera no se inclinaban del todo a mi favor. Pero al menos valía la pena intentarlo, porque sabía que podía ayudar a Nicholas, y además proporcionarnos conocimientos enormemente valiosos.

Como hemos visto una y otra vez, entender casos raros como el de Nicholas también tiene la capacidad de afectar y transformar nuestras vidas. Afortunadamente hay un mundo entero de genetistas y médicos dedicados a llegar al fondo de estos complicados misterios médicos. Aunque en ese momento no lo sabía, en otro continente un dedicado equipo de médicos e investigadores se estaban haciendo las mismas preguntas sobre un paciente bastante parecido a Nicholas. Contra todo pronóstico, su paciente, Thomas, también padecía HLTS.

Igual que Nicholas, y a diferencia del otro puñado de pacientes con HLTS que habían heredado dos mutaciones, se encontró que Thomas sólo portaba una copia de la mutación en *SOX18*. Y, lo que resulta crucial, y para mi total y absoluta sorpresa, él también padecía falla renal y se había sometido a un trasplante de riñón.

Pero lo más importante —y ésta es la parte que aún no logramos comprender— es que Thomas no sólo compartía los rasgos clínicos de Nicholas, sino que sorprendentemente tenía exactamente la misma mutación en uno de sus genes *SOX18*.

Cuando por fin vi una fotografía de Thomas tuve una experiencia absolutamente surrealista. Una noche, ya tarde, solo en mi oficina, desde el monitor de mi computadora me observaba un hombre que podría ser —no, juro que era— la versión de 38 años del Nicholas de 14 que conocía.

Ambos tenían la misma majestuosa cabeza, casi sin pelo, los mismos ojos almendrados, los mismos labios llenos, rojos y profundamente arqueados y, sobre todo, el mismo tipo de mirada amable y sabia. Era como si los hubieran moldeado con el mismo barro.

Y dado que ambos habían recorrido un camino increíblemente difícil, en cierta forma tal vez era verdad.

Por el momento no tenemos respuestas al misterio de cómo estos dos individuos, separados por la edad y por unos 6,500 kilómetros de distancia, pueden tener una enfermedad genética tan parecida, que no sufre nadie más en este planeta, y además ser tan parecidos en apariencia física y en historia médica, incluyendo la falla renal.

Esta similitud, sumada a las otras, sólo permite una conclusión: estamos ante una enfermedad totalmente nueva.

Ahora, la próxima persona que aparezca con HLTRS (la R es de "renal") tendrá beneficios muy evidentes. Nicholas recibió su nuevo riñón, un extraordinario regalo de su padre, Joe, y se está recuperando muy bien de la cirugía. También está llevando buenas calificaciones a casa. No se trata de una hazaña cualquiera para un joven que ha perdido tanto tiempo de escuela a causa de las citas médicas y las visitas al hospital. También ha comenzado a abrirse socialmente, mucho más que antes. Pero a pesar de que es un muchacho increíble, que recibe una cantidad impresionante de apoyo y tiene una familia amorosa, esas mejorías muy puntuales en su calidad de vida también pueden atribuirse a la estrecha supervisión médica y al cuidado multidisciplinario y especializado que ha recibido desde que su enfermedad se identificó con más precisión. Todo lo que les funcionó a Nicholas y a Thomas será lo primero que se intente la próxima vez. Por no mencionar que el próximo paciente descubrirá mucho antes que no está solo en el mundo.

Por supuesto, estamos hablando de la que puede ser una situación de uno en mil millones, si acaso. Tal vez el próximo paciente tarde mucho, mucho en llegar.

Entonces, ¿qué tiene que ver esto con todos los demás?

Bastante, de hecho.

Actualmente se conocen más de 6,000 enfermedades raras. Sumadas, todas juntas afectan a cerca de 30 millones de estadunidenses.[1] Es casi 10 por ciento de las personas que viven en Estados Unidos, o más que toda la población de Nepal.

Una buena forma de entenderlo es imaginar un estadio de futbol en el que casi todos usan una camisa blanca, excepto por una de cada diez filas, en las que hay personas con camisas rojas. Mira a tu alrededor. ¿Qué ves? Un mar de rojo.

Ahora imagina que todas las personas que visten de rojo llevan un sobre. E imagina que en cada sobre hay un trozo de papel con una oración escrita. E imagina que todas esas oraciones juntas cuentan una historia sobre todos los que están en el estadio.

Así es como funciona la investigación de enfermedades raras. Ya hemos hablado de la forma en la que un grupito de personas que portan una mutación en el gen *SOX18* pueden ayudarnos a entender cómo éste ayuda al cuerpo a construir su sistema linfático.

Aquí es donde Nicholas y Thomas pueden ayudarnos a los demás: muchos tipos de cáncer secuestran el sistema linfático para crecer y dispersarse. Cartografiar la forma en la que *SOX18* está involucrado en este proceso nos ofrecerá un blanco nuevo, y muy necesario, para tratar estos cánceres. También es posible que Nicholas y Thomas nos ayuden a entender el papel de *SOX18* en el funcionamiento normal de los riñones.

Es por ello que estamos en deuda con Nicholas, Thomas y las muchas otras personas con enfermedades genéticas que nos ayudan en nuestro trabajo. La historia de los descubrimientos médicos revela que es más probable que ayuden a desarrollar beneficios médicos para otros que a cosecharlos ellos mismos. Desde luego no se trata de una idea nueva, y antecede, por mucho, a lo que sabemos hoy sobre medicina genética. Allá por 1882 —dos años antes de la muerte de Gregor Mendel— un médico de nombre James Paget, hoy considerado uno de los padres fundadores de la patología médica, escribió en la revista médica británica *The Lancet* que sería una vergüenza dejar de lado a los aquejados de enfermedades raras "con pensamientos o palabras ociosas sobre 'curiosidades' o 'casualidades'".

"Ninguna carece de significado", continúa Paget. "No hay una sola que no pueda ser el punto de partida de un excelente conocimiento, si sólo podemos contestar la pregunta: ¿por qué es rara? O, siendo rara, ¿por qué ocurrió en este caso?"

¿De qué hablaba Paget? Bueno, basta con valorar la historia de uno de los fármacos más exitosos en la historia médica para ver con claridad cómo lo raro puede informar acerca de lo común.

Necesitamos grasa. Si no consumimos suficiente la vida puede volverse bastante desagradable, y no sólo desde una perspectiva gastronómica, sino también desde una fisiológica. Las dietas ultrabajas en grasas pueden provocar una mala absorción de vitaminas liposolubles como la A, la D y la E, e incluso se ha vinculado, en algunas personas, con la depresión y el suicidio.[2]

Pero, como sucede con muchas cosas en la vida, a veces las cosas malas vienen en exceso. Para muchas personas las consecuencias de una dieta alta en grasas es un exceso de lipoproteína de baja densidad, o LDL por sus siglas en inglés. Si tienes demasiado colesterol LDL en tu sangre puedes desarrollar ateroesclerosis, un término que viene del griego *athéro*, que significa "pasta" y *skléros*, que significa "duro". Una "pasta dura" es una excelente forma de describir las placas que se acumulan a lo largo de algunas de nuestras paredes arteriales. Conforme sucede, estos pasajes vitales se hacen más estrechos y rígidos, una combinación letal que predispone a sus víctimas desprevenidas a sufrir ataques cardiacos y derrames.

Lamentablemente ésta no es una enfermedad muy rara. Las enfermedades cardiovasculares, o ECV, afectan a unos 80 millones de estadunidenses, y son la principal causa de muerte en Estados Unidos. Cada año cobran la vida de cerca de medio millón de personas.[3]

Pero tal vez no entenderíamos demasiado sobre las ECV de no ser por una rara enfermedad genética llamada hipercolesterolemia familiar, o FH por sus siglas en inglés.

A finales de la década de 1930, un médico noruego llamado Carl Müller comenzó a investigar sobre esta enfermedad, que básicamente es una forma heredada de colesterol alto. Lo que Müller descubrió fue que la gente que nace con FH no va acumulando un nivel alto de LDL: nace con él.

Ahora bien, todos necesitamos colesterol para funcionar —es la materia prima que usa nuestro cuerpo para fabricar muchas hormonas e incluso vitamina D—, pero si hay un exceso de colesterol en nuestra sangre corremos el riesgo de morir a causa de las complicaciones relacionadas con las enfermedades cardiacas. Para las personas con FH ese destino puede cumplirse cuando son muy jóvenes, porque no pueden transportar fácilmente el LDL que flota por su sangre hasta el hígado, como por lo general hacemos los demás. El resultado son niveles de colesterol demasiado altos que se quedan atrapados en el sistema circulatorio.

En circunstancias normales nuestros cuerpos usan *LDLR*, uno de los genes implicado en la FH, para fabricar un receptor que el hígado usa para eliminar el LDL. Por lo general esto evita que esta clase de colesterol se acumule en tu sangre, oxidando y dañando tu corazón. Pero si portas una copia del gen *LDLR* que tiene la mutación que produce FH en tu cuerpo no ocurrirá el movimiento normal del colesterol, y toda esa grasa se quedará en tus tuberías cardiovasculares, con el peligro de que se desprenda en cualquier momento.

No es inusual que los hombres que tienen dos copias de esta mutación mueran de un ataque cardiaco durante su tercera década de vida, o incluso antes. Puede sucederles aunque corran maratones y sigan la dieta más sana que exista.

Lo que Müller no podía imaginarse en aquel entonces era que estaba contribuyendo a erigir el marco conceptual para el desarrollo de una de las medicinas mejor vendidas en la historia farmacéutica.

Hace mucho que sabemos que en la mayor parte de la gente los niveles elevados de LDL pueden tratarse con dieta y ejercicio. Pero esto no es suficiente para quienes sufren FH, de modo que los sucesores de Müller buscaban alguna otra forma de reducir los altos niveles de LDL asociados con esta extraña enfermedad. Lo que encontraron fue una medicina que tiene como blanco una enzima llamada HMG-CoA reductasa. Normalmente esta enzima ayuda a nuestro cuerpo a hacer más colesterol cuando dormimos de noche. Se esperaba que si esta enzima se bloqueaba con la molécula correspondiente descenderían los niveles de LDL en la sangre. Tal vez hayas escuchado sobre esta clase de medicina, o estás tomando una ahora mismo.

La atorvastatina,* más conocida por su nombre comercial, Lipitor, es una de las medicinas más populares del grupo llamado estatinas. Se convirtió en un éxito de la taquilla farmacéutica, y hoy en día se le receta a millones de personas de todo el mundo. Lamentablemente, el Lipitor no es muy efectivo para algunas de las personas cuyas mutaciones les provocaron FH y que desempeñaron un papel tan central en el avance de nuestro conocimiento médico. En la actualidad se está aprobando el uso de algunas nuevas medicinas huérfanas en seres humanos con FH. Para algunos de ellos, sin embargo, la única manera efectiva de mantener bajo control sus niveles de LDL es un trasplante de hígado.

Pero a millones de otras personas el Lipitor, literalmente, les ha salvado la vida; ayuda a que las personas con colesterol elevado eviten una muerte temprana causada por la enfermedad de las arterias coronarias,

---

* La atorvastatina no fue la primera estatina en desarrollarse, pero es una de las más conocidas.

incluso si sus problemas de salud no sólo tienen que ver con la genética sino con un estilo de vida indulgente.

Cuando se trata de medicina, la gente que más la necesita —y más la merece— no siempre la obtiene primero. Y a veces nunca la recibe.

Pero, como estamos por ver, no siempre sucede así.

A veces la distancia que media entre el descubrimiento genético original y un avance importante en el tratamiento de una enfermedad puede ser de décadas. Como vimos antes, ése fue el caso en la carrera por encontrar una cura para la PKU, que empezó con los descubrimientos de Asbjørn Følling a mediados de la década de 1930 y culminó con las pruebas de detección de la enfermedad que Robert Guthrie hizo accesibles para casi todos.

Sin embargo, las cosas suceden cada vez más rápido, lo cual resulta muy emocionante. Es lo que sucedió con la aciduria arginosuccínica o ASA, un desorden metabólico que afecta el ciclo de la urea y que provoca que al cuerpo le cueste trabajo deshacerse de cantidades normales de amoniaco.

¿Te suena conocido? Sí, la ASA es muy parecida a la OTC, la enfermedad que compartían Cindy y Richard. De forma similar a lo que sucede en el caso de la OTC, la gente con ASA tiene problemas para convertir amoniaco en urea mediante el ciclo normal de pasos.

Las personas con ASA con frecuencia sufren problemas de aprendizaje. Al principio se pensó que estos defectos neurológicos eran resultado de los niveles elevados de amoniaco en su cuerpo, como en el caso de Richard. Pero los médicos pronto se dieron cuenta de que en las personas con ASA los problemas de desarrollo seguían presentes, y parecían empeorar con el tiempo, aunque los niveles de amoniaco se mantuvieran bajos.

Hace poco, sin embargo, investigadores del Baylor College of Medicine comenzaron a concentrarse en otro síntoma que padecen algunas personas con ASA: un aumento inexplicable de la presión sanguínea. Sabían que una simple molécula, llamada óxido nítrico, era increíblemente importante para mantener baja la presión sanguínea. También sabían que la enzima responsable de provocar ASA es una de las vías principales en la ruta de producción de óxido nítrico en el cuerpo.

Con esto en mente el equipo de Baylor dejó de lado algunos asuntos que tenían que ver con el amoniaco y se concentró directamente en darles a los pacientes con ASA medicinas que actuaran como donadores de óxido nítrico. ¡Oh, milagro! Los pacientes mostraron algunas mejorías prometedoras en la memoria y en la resolución de problemas. Y, como un beneficio adicional, también se normalizó su presión sanguínea.[4]

Está lejos de ser una cura, pero este eslabón vital se estableció en apenas unos cuantos años —en lugar de décadas— y algunos médicos ya están usándolo para tratar ciertos síntomas de largo plazo de ASA. También está ayudando a determinar qué papel desempeña la disminución de óxido nítrico en una variedad de enfermedades mucho más comunes, como la de Alzheimer, otro recordatorio de que las enfermedades raras pueden ayudarnos a entender padecimientos que, de un modo u otro, nos afectan a todos.

A veces resulta muy obvio cómo las personas con enfermedades raras son capaces de ayudarnos a los demás. Como vimos antes, si comienzan con gente que tiene enfermedades genéticas raras como el FH, que provoca colesterol alto y ataques cardiacos, los médicos pueden desarrollar un tratamiento como Lipitor, y ayudar a millones de personas.

Mi propia historia de descubrimiento y desarrollos farmacéuticos no fue nada directa. A veces el camino que une una oscura enfermedad genética y un nuevo tratamiento no es lineal. Mi permanente interés por el estudio de las enfermedades raras eventualmente me llevó a descubrir un nuevo antibiótico que llamé siderocilina. Lo que lo hace innovador es que trabaja como una bomba inteligente cuyo blanco específico son las infecciones provocadas por "superbacterias".

Sin embargo, allá por la década de los años noventa no me interesaban los antibióticos. Me encontraba estudiando intensamente una enfermedad llamada hemocromatosis. Este padecimiento genético provoca que el cuerpo absorba demasiado hierro de la dieta, lo que en algunas personas puede desencadenar cáncer de hígado, insuficiencia cardiaca y una muerte prematura. Pero mi investigación sobre la hemocromatosis me enseñó que podía usar los principios de esta enfermedad genética para crear una medicina que destruyera microbios asesinos.

Según el Centro para el Control y la Prevención de Enfermedades, cada año mueren más de 20,000 personas, sólo en Estados Unidos, a causa de infecciones por superbacterias. Lo que hace a estos organismos tan letales es que son resistentes a muchos, si no es que a todos, los antibióticos de nuestro arsenal farmacéutico. Es por eso que la medicina que descubrí tiene el potencial de tratar a millones de personas y de salvar miles de vidas cada año.

Pero cuando propuse mi invento no existía una relación lineal científicamente establecida entre la hemocromatosis y las infecciones por superbacterias. De hecho, muchos de los investigadores con los que estaba trabajando se preguntaban por qué parecía estudiar dos problemas diferentes al mismo tiempo: microbios resistentes y hemocromatosis. Ahora ya lo entienden.

Lo que aprendí estudiando enfermedades genéticas raras me ha permitido obtener más de 20 patentes en todo el mundo, y los estudios clínicos de la siderocilina con humanos están programados para comenzar en 2015. Se trata del ejemplo más claro que puedo recordar, en mi propia esfera profesional, del potencial de aplicar el conocimiento que hemos obtenido del estudio de enfermedades genéticas raras, que sólo afectan a unos cuantos, al desarrollo de opciones de tratamiento para todos.

Las enfermedades genéticas raras también pueden ayudar de otras formas. Como estamos por ver, también impiden que le hagamos daño a nuestros niños, todo por unos cuantos centímetros extra.

Imagina que tienes la libertad de escapar a tu herencia genética. Contempla la posibilidad de dejar atrás los genes que te ponen en peligro de sufrir una gran cantidad de cánceres. Claro que sólo hay un pequeño inconveniente. Tendrías que sufrir síndrome de Laron.

Si no se tratan, la mayor parte de las personas que sufren esta enfermedad suelen medir menos de 1.20 metros, tienen una frente prominente, ojos hundidos y un puente nasal aplanado, barbilla pequeña y obesidad troncal. Conocemos unas 300 personas en todo el mundo que sufren esta enfermedad, y cerca de una tercera parte vive en pueblitos lejanos del altiplano andino, en la provincia de Loja, al sur de Ecuador.[5]

Y todos parecen ser virtualmente inmunes al cáncer.

¿Por qué? Bien, para entender el síndrome de Laron es útil saber un poco sobre otra enfermedad genética, una que se encuentra en el lado opuesto del espectro, llamada síndrome de Gorlin. La gente con este padecimiento es susceptible a un tipo de cáncer de piel llamado carcinoma de células basales.* Si bien el carcinoma de células basales es relativamente común entre los adultos que han pasado buena parte de su vida bajo el sol, quienes tienen síndrome de Gorlin pueden desarrollar este tipo de cáncer de piel cuando son adolescentes, e incluso sin haberse expuesto mucho al sol.

Aproximadamente una de cada 30,000 personas padece síndrome de Gorlin, aunque se cree que muchas no han sido diagnosticadas. Por lo general no descubres que lo tienes hasta que tú o alguien de tu familia recibe un diagnóstico de cáncer. Sin embargo, existen algunas pistas dismorfológicas visuales que en ocasiones están presentes y que puedes identificar con facilidad. Estas pistas incluyen macrocefalia (cabeza grande), hipertelorismo (ojos muy apartados) y sindactilia 2-3[6] en los dedos de los pies (el segundo y el tercer dedo palmeados). Otros rasgos diagnósticos comunes incluyen pequeños hoyuelos en las palmas de las manos y costillas con una forma única que son fáciles de ver en una radiografía de pecho.

¿Por qué la gente con síndrome de Gorlin es tan propensa a desarrollar cánceres malignos, tales como el cáncer de piel, aun sin exponerse al sol? Para responder esa pregunta tengo que contarte sobre un gen llamado *PTCH1*. Nuestros cuerpos suelen usarlo para hacer una proteína llamada Patched-1, que desempeña un papel central para mantener a raya el crecimiento celular. Pero cuando se produce una proteína llamada Sonic Hedgehog† en los pacientes cuyos Patched-1 no funciona bien, suelta el freno que normalmente debería existir para evitar que las células se dividan. Y dividan. Y dividan.[7]

Éste es un problema, por supuesto, porque como ya hemos visto varias veces el crecimiento irrestricto es como la anarquía celular. Y desgraciadamente el resultado puede ser el cáncer.

Muy bien, entonces ¿qué nos enseña el síndrome de Gorlin sobre el síndrome de Laron? En esencia, el síndrome de Gorlin representa, en cierto sentido, el reverso de la moneda genética del síndrome de Laron. Mientras que en uno se fomenta el crecimiento celular, en otro se experimenta

---

* Cada año se diagnostican unos dos millones de casos nuevos, lo que convierte el carcinoma de células basales en el tipo de cáncer de piel más común en Estados Unidos, si bien no el más letal. Por supuesto no todos los que sufren carcinoma de células basales tienen síndrome de Gorlin.

† Por si te lo estabas preguntando, Sonic Hedgehog se llama así en honor a un personaje de videojuego de Sega.

una restricción del crecimiento de las células. El síndrome de Laron es causado por mutaciones en el receptor de la hormona de crecimiento. Esto hace que las personas con síndrome de Laron sean insensibles o inmunes a ella, una de las razones por las que suelen ser tan bajitas.

A diferencia de la anarquía celular que vemos en las personas con síndrome de Gorlin, en quienes tienen síndrome de Laron hay un control absoluto sobre el crecimiento, una forma de totalitarismo celular extremo.

Ahora bien, tal vez tengas tus dudas políticas sobre el totalitarismo como ideología, pero desde una perspectiva puramente biológica ha sido increíblemente exitoso. De no haber sido así no estarías leyendo esto ahora. Ni yo. Ni ninguno de los otros organismos multicelulares en este planeta.

Porque, como tú y yo y todas las otras criaturas multicelulares, somos el producto del totalitarismo biológico, que promueve la obediencia celular a cualquier costo, una obediencia regulada por receptores que se encuentran en la superficie de todas las células potencialmente desobedientes y que provoca el *seppuku* o *hara-kiri* celular, un tipo de suicidio celular programado conocido como apoptosis.

Como si fueran guerreros samuráis deshonrados, las células que cometen la imprudencia de tener más aspiraciones que ser una en una multitud de muchos billones están programadas —y ocasionalmente se les da la orden directa— para terminar con sus propias vidas. Gracias a este mecanismo las células que están infectadas con patógenos también pueden sacrificarse para proteger el cuerpo de los invasores microbianos. Se trata del mismo mecanismo que vimos antes y que libera nuestros dedos de las manos y de los pies de los pliegues de piel que los unen durante el desarrollo. Si esas células no mueren —como ocurre en algunas enfermedades genéticas— terminas con manos de guante.

Es por esto que aquí, como en todas las cosas, el equilibrio es vital. Los procesos que limitan el crecimiento tienen que equilibrarse constantemente con los procesos que requieren crecimiento. Piensa en todas las veces que te has lastimado, desde una simple cortada hasta un accidente mucho más serio. Considera todas las reparaciones y modelaciones que llevó a cabo tu cuerpo, automáticamente. Este proceso depende de que se alcance un equilibrio, millones y millones de veces al día, entre la vida y la muerte celular.

¿Te gustaría meterte con ese equilibrio?

Bueno, seguro tú, o alguien que conoces, ya lo hizo.

Ser alto tiene sus beneficios. A los niños más altos los molestan menos y les dan más tiempo de juego en la cancha. Las investigaciones demuestran que los adultos más altos parecen recibir más ascensos a puestos de mayor estatus y autoridad y, en promedio, ganan más que sus colegas más bajitos.[8]

Por supuesto hay excepciones, entre las más famosas la de Napoleón Bonaparte, aunque parece que el hombrecito más famoso del mundo no era tan bajito después de todo. En los inicios del siglo XIX las pulgadas francesas eran un poco más largas que las británicas, así que aunque los británicos, que no eran exactamente los más grandes admiradores de Napoleón, dijeron que no medía mucho más de cinco pies (1.50 m), tal vez andaba más cerca de los cinco pies y cinco pulgadas (1.65 m), e incluso pudo haber alcanzado los cinco pies siete pulgadas (1.70 m), que no era una estatura nada baja para su época.[9]

Pero ya sea en pulgadas francesas o británicas, cuando se trata de la altura, cada una cuenta. Seamos honestos: la gente que puede alcanzar el estante más alto sin pararse en un banquito a veces resulta útil.

Es por ello que la baja estatura —o al menos la percepción de que existe— es la segunda causa de visitas a los endocrinólogos pediátricos. No es que los padres no vayan a querer igual a sus hijos si se quedan siempre al frente de la fila, sino que en nuestra generación la altura se ha vuelto una necesidad. Hace más de medio siglo que el pequeño grupo de niños que sufre deficiencias importantes del crecimiento tiene acceso a la terapia de hormona del crecimiento recombinante (HC), de modo que los padres están muy conscientes de que pueden tener una influencia real en la altura de sus hijos, y darles, al menos en teoría, una ventaja para el futuro.[10]

Actualmente hay una lista cada vez más nutrida de condiciones, algunas de las cuales ya mencionamos en este libro, para las cuales se receta HC, la versión sintética de la hormona de crecimiento humana. Desde el síndrome de Prader-Willi (el primer padecimiento humano vinculado con la epigenética) hasta el síndrome de Noonan (el desorden que identifiqué en Susan, la amiga de mi esposa, en una cena hace unos años), los investigadores están descubriendo que más y más personas pueden verse beneficiadas por una inyección extra de HC de vez en cuando.

Algunos de estos desórdenes son enfermedades muy serias, para las cuales la HC es uno de los componentes esenciales en el cuidado de los niños enfermos. Pero en muchos casos la administración de HC (por lo general mediante inyecciones regulares) se usa específicamente para tratar problemas de altura. La baja talla idiopática, por ejemplo, es una condición en la que la altura del niño se encuentra más de dos desviaciones estándar por debajo del promedio, pero no existen señales de anormalidades genéticas, fisiológicas o nutricionales que podamos identificar. En otras palabras, lo más probable es que se trate de niños normales que sólo son muy bajitos.

Y eso es lo que le preocupa a Arlan Rosenbloom. Cuando le pregunté a este endocrinólogo de la Universidad de Florida (una de las piezas clave en el descubrimiento de que los pacientes con síndrome de Laron casi nunca, o nunca, padecen cáncer) si le preocupaba que se le diera hormona del crecimiento a los niños, respondió con una sola palabra: endocosmetología. Así es como Rosenbloom (y cada vez más colegas suyos) llaman, un poco despectivamente, al uso de la hormona del crecimiento con propósitos cosméticos, incluyendo el de incrementar la altura de un niño.[11]

Pero si la HC ha pasado todos los obstáculos regulatorios (y hay muchos) para su uso en niños, y los estudios epidemiológicos no han demostrado que los niños tratados con HC tengan más riesgo de padecer cáncer, ¿por qué la preocupación?

Para responderlo puede ser útil que pensemos en una cosa llamada factor de crecimiento insulínico 1, o IGF-1 por sus siglas en inglés, que se libera cuando el cuerpo detecta un aumento en los niveles de hormona del crecimiento. El IGF-1 no sólo promueve el crecimiento vertical; también promueve la supervivencia de las células, y cuando estás tratando de que un niño bajito crezca unos cuantos centímetros, puede ser una buena idea.

Pero antes de permitir que tu hijo sea tratado con HC, considera que se sospecha que el IGF-1 también inhibe la apoptosis —el suicidio celular—, lo que podría ser peligroso en el caso de los grupos de células rebeldes.

O incluso letal.

Para Rosenbloom, darle a hormona de crecimiento a los niños sólo porque son un poquito más bajos que otros niños los expone a un peligro innecesario —tal vez incluso cáncer, con el tiempo—, uno que tal vez debamos esperar unas décadas para entender del todo. Y cree que las decisiones de tratar a los niños con HC con creciente frecuencia son resultado de campañas publicitarias de las farmacéuticas, y no de una inquietud legítima por la salud y el bienestar futuro de los pequeños.

Actualmente el mercado de la HC vale miles de millones de dólares, y cada año se gastan millones más en publicidad para sugerirle a los padres ansiosos por la talla baja, que su hijo requiere una intervención muy costosa para solucionar un problema que tal vez no lo sea.

Si la gente con síndrome de Laron no padece cáncer porque sus cuerpos no pueden responder a la hormona de crecimiento, ¿deberíamos aceptar los peligros y seguir inyectando a nuestros hijos con la versión sintética de la misma hormona? Si más padres supieran sobre el síndrome de Laron tal vez se verían menos inclinados a administrar hormona de crecimiento, dadas sus potenciales implicaciones cancerígenas.

Cuando se describió el síndrome de Laron, hacia mediados de la década de los años sesenta, no había cómo predecir que muchos años después nos ofrecería un inusual vistazo a la inmunidad al cáncer, o que estudiar cualquier enfermedad rara serviría para algo más que para acumular conocimientos médicos esotéricos.

Pero como hemos visto en esta odisea genética, con frecuencia es justamente la extraña familia que tiene genes que los predisponen a sufrir colesterol alto (por ejemplo) la que termina ayudándonos a hacer descubrimientos médicos que ayudan a un sinnúmero de personas. Después de todo, estudiar familias con hemocromatosis me llevó a descubrir un nuevo antibiótico. A todas las personas con enfermedades raras, y a sus familias, les debemos una enorme gratitud por estos regalos.

A lo largo de los años he conocido un grupo increíble de personas con enfermedades raras, pero nunca presumiría saber qué se siente estar en sus zapatos. Lo cierto es que nadie lo sabe.

Pero mi trabajo me da una perspectiva única, una vista privilegiada de los mundos en los que habitan algunas de las personas más fuertes que he conocido: pacientes, padres, parejas y hermanos que han mostrado un valor inaudito frente a diagnósticos que ponen a prueba su paciencia, su compasión, su resistencia física y su fortaleza emocional.

Piensa, por ejemplo, en la mamá de Nicholas. A lo largo de los años la defensa decidida e inquebrantable de su hijo le valió a Jen el apodo de "mamá kung-fu".

Una vez le conté a Jen que la llamaban así, y se sintió muy orgullosa (a Nicholas le hizo una gracia loca). Es una buena noticia, porque lo cierto es que nosotros, los médicos, dependemos de padres como ella para ir al fondo y para pensar en forma creativa sobre los padecimientos de sus hijos.

Siempre queda una lección, y un recordatorio, sobre qué significa estar agradecido por todas esas cosas diminutas y triviales que han tenido que pasar, día con día, para que estés hoy aquí. Cosas de las que ni siquiera te das cuenta hasta esas raras ocasiones en que algo sale mal. No sólo hablo sobre lo que sucede dentro de nuestros genomas, sino sobre lo que significa ser humano. Sobre lo que significa estar vivo. Vencer. Amar.

Y no es todo. Como ya hemos visto varias veces, estos pacientes sorprendentes y sus familias pueden ayudarnos a diagnosticar, tratar y curar un sinnúmero de enfermedades. Estar cerca de ellos me recuerda con frecuencia que aprendo más de ellos que ellos de mí.

Todos lo hacemos.

Porque en las profundidades de todas las personas que sufren una enfermedad genética rara yace un secreto que, si deciden compartirlo, un día puede servir para ayudarnos y curarnos a todos.

Epílogo

Una última cosa

Hemos cubierto mucho terreno, desde el fondo del Caribe hasta la cima del monte Fuji. Hemos conocido atletas genéticamente dopados, sorprendentes alfileteros humanos, huesos antiguos y genomas hackeados.

También hemos visto que nuestros genes no olvidan con facilidad los traumas del bullying, cómo un sencillo cambio de dieta puede convertir obreras en abejas reina y que si no tienes cuidado durante tus próximas vacaciones hasta el menor desliz puede alterar fácilmente tu ADN.

Durante nuestro recorrido vimos que nuestra herencia genética puede cambiar y ser cambiada por lo que experimentamos. Sabemos que la flexibilidad es clave en nuestras vidas, y en toda la vida de este planeta. Y la rigidez, ahora sabemos, puede ser una inesperada enemiga de la fuerza.

Hasta un diminuto cambio en la expresión del genoma durante el desarrollo puede revertir el sexo de una persona. Ethan se volvió niño en vez de niña, y no sólo por los genes que heredó, sino a causa de una pequeña modificación en el exquisito ritmo de su expresión genética. Recuerda que muchos otros con secuencias genéticas similares a las de Ethan se desarrollan como niñas. También hemos explorado cómo la gente que padece enfermedades genéticas raras nos ha otorgado una mejor comprensión sobre los intríngulis de nuestro propio ADN, y les debemos mucho. La mejor oportunidad que tenemos para trascender las limitaciones que heredamos es, precisamente, entenderlas. Saber qué hacer con tu herencia genética te da el poder de moldearla.

Tal vez un día converses con una amiga y ella te cuente que últimamente ha estado comiendo más frutas y verduras, pero se ha sentido muy hinchada y agotada. Y te vas a acordar de Jeff el Chef. Quizá no recuerdes el nombre de su enfermedad (intolerancia hereditaria a la fructosa), pero casi sin duda recordarás algo mucho más importante: que no existe la dieta perfecta. Como nos enseñó Jeff, las dietas que son buenas para muchos pueden resultar mortales para otros.

Tal vez cuando tengas hijos, y uno sea un poco más pequeño que los demás, escuches algo sobre la terapia de hormona de crecimiento. Gracias a este libro recordarás el desorden genético (el síndrome de Laron) que afecta, sobre todo, a unos cuantos cientos de personas que viven en las montañas de Ecuador. Tal vez traigas a la memoria que, al parecer, estas personas no padecen cáncer porque son inmunes a la hormona del crecimiento, y eso te dará información que te ayudará a tomar una decisión responsable.

Cuando recuerdes a Meghan, en quien unas cuantas copias extra de un solo gen, el *CYP2D6*, convirtieron una receta de codeína en una sentencia de muerte, tendrás el valor de alzar la voz, y no sólo por tus propios hijos, sino también por todas las personas con enfermedades raras que resultan tan cruciales para nuestra sabiduría médica colectiva.

Eso es lo que Liz y David están haciendo por la pequeña Grace. Seguramente sus huesos nunca van a ser tan fuertes como los de los demás, pero cada día nos demuestra, a mí y a todos los que la rodean, que su genoma no es un libro escrito, editado y publicado. Es una historia que se sigue contando.

¿Recuerdas lo que les dijo la empleada del orfanato? "Ustedes son su destino." No sus genes. No sus huesos quebradizos. Esa mujer y ese hombre que decidieron que tenían que ser padres y que le regalaron una nueva oportunidad de sobrevivir y de crecer a pesar de su herencia genética.

Estamos descubriendo que la fuerza que reside en nuestros genes no sólo depende de lo que heredamos de las generaciones anteriores: proviene de nuestras oportunidades de transformar lo que tomamos y lo que damos.

Y al hacerlo cambiamos nuestras vidas por completo.

NOTAS

CAPÍTULO 1. CÓMO PIENSA UN GENETISTA

[1] Cambié o combiné los nombres y las identidades, las descripciones y los escenarios de algunas de las personas que aparecen en este libro para proteger la identidad de los pacientes, los amigos, los conocidos y los colegas, o para que resultara más clara una idea o un diagnóstico.

[2] Si bien el secuenciamiento tanto del exoma como del genoma completo ha descendido significativamente de precio, aún hay que tomar en cuenta los tiempos y los costos asociados con la interpretación de los datos.

[3] Aquí entran en juego algunos principios psicológicos fundamentales. Para saber más véase J. Nevid, *Psychology Concepts and Applications*, Boston, Houghton Mifflin, 2009. Hay edición en español: *Psicología, conceptos y aplicaciones*, México, Cengage Learning, 2011.

[4] M. Rosenfield, "Model Expert Offers 'Something Special'", *The Pittsburgh Press*, 15 de enero de 1979.

[5] P. Pasols, *Louis Vuitton: The Birth of Modern Luxury*, Nueva York, Abrams, 2012. Hay edición en español: *Louis Vuitton. El nacimiento del lujo moderno*, Madrid, Ediciones El Viso, 2012.

[6] El Centro Nacional de Información sobre Biotecnología es una fuente pública y completa de información sobre toda clase de enfermedades, incluyendo la anemia de Fanconi www.ncbi.nlm.nih.gov.

[7] También se cree que los reacomodos del gen *PAX3* tienen algo que ver con formas raras de cáncer llamadas rabdomiosarcoma alveolar. S. Medic y M. Ziman, "*PAX3* Expression in Normal Skin Melaoncytes and Melanocytic Lesiones (Naevi and Melanomas)", *PLOS One 5*: e9977, 2010.

[8] Aproximadamente uno de cada 700 niños nacidos vivos tienen síndrome de Down.

[9] Aunque actualmente no se usan de rutina, los análisis del meconio fetal pueden emplearse para determinar la exposición gestacional al alcohol gracias a la presencia de sustancias químicas llamadas esteres etílicos de ácidos grasos o FAMES.

[10] Si tener un pulgar gordo es algo que debe mantenerse en secreto, ¿qué ocurre con quienes tenemos anomalías físicas más graves y debilitantes? En mi opinión es un ejemplo lamentable de los esfuerzos que hacen los publicistas para consolidar la idea de las personas perfectas, en particular de las mujeres perfectas. Véase I. Lapowsy, "Megan Fox Uses a Thumb Double for Her Sexy Bubble Bath Commercial", *New York Daily News*, 8 de febrero de 2010.

[11] K. Bosse *et al.*, "Localization of a Gene for Syndactyly Type 1 to Chromosome 2q34-q36", *American Journal of Human Genetics*, vol. 67, pp. 492-497, 2000.

[12] El matrimonio entre parientes puede duplicar las posibilidades de sufrir desórdenes genéticos o aumentarlas incluso más, dependiendo del origen étnico de la familia.

¹³ La dismorfología es una subespecialidad de la medicina que emplea nuestros rasgos anatómicos para entender nuestras historias genética y ambiental. Si te entusiasma la terminología que usan los dismorfólogos te recomiendo que leas "Special Elements of Morphology: Standard Terminology", *American Journal of Medical Genetics Part A*, vol. 149, pp. 1-127, 2009. Si quieres aprender más sobre este fascinante campo, comienza con *The Journal of Clinical Dysmorphology*, una colección arbitrada de estudios de caso e investigación relacionada con esta área.

CAPÍTULO 2. CUANDO LOS GENES SE PORTAN MAL

1. S. Manzoor, "Come Inside. The World's Biggest Sperm Bank", *The Guardian*, 2 de noviembre de 2012.
2. C. Hsu, "Denmark Tightens Sperm Donation Law After 'Donor 7042' Passes Rare Genetic Disease to 5 Babies", *Medical Daily*, 25 de septiembre de 2012.
3. R. Henig, *The Monk in the Garden: The Lost and Found Genius of Gregor Mendel, the Father of Genetics*, Nueva York, Houghton Mifflin, 2000.
4. En el artículo original de Mendel usó la palabra alemana *vererbung*, que puede traducirse como "herencia". El uso del término antecede al artículo de Mendel.
5. D. Lowe, "These Identical Twins Both Have the Same Genetic Defect. It Affects Neil on the Inside and Adam on the Outside", *The Sun*, 24 de enero de 2011.
6. M. Marchione, "Disease Underlies Hatfield-McCoy Feud", *The Associated Press*, 5 de abril de 2007.
7. Si quieres saber más sobre la enfermedad de Von Hippel-Lindau y apoyar a las organizaciones, puedes consultar el sitio de NORD: www.rarediseases.org/rare-disease-information/rare-diseases/byID/181/viewFullReport.
8. L. Davies, "Unknown Mozart Score Discovered in French Library", *The Guardian*, 18 de septiembre de 2008.
9. M. Doucleff, "Anatomy of a Tear-Jerker: Why Does Adele's 'Someone Like You' Make Everyone Cry? Science Has Found the Formula", *The Wall Steet Journal*, 11 de febrero de 2012.
10. Puedes escuchar cómo Leisinger toca el piano de Mozart en www.themozartfestival.org.
11. G. Yaxley et al., *Diamonds in Antarctica? Discovery of Antarctic Kimberlites Extends Vast Gondwanan Cretaceous Kimberlite Province*, Research School of Earth Sciences, Australian National University, 2012.
12. E. Goldschein, "The Incredible Story of How De Beers Created and Lost the Most Powerful Monopoly Ever", *Business Insider*, 19 de diciembre de 2011.
13. E. J. Epstein, "Have You Ever Tried to Sell a Diamond?", *The Atlantic*, 1 de febrero de 1982.
14. H. Ford y S. Crowther, *My Life and Work*, Garden City, Garden City Publishing, 1922. Hay edición en español: *Mi vida y mi obra*, s. l., CreateSpace Independent Publishing Platform, 2014.
15. D. Magee, *How Toyota Became #1: Leadership Lessons from the World's Greatest Car Company*, Nueva York, Penguin Group, 2007.
16. A. Johnson, "One Giant Step for Better Heart Research?", *The Wall Street Journal*, 16 de abril de 2011.

NOTAS

[17] Se han publicado muchos artículos sobre este tema. Uno que disfruto en particular es H. Katsume *et al.*, "Disuse Atrophy of the Left Ventricle in Chronically Bedridden Elderly People", *Japanese Circulation Journal*, vol. 53, pp. 201-206, 1992.

[18] J. M. Bostrack y W. Millington, "On the Determination of Leaf Form in an Aquatic Heterophyllous Species of *Ranunculus*", *Bulletin of the Torrey Botanical Club*, vol. 89, pp. 1-20, 1962.

CAPÍTULO 3. CAMBIAR NUESTROS GENES

[1] Este trabajo clásico se cita en casi cien artículos: M. Kamakura, "Royalactin Induces Queen Differentiation in Honeybees", *Nature*, vol. 473, p. 478, 2011. Si las abejas te parecen tan fascinantes como a mí te recomiendo que también leas este artículo: A. Chittka y L. Chittka, "Epigenetics of Royalty", *PLOS Biology*, vol. 8, e1000532, 2010.

[2] F. Lyko *et al.*, "The Honeybee Epigenomes: Differential Methylation of Brain DNA in Queens and Workers", *PLOS Biology*, 8: e1000506, 2010.

[3] R. Kucharsi *et al.*, "Nutritional Control of Reproductive Status in Honeybees Via DNA Methylation", *Science*, vol. 310, pp. 1827-1830, 2008.

[4] B. Herb *et al.*, "Reversible Switching between Epigenetic States in Honeybee Behavioral Subcastes", *Nature Neuroscience*, vol. 15, pp: 1371-1474, 2012.

[5] Los humanos tenemos dos versiones diferentes, *DNMT3A* y *DNMT3B*, que comparten homología y similitud en el dominio catalítico del gen *Dnmt3*, que se encuentra en *Apis mellifera*, la abeja mielera. Si quieres leer más sobre el tema consulta este artículo: Y. Wang *et al.*, "Functional CpG Methylation System in a Social Insect", *Science*, vol. 27, pp. 645-647, 2006.

[6] M. Parasramaka *et al.*, "MicroRNA Profiling of Carcinogen-Induced Rat Colon Tumors and the Influence of Dietary Spinach", *Molecular Nutrition & Food Research*, vol. 56, pp. 1259-1269, 2012.

[7] A. Moleres *et al.*, "Differential DNA Methylation Patterns between High and Low Responders to a Weight Loss Intervention in Overweight or Obese Adolescents: The Evasyon Study", *FASEB Journal*, vol. 27, pp. 2504-2512, 2013.

[8] T. Franklin *et al.*, "Epigenetic Transmission of the Impact of Early Stress Across Generations", *Biological Psychiatry*, vol. 68, pp. 405-415, 2010.

[9] R. Yehuda *et al.*, "Gene Expression Patterns Associated with Posttraumatic Stress Disorder Following Exposure to the World Trade Center Attacks", *Biological Psychiatry*, vol. 66, pp. 708-711, 2009; R. Yehuda *et al.*, "Transgenerational Effects of Posttraumatic Stress Disorder in Babies of Mothers Exposed to the World Trade Center Attacks Duraing Pregnancy", *Journal of Clinical Endocrinology & Metabolism*, vol. 90, pp. 4115-4118, 2005.

[10] S. Sookoian *et al.*, "Fetal Metabolic Programming and Epigenetic Modifications: A Systems Biology Approach", *Pediatric Research*, vol. 73, pp. 531-542, 2013.

CAPÍTULO 4. LO USAS O LO PIERDES

[1] E. Quijano, "Kid President: A Boy Easily Broken Teaching How to Be Strong", *CBSNews.com*, 4 de marzo de 2013.

² Por suerte estas historias son raras, pero una increíblemente trágica es: H. Weathers, "They Branded Us Abusers, Stole Our Children and Killed Our Marriage: Parents of Boy with Brittle Bones Attack Social Workers Who Claimed They Beat Him", *The Daily Mail*, 19 de agosto de 2011.

³ U. S. Department of Health & Human Services, *Child maltreatment*, 2011.

⁴ La FOP se describió en la bibliografía médica hace tanto como 250 años, pero las causas de la enfermedad fueron un misterio médico hasta hace poco. Si quieres leer más sobre la FOP consulta este artículo: F. Kaplan *et al.*, "Fibrodysplasia Ossificans Progresiva", *Best Practice & Research: Clinical Rheumatology*, vol. 22, pp. 191-205, 2008.

⁵ La familia de Ali reclutó un "ejército" para su hija y otros que sufren FOP: N. Golgowski, "The Girl Who is Turning Into Stone: Five Year Old with Rare Condition Faces Race against Time for Cure", *The Daily Mail*, 1 de junio de 2012.

⁶ Actualmente revisar los dedos pulgares de los pies de las personas que se sospecha que sufren FOP es parte del examen dismorfológico estándar: M. Kartal-Kaess *et al.*, "Fibrodysplasia Ossificans Progressiva (FOP): Watch the Great Toes", *European Journal of Pediatrics*, vol. 169, pp. 1417-1421, 2010.

⁷ A. Stirland, "Asymmetry and Activity Related Change in the Male Humerus", *International Journal of Osteoarcheology*, vol. 3, pp. 105-113, 1993.

⁸ El *Mary Rose* permaneció en el lecho del mar hasta que lo sacaron en 1982. Desde entonces los científicos están tratando de descubrir las identidades e historias de los marinos que iban a bordo: A. Hough, "*Mary Rose*: Scientists Identify Shipwreck's Elite Archers by RSI", *The Telegraph*, 18 de noviembre de 2012.

⁹ Si te interesa la heredabilidad de los juanetes lee M. T. Hannan *et al.*, "Hallux Valgus and Lesser Toe Deformities Are Highly Heritable in Adult Men and Women: The Framingham Foot Study", *Arthritis Care Research* (Hoboken), prepublicado en forma electrónica, 2013.

¹⁰ En cualquier otro contexto una mochila pesada se consideraría una herramienta de tortura. Véase D. H. Chow *et al.*, "Short-Term Effects on Backpack Load Placement on Spine Deformation and Repositioning Error in Schoolchildren", *Ergonomics*, vol. 53, pp. 56-64, 2010.

¹¹ A. A. Kane *et al.*, "Observations on a Recent Increase in Plagiocephaly without Synostosis", *Pediatrics*, vol. 97, pp. 877-885, 1996; W. S. Biggs, "The 'Epidemic' of Deformational Plagiocephaly and the American Academy of Pediatrics' Response", *Journal of Prosthetics and Orthotics*, vol. 16, S5-S8, 2004.

¹² Antes de invertir en un casco de remodelación craneana toma en cuenta: J. F. Willbrand *et al.*, "A Prospective Randomized Trial on Preventive Methods for Positional Head Deformity Physiotherapy Versus a Positioning Pillow", *The Journal of Pediatrics*, vol. 162, pp. 1216-1221, 2013.

¹³ Es un pez fascinante. Para más información consultar J. G. Lundberg y B. Chernoff, "A Miocene Fossil of the Amazonian Fish *Arapaima* (Teleostei Arapaimidae) from the Magdalena River Region of Colombia. Biogeographic and Evolutionary Implications", *Biotropica*, vol. 24, pp. 2-14, 1992.

¹⁴ M. A. Meers *et al.*, "Battle in the Amazon: Arapaima Versus Piranha", *Advances Engineering Materials*, vol. 14, pp. 279-288, 2012.

¹⁵ Un cambio genético muy pequeño que provoca un tipo de OI letal es sólo una de las muchas revelaciones trascendentales sobre el poder de un solo nucleótido. Véase D. H. Chon

et al., "Lethal Osteogenesis Imperfecta Resulting from a Single Nucleotide Change in One Human Pro Alpha 1(I) Collagen Allele", *Proceedings of the National Academy of Science*, vol. 83, pp. 6045-6047, 1986.

[16] D. R. Taaffe *et al.*, "Differential Effects of Swimming Versus Weight-Bearing Activity on Bone Mineral Status of Eumenorrheic Athletes", *Journal of Bone and Mineral Research*, vol. 10, pp. 586-593, 1995.

[17] Las fotografías y videos que acompañaban esta historia sobre el aterrizaje de la cápsula espacial mostraban a tres astronautas en dificultades tras sumergirse de nuevo en la gravedad de la Tierra. Véase P. Leonard, "It's a Bullseye": Russian Syouz Capsule Lands Back on Earth After 193-Days Space Mission", *Associated Press*, 2012.

[18] A. Leblanc *et al.*, "Bisphosphonates as a Supplement to Excercise to Protect Bone During Long-Duration Spaceflight", *Osteoporosis International*, vol. 24, pp. 2105-2114, 2013.

CAPÍTULO 5. ALIMENTA TUS GENES

[1] F. Rohrer, "China Drinks Its Milk", *BBC News Magazine*, 7 de agosto de 2007.

[2] Esto tiene sentido, dado que muchas personas ni siquiera saben cocinar, y mucho menos alimentos sabrosos y nutritivos. Para más información lee este artículo: P. J. Curtis *et al.*, "Effects on Nutrient Intake of a Family-Based Intervention to Promote Increased Consumption of Low-Fat Starchy Foods through Education, Cooking Skills and Personalized Goal", *British Journal of Nutrition*, vol. 107, pp. 1833-1844, 2012.

[3] D. Martin, "From Omnivore to Vegan. The Dietary Education of Bill Clinton", *CNN.com*, 18 de agosto de 2011.

[4] S. Bown, *Scurvy: How a Surgeon, a Mariner and a Gentleman Solved the Greatest Medical Mystery of the Age of Sail*, West Sussex, Summersdale Publishing, 2003. Hay edición en español: *Escorbuto: cómo un médico, un navegante y un caballero resolvieron el misterio de la peste de las naos*, Barcelona, Juventud, 2005.

[5] L. E. Cahill y A. El-Sohemy, "Vitamin C Transporter Gene Polymorphisms, Dietary Vitamin C, and Serum Ascorbic Acid", *Journal of Nutrigenetics and Nutrigenomics*, vol. 2, pp. 292-301, 2009.

[6] H. C. Erichsen *et al.*, "Genetic Variation in the Sodium-Dependent Vitamin C Transporters, *Slc23a1*, and *Slc23a2* and Risk for Preterm Delivery", *American Journal of Epidemiology*, vol. 163, pp. 245-254, 2006.

[7] Si quieres leer más, un artículo que explora algunas de estas ideas: E. L. Stuart *et al.*, "Reduced Collagen and Ascorbic Acid Concentrations and Increased Proteolytic Susceptibility with Prelabor Fetal Membrane Rupture in Women", *Biology of Reproduction*, vol. 72, pp. 23-235, 2004.

[8] Jeff el Chef, a quien conocimos en la introducción, se encontró en esta situación cuando siguió los consejos nutricionales de su doctor.

[9] Si quieres leer más sobre la farmacogenética del consumo de café consulta: P. Palatini *et al.*, "*CYP21A2* Genotype Modifies the Association between Coffee Intake and the Risk of Hypertension", *Journal of Hypertension*, vol. 27, pp. 1594-1601, 2009; y M. C. Cornelis *et al.*, "Coffee, *CYP1A2* Genotype, and Risk of Myocordial Infarction", *The Journal of the American Medical Association*, vol. 295, pp. 1135-1141, 2006.

[10] I. Sekirov *et al.*, "Gut Microbiota in Health and Disease", *Physiological Reviews*, vol. 90, pp. 859-904, 2010.

[11] Con frecuencia hay que esperar unas cuantas semanas hasta que haya suficiente espacio en la cavidad abdominal. Alrededor de los intestinos del bebé se construye un envase especial llamado silo que los protege durante la espera. Aunque el silo puede tener un aspecto muy desconcertante para los padres y los familiares de un bebé con gastrosquisis, este periodo de espera es necesario para que se abra suficiente espacio con el fin de acomodar los intestinos y que sea posible introducirlos de nuevo en el cuerpo para cerrar y corregir quirúrgicamente la pared del abdomen.

[12] N. Fei y L. Zhao, "An Opportunistic Pathogen Isolated from the Gut of an Obese Human Causes Obesity in Germfree Mice", *The ISME Journal*, vol. 7, pp. 880-884, 2013.

[13] Si te interesa leer más sobre este tema consulta este artículo: R. A. Koeth *et al.*, "Intestinal Microbiota Metabolism of L-Carnitine, a Nutrient in Red Meat, Promotes Atherosclerosis", *Nature Medicine*, vol. 19, pp. 576-585, 2013.

[14] S. A. Centerwall y W. R. Centerwall, "The Discovery of Phenylketonuria: The Story of a Young Couple, Two Retarded Children, and a Scientist", *Pediatrics*, vol. 105, pp. 89-103, 2000.

[15] P. Buck, *The Child Who Never Grew*, Nueva York, John Day, 1950.

CAPÍTULO 6. DOSIFICACIÓN GENÉTICA

[1] Si quieres leer más sobre casos como el de Meghan, éste es un buen lugar para comenzar: L. E. Kelly *et al.*, "More Codeina Fatalities after Tonsillectomy in North American Children", *Pediatrics*, vol. 129, pp. e1343-1347, 2012.

[2] ¿Qué sucedió en los años que transcurrieron antes de que se prohibiera? Muchos avances muy lentos hacia una conclusión que salvarías vidas. Lamentablemente, así es como funciona muchas veces la ciencia médica. Véase B. M. Kuehn, "FDA: No Codeine after Tonsilletomy for Children", *Journal of the American Medical Associaion*, vol. 309, p. 1110, 2013.

[3] A. Gaedigk *et al.*, "*CYP2D7-2D6* Hybrid Tandems: Identification of Novel *Cyp2d6* Duplication Arrangements and Implications for Phenotype Prediction", *Pharmacogenomics*, vol. 11, pp. 43-53, 2010; D. G. Williams *et al.*, "Pharmacogenetics of Codeine Metabolism in an Urban Population of Children and Its Implications for Analgesic Reliability", *British Journal of Anesthesia*, vol. 89, pp. 839-845, 2002; E. Aklillu *et al.*, "Frequent Distribution of Ultrarapid Metabolizers of Debrisoquine in an Ethiopian Population Carrying Duplicated and Multiduplicated Functional *Cyp2d6* Alleles", *Journal of Pharmacology and Experimental Therapeutics*, vol. 278, pp. 441-446, 1996.

[4] Rose, que murió en 1993, es un héroe para muchos médicos e investigadores, y por buenas razones: B. Miall, "Obituary: Professor Geoffrey Rose", *The Independent*, 16 de noviembre de 1993.

[5] Del mismo modo que sabemos que los efectos de la codeína varían enormemente según la herencia genética de una persona, hemos aprendido que los efectos de casi todas las intervenciones médicas pueden ser muy diferentes de persona a persona, a veces para bien y a veces para mal: G. Rose, "Sick Individuals and Sick Populations", *International Journal of Epidemiology*, vol. 14, pp. 32-38, 1985.

6   Véase A. M. Minihane *et al.*, "*APOE* Polymorphism and Fish Oil Supplementation in Subjects with an Atherogenic Lipoprotein Phenotype", *Arteriosclerosis, Thrombosis, and Vascular Biology*, vol. 20, pp. 1990-1997, 2000; A. Minihane, "Fatty Acid-Genotype Interactions and Cardiovascular Risk", *Prostaglandins, Leukotrienes and Essential Fatty Acids*, vol. 82, pp. 259-264, 2010.
7   M. Park, "Half of Americans Use Supplements", *CNN.com*, 13 de abril de 2011.
8   H. Bastion, "Lucy Wills (1888-1964): The Life and Research of an Adventurous Independent Woman", *The Journal of the Royal College of Physicians of Edinburgh*, vol. 38, pp. 89-91, 2008.
9   M. Hall, *Mish-mahs of Marmite: A-Z of tar-in-a-jar*, Londres, BeWrite Books, 2012.
10 Si quieres leer más sobre estos descubrimientos consulta: P. Surén *et al.*, "Association between Maternal Use of Folic Acid Supplements and Risk of Autism Spectrum Disorders in Children", *The Journal of the American Medical Association*, vol. 309, pp. 570-577, 2013.
11 L. Yan *et al.*, "Association of the Maternal *MTHFR* C677T Polymorphism with Susceptibility to Neural Tube Defects in Offsprings: Evidence from 25 Case-Control Studies", *PLOS One*, vol. 7, p. e41689, 2012.
12 A. Keller *et al.*, "New Insights into the Tyrolean Iceman's Origin and Phenotype As Inferred by Whole-Genome Sequencing", *Nature Communications*, vol. 3, p. 698, 2012.
13 Si te suscribes al servicio no te garantizo que no aparezcan un día frente a tu puerta los misioneros de la iglesia: www.familiysearch.org.

CAPÍTULO 7. ¿DE QUÉ LADO ESTÁS?

1   Si no eres un fan del surf tal vez recuerdes a Occhilupo por su aparición en *Dancing with the Stars*. Para saber más sobre la increíble historia que hay detrás de su eliminación del famoso espectáculo de televisión, lee: M. Occhilupo y T. Bakker, *Occy: The Rise and Fall of Mark Occhilupo*, Melbourne, Random House Australia, 2008.
2   P. Hilts, "A Sinister Bias: New Studies Cite Perils for Lefties", *The New York Times*, 29 de agosto de 1989.
3   L. Fritschi *et al.*, "Left-Handedness and Risk of Breast Cancer", *British Journal of Cancer*, vol. 5, pp. 686-687, 2007.
4   Si quieres ver el corto de Walt Disney, *Hawaiian Holiday*, ve al siguiente link: www.youtube.com/wath?v=SdIaEQCUVbk.
5   E. Domellöf *et al.*, "Handedness in Preterm Born Children: A Systematic Review and a Meta-Analysis", *Neuropsychologia*, vol. 49, pp. 2299- 2310, 2011.
6   Si te interesa saber más sobre este tema puedes leer: O. Basso, "Right or Wrong? On the Difficult Relationship between Epidemiologists and Handedness", *Epidemiology*, vol. 18, pp. 191-193, 2007.
7   A. Rodríguez *et al.*, "Mixed-Handedness Is Linked to Mental Health Problems in Children and Adolescents", *Pediatrics*, vol. 125, pp. e340-e348, 2010.
8   G. Lynch *et al.*, *Tom Blake: The Uncommon Journey of a Pioneer Waterman*, Irvine, Croul Family Foundation, 2001.
9   M. Ramsay, "Genetic and Epigenetic Insights into Fetal Alcohol Spectrum Disorders", *Genome Medicine*, vol. 2, p. 27, 2010; K. R. Warren y T. K. Li, "Genetic Polymorphisms: Impact on the

Risk of Fetal Alcohol Spectrum Disorders", *Birth Defects Research Part A: Clinical and Molecular Teratology*, vol. 73, pp. 195-203, 2005.

[10] E. Domellöf *et al.*, "Atypical Functional Lateralization in Children with Fetal Alcohol Syndrome", *Developmental Psychobiology*, vol. 51, pp. 696-705, 2009.

[11] La historia de Naranjo es absolutamente sorprendente. Asegúrate de ver en YouTube los videos de cómo trabaja, y no te pierdas B. Edelman, "Michael Naranjo: The Artist Who Sees with His Hands", *Veterans Advantage*, 2002, http://www.veteransadvantage.com/cms/content/michael-naranjo.

[12] S. Moalem *et al.*, "Broadening the Ciliopathy Spectrum: Motile Cilia Dyskinesia, and Nephronophthisis Associated with a Previously Unreported Homozygous Mutation in the *INVS/NPHP2* gene", *American Journal of Medical Genetics Part A*, vol. 161, pp. 1792-1796, 2013.

[13] ¿No será, sencillamente, que cuando el meteorito cayó en el lago se le pegaron unos cuantos aminoácidos? Los científicos lo tomaron en cuenta: D. P. Galvin *et al.*, "Unusual Nonterrestrial L-Proteinogenic Amino Acid Excesses in the Tagish Lake Meteorite", *Meteorites & Planetary Science*, vol. 47, pp. 1347-1364, 2012.

[14] S. N. Han *et al.*, "Vitamin E and Gene Expression in Immune Cells", *Annals of the New York Academy of Sciences*, vol. 1031, pp. 96-101, 2004.

[15] G. J. Handleman *et al.*, "Oral Alpha-Tocopherol Supplements Decrease Plasma Gamma-Tocopherol Levels in Humans", *The Journal of Nutrition*, vol. 115, pp. 807-813, 1985.

[16] J. M. Major *et al.*, "Genome-Wide Association Study Identifies Three Common Variants Associated with Serologic Response to Vitamin E Supplementation in Men", *The Journal of Nutrition*, vol. 142, pp. 866-871, 2012.

CAPÍTULO 8. TODOS SOMOS HOMBRES X

[1] Para más información visita el National Geographic Project: www.national-geographic.com.

[2] M. Hanaoka *et al.*, "Genetic Variants in *EPAS1* Contribute to Adaptation to High-Altitude Hypoxia in Sherpas", *PLOS One*, vol. 7, p. e50566, 2012.

[3] Una de las señales a las que están atentos los pilotos y la tripulación es a un ataque inesperado de risitas, que puede indicar que hay menos oxígeno disponible a causa de una despresurización del fuselaje de la aeronave.

[4] P. H. Hackett, "Caffeine at High Altitude: Java at Base Camp", *High Altitude Medicine & Biology*, vol. 11, pp. 13-17, 2010.

[5] Eslogan de Coca-Cola de mediados de la década de 1940.

[6] A. de La Chapelle *et al.*, "Truncated Erythropoietin Receptor Causes Dominantly Inherited Benign Human Erythrocytosis", *Proceedings of the National Academy of Sciences*, vol. 90, pp. 4495-4499, 1993.

[7] Desde que se fue a vivir a Estados Unidos con su esposa y sus hijos en 2006, Apa Sherpa ha regresado a Nepal durante varios años consecutivos para crear conciencia sobre el cambio climático y la urgente necesidad de darle mejor educación a la comunidad sherpa. Para leer más sobre Apa Sherpa consulta el siguiente artículo: M. LaPlante, "Everest Record-Holder Proudly Calls Utah Home", *The Salt Lake Tribune*, 2 de junio de 2008.

NOTAS

[8] D. J. Gaskin et al., "The Economic Costs of Pain in the United States", *The Journal of Pain*, vol. 13, pp. 715-742, 2012.
[9] B. Huppert, "Minn. Girl Who Feels No Pain, Gabby Gingras, Is Happy to 'Feel Normal'", KARE11, 9 de febrero de 2011; K. Oppenheim, "Life Full of Danger for Little Girl Who Can't Feel Pain", *CNN.com*, 3 de febrero de 2006.
[10] J. J. Cox et al., "An *SCN9A* Channelopathy Causes Congenital Inability to Experience Pain", *Nature*, vol. 444, pp. 894-898, 2006.

CAPÍTULO 9. HACKEA TU GENOMA

[1] Si quieres más información estadística sobre la prevalencia de muchos tipos diferentes de cáncer el sitio de la American Cancer Society es un buen lugar para empezar: www.cancer.org.
[2] C. Brown, "The King Herself", *National Geographic*, vol. 215, núm. 4, abril de 2009.
[3] Todavía no está claro cuál es el papel preciso de la dieta en el desarrollo de cáncer en ciertas especies de dinosaurios, ya que no todas las especies parecen haber sido afectadas del mismo modo. Si quieres leer más sobre este fascinante trabajo consulta B. M. Rothschild et al., "Epidemiologic Study of Tumors in Dinosaurs", *Naturwissenschaften*, vol. 90, pp. 495-500, 2003; y J. Whitfield, "Bone Scans Reveal Tumors Only in Duck-Billed Species", *Nature News*, 21 de octubre de 2003.
[4] Organización Mundial de la Salud.
[5] Para más información sobre la frecuencia y las causas del cáncer de pulmón consulta la página de internet del Disease Control and Prevention (Control y Prevención de Enfermedades), www.cdc.gov.
[6] A. Marx, "The Ultimate Cigar Aficionado", *Cigar Aficionado*, invierno de 1994-1995.
[7] Esto a pesar de que muchas de estas publicaciones estuvieron generosamente financiadas por la publicidad de los cigarros.
[8] R. Norr, "Cancer by the Carton", *The Reader's Digest*, diciembre de 1952.
[9] Si estás interesado en otros personajes históricos relacionados con el cigarro consulta el sitio de internet www.lung.org.
[10] *See It Now* (1955), transcripción de una grabación que se hizo para Hill y Knowlton, Inc., durante la transmisión de CBS-TV.
[11] U.S. Department of Agriculture, "Tobacco Situation and Outlook Report Yearbook; Centers for Disease Control and Prevention", *National Central for Health Statistics. National Health Interview Survey 1965-2009*, 2007.
[12] La transcripción completa de "Cigarettes and Lung Cancer", en la edición del 7 de junio de 1955 de *See It Now*, puede encontrarse en línea en el sitio de internet de la Legacy Tobacco Documents Library, www.legacy.library.ucsf.edu/tid/ppq36b00.
[13] Existe mucha especulación sobre lo que cazaban los gatos dientes de sable (no eran realmente tigres), pero los investigadores han notado que se encontraban en el lugar y el momento adecuados para zamparse a algunos de nuestros primeros ancestros: L. de Bonis et al., "New Saber-Toothed Cats in the Late Miocene of Toros Menalla (Chad.)", *Comptes Rendus Palevol.*, vol. 9, pp. 221-227, 2010.

225

[14] B. Ramazzini, "*De Morbis Artificum Diatriba*", *American Journal of Public Health*, vol. 91, pp. 1380-1382, 2001.
[15] T. Lewin, "Commission Sues Railroad to End Genetic Testing in Work Injury Cases", *The New York Times*, 10 de febrero de 2001.
[16] P. A. Schulte y G. Lomax, "Assessment of the Scientific Basis for Genetic Testing of Railroad Workers with Carpal Tunnel Syndrome", *Journal of Occupational and Environmental Medicine*, vol. 45, pp. 592-600, 2003.
[17] Por lo general eran familias con enfermedades poco comunes, y lo inusual de los desórdenes que padecían permitió que los investigadores las identificaran fácilmente, aunque esta facilidad de todos modos resultó desconcertante para los pacientes: M. Gymrek *et al.*, "Identifying Personal Genomes by Surname Inference", *Science*, vol. 339, pp. 321-324, 2013.
[18] J. Smith, "How Social Media Can Help (or Hurt) You in Your Job Search", *Forbes.com*, 16 de abril de 2013.
[19] En Estados Unidos existen límites para la información genética que pueden obtener los empleados y los proveedores de servicios de salud.
[20] Sin embargo, en 2012 la Comisión Presidencial para el Estudio de los Problemas Bioéticos publicó un reporte en el que llamaba a que estas pruebas se hicieran ilegales, citando problemas de privacidad generalizados: S. Begley, "Citing Privacy Concerns, U. S. Panel Urges End to Secret DNA Testing", *Reuters*, 11 de octubre de 2012.
[21] A. Jolie, "My Medical Choice", *The New York Times*, 14 de mayo de 2013.
[22] D. Grady *et al.*, "Jolie's Disclosure of Preventive Mastectomy Highlights Dilemma", *The New York Times*, 14 de mayo de 2013.

CAPÍTULO 10. NIÑOS POR CATÁLOGO

[1] Wreckiste es la base de datos sobre naufragios más grande del mundo, con información sobre el lugar de descanso final de más de 140,000 barcos. También es un cofre del tesoro de información sobre lo que estaban haciendo muchos de esos barcos cuando encontraron sus destinos fatales: http://www.wrecksite.eu.
[2] Véase I. Donald, "Apologia: How and Why Medical Sonar Developed", *Annals of the Royal College of Surgeons of England*, vol. 54, pp. 132-140, 1974.
[3] Esta historia, y muchas más sobre submarinos alemanes, puede encontrarse en www.uboat.net.
[4] R. Books, "China's Biggest Problem? Too May Men", *CNN.com*, 4 de marzo de 2013.
[5] Y. Chen *et al.*, "Prenatal Sex Selection and Missing Girls in China Evidence from the Diffusion of Diagnostic Ultrasound", *The Journal of Human Resources*, vol. 48, pp. 36-70, 2013.
[6] En cierto momento de la historia de Estados Unidos —no hace tanto— los "expertos" en ropa le aconsejaron a los padres que vistieran de rosa a los niños y de azul a las niñas. Pero en las décadas de 1950 y 1960 se invirtieron los paradigmas de género. De no haber sido por la llegada de los ultrasonidos y los sonogramas podrían haberse invertido nuevamente, o haber cambiado por completo, igual que sucede con la moda para adultos: J. Paoletti, *Pink and Blue: Telling the Boys from the Girls in America*, Bloomington, Indiana University Press, 2012.
[7] Este caso presenta una combinación de reportes de casos previos y de otros encuentros similares con pacientes; se alteraron los nombres, la descripciones y los lugares.

8. El Índice de Enfermedades de la Clínica Mayo tiene una serie muy detallada de páginas dedicadas al hipospadias y otras miles de condiciones: http://www.mayoclinic.com/health/DiseasesIndex.
9. Posiblemente se trata de uno de los padecimientos genéticos autosómicos recesivos más frecuentes en los seres humanos: P. W. Speiser *et al.*, "High Frequency Of Nonclassical Steroid 21-Hydroxylase Deficiency", *American Journal of Human Genetics*, vol. 37, pp. 650-667, 1985.
10. Como en un reloj, un brazo es corto (lo llamamos "p") y el otro inusualmente largo (lo llamamos "q"). Cada cromosoma tiene un patrón único de franjas que le dan un aspecto de código de barras bajo el microscopio. Los citogenetistas usan estos patrones únicos de franjas para identificar y evaluar la integridad y la calidad de los cromosomas.
11. A diferencia de un cariotipo, una de las limitaciones importantes de un acgh es que no te permite saber si existe un movimiento equilibrado o una inversión de material genético de un área del genoma a otra. Esto es importante porque, para usar el mismo ejemplo de los volúmenes de la enciclopedia, este cambio puede provocar que una entrada esté fuera de lugar, lo que puede causar problemas en nuestros genomas. Un acgh no te puede decir si esto ocurrió.
12. Entre otras supersticiones sobre los *hijras*, muchos indios creen que deben estar presentes en las bodas, o encontrarse cerca, para atraer la buena suerte: N. Harvey, "India's Transgendered. The Hijras", *New Statesman*, 13 de mayo de 2008.
13. Las grabaciones completas de Moreschi, que son de mala calidad e irregulares pero aun así fascinantes, están disponible en un disco compacto de 18 pistas, *The Last Castrato*, Opal, 1993.
14. K. J. Min *et al.*, "The Lifespan of Korean Eunuchs", *Current Biology*, vol. 122, pp. R792-R793, 2012.
15. Este eslogan, que con frecuencia se atribuye, erróneamente, a Ralph Waldo Emerson, parece haberse publicado por primera vez en un libro escrito por un anónimo comerciante de títulos cuya identidad reveló, muchos años después, el *New York Times*. Véase H. Haskins, *Meditations in Wall Street*, Nueva York, William Morrow, 1940.

CAPÍTULO 11. AHORA TODO JUNTO

1. Más que toda la población de Texas: National Organization for Rare Disorders.
2. La grasa tiene mala fama, pero resulta vital para la mayor parte de las personas y, como descubrió este estudio, la relación entre la ingesta de grasa y los reportes de depresión puede ser más complicada de lo que anticipamos al principio y puede depender del tipo particular de grasa de que se trate: A. Sánchez-Villegas *et al.*, "Dietary Fat Intake and the Risk of Depression: The SUN Project", *PLOS One*, vol. 26, p. e16268, 2011.
3. Las enfermedades cardiacas a veces son llamadas la epidemia "oculta": D. L. Hoyert y J. Q. Xu, "Deaths: Preliminary Data for 2011", *National Vital Statistics Reports*, vol. 61, pp. 1-52, 2012.
4. S. C. Nagamani *et al.* (2012), "Nitric-oxide Supplementation for Treatment of Long-Term Complications in Argininosuccinic Aciduria", *American Journal of Human Genetics*, vol. 90, pp. 836-846; Ficicioglu *et al.* (2009), "Argininosuccinate Lyase Deficiency: Longterm Outcome of 13 Patients Detected by Newborn Screening", *Molecular Genetics and Metabolism*, vol. 98, pp. 273-277.
5. A. Williams, "The Ecuadorian Dwarf Community 'Immune to Cancer and Diabetes' Who Could Hold Cure to Diseases", *The Daily Mail*, 3 de abril de 2013.

[6] El síndrome de Gorlin no es lo único que provoca pies palmeados. Que tengas sindactilia no quiere decir, automáticamente, que tengas muchas probabilidades de tener cáncer de piel.

[7] N. Boutet et al., "Spectrum of *PTCH1* Mutations in French Patients with Gorlin Syndrome", *The Journal of Investigative Dermatology*, vol. 121, pp. 478-481, 2003.

[8] A. Case y C. Paxson, *Stature and Status: Height, Ability, and Labor Market Outcomes*, National Bureau of Economic Research Working Paper núm. 12466, 2006.

[9] Los franceses llevan mucho tiempo peleando una batalla —perdida— contra la idea de que Napoleón era bajito y que su altura era un componente de sus ambiciones imperiales: M. Dunan, "La taille de Napoléon", *La Revue de l'Institut Napoléon*, vol. 89, pp. 178-179, 1963.

[10] V. Ayyar, "History of Growth Hormone Therapy", *Indian Journal of Endocrinology and Metabolism*, vol. 15, pp. S162-S165, 2011.

[11] A. Rosenbloom, "Pediatric Endo-Cosmetology and the Evolution of Growth Diagnosis and Treatment", *The Journal of Pediatrics*, vol. 158, pp. 187-193, 2011.

AGRADECIMIENTOS

Estoy muy agradecido con todos los pacientes y con sus familias por permitirme contar sus historias médicas en las páginas de *Herencia*. También estoy en deuda con todos los maestros y mentores que he tenido a lo largo de los años, en la medicina y más allá. Agradezco especialmente a David Chitayat, M. D., cuyo apoyo continuo e inspirador a este proyecto desde su gestación fue crucial para que concluyera con éxito; a lo largo de los años también ha compartido conmigo, con gran generosidad, su contagiosa pasión por la dismorfología, la genética y la medicina. Mi agente, Richard Abate, de 3 Arts, creyó en este proyecto desde el principio y su intervención fue fundamental para transmitir la importancia de comunicar "cómo piensa un genetista". El manuscrito mejoró inmensamente gracias a las sugerencias y orientaciones de muchos lectores. Debo agradecer en particular a mi maravilloso editor ejecutivo Ben Greenberg de Grand Central Publishing, cuya mente inquisitiva y su persistencia ayudaron a darle claridad a procesos e ideas genéticas complejas. Ben también fue uno de los primeros defensores de *Herencia* y su intervención fue decisiva para que el libro llegara al público que él considera que merece. También quiero agradecerle a Drummond Moir, mi editor británico en Scepter, por un poco de bateo editorial de emergencia y por sus útiles sugerencias. Para Yasmin Mathew por su meticuloso trabajo como editora de producción. Y a Melissa Khan de 3 Arts y Pippa White de Grand Central por siempre estar un paso adelante en asuntos administrativos y por hacer que entregar a tiempo resultara un placer inesperado. También a mis publicistas Matthew Ballast de Grand Central, así como a Catherine Whiteside, que hicieron un magnífico trabajo creando conciencia sobre el libro. Mi asistente de investigación, Richard Verver, sigue sorprendiéndome por lo agudo de su mirada y por su búsqueda implacable de fuente originales, sin importar las barreras lingüísticas. A Alaina de Havillard de Wailele Estates Kona Coffee, cuyas infusiones magistrales inspiraron página tras página de este libro. Y a Wally, cuya graciosa hospitalidad y su invitante hogar crearon el ambiente perfecto para terminar este proyecto. Gracias también a Jorge Peterson, que pasó una cantidad increíble de tiempo y de energía haciendo sugerencias para refinar el manuscrito. Y, por supuesto, a Matthew LaPlante, que elevó este proyecto con su enorme talento periodístico y su refrescante sentido del humor. Para terminar a mi familia y amigos por su amor, apoyo y constante entusiasmo por cada nuevo proyecto.

ÍNDICE ANALÍTICO

abejas melíferas, efectos de la dieta y la nutrición en, 55-57
ácido fólico
   anemia macrocítica del embarazo y, 118-120
   cambio epigenético con, 58-59
   defectos de nacimiento y, 117-120
   defectos del tubo neural con deficiencia de, 119, 120
   deficiencia de cobalamina oculta por, 120
   necesidades nutricionales de, 120
   recomendación durante el embarazo, 120
   vitamina B12 y, 120
ácido fólico y metabolismo, 120
ácidos grasos omega-3, 117
aciduria arginosuccínica (ASA), 205
   Véase también deficiencia de ornitina, transcarbamilasa (OTC)
actitudes sociales
   acusaciones de abuso infantil y osteogénesis imperfecta, 24, 25
   hacia las enfermedades del desarrollo sexual, 177, 178
   juicios de calidad biológica y, 24, 25
   rasgos faciales y, 24
   reconocimiento del "tercer género" en, 187, 189, 190
   selección de sexo y, 191, 192
ACVR1, gen, 76, 77
adenina, 146, 167
adenosina, 84, 184
ADN
   actividades dañinas, 169-171
   cambios epigenéticos en, 59, 61
   duplicación *versus* deleción de, 113, 114
   gen *BRCA1* y reparación de, 169, 170
   modificación por trauma de, 63, 64
   secuenciación de, 22, 40, 41, 184
ADN, metilación de
   betaína en, 57-59
   expresión genética modificada por, 60, 61
   predicción de pérdida de peso a partir de, 60, 61
   trauma y aumento de, 63, 64
ADN, secuenciamiento de, 39-41
ADN metiltransferasa (*Dnmt3*), 56
agutíes, 59, 61, 185
alcohol, metabolismo durante el embarazo, 133, 134
alcohol deshidrogenasa, 52
alendronato, 86
alfiletero humano, 151, 215
aminoácidos, configuraciones de, 138, 139
amoniaco
   aciduria arginosuccínica y, 205
   deficiencia de ornitina transcarbamilasa y, 89-91
   problemas de aprendizaje y, 205
análisis osteológico, 77
andrógenos
   hiperplasia adrenal congénita y, 182, 183
   salud cardiovascular y, 190
anemia
   enfermedad renal y, 145, 146
   Fanconi, 26
   macrocítica, 117-120

anemia de Fanconi, 26
anemia macrocítica del embarazo, 118, 119
Angelman, síndrome de, 21
antibióticos, microbios resistentes a, 206, 207
anticipación en herencia genética, 168
aplicaciones comerciales
    compañías tabacaleras y, 157-161
    Gyde Gear, 79
    pruebas genéticas prenatales, 120, 121
    ropa de bebés para niños y niñas, 175-177
APOE4, gen, y niveles de colesterol, 117, 121
apoptosis
    control celular y, 208-210
    epigalocatequina-3-galato y, 100-102
    factor de crecimiento insulínico 1 y, 211
aracnodactílica, 32
arapaima, colágeno en, 83
Armstrong, Lance, 145
Asociación de Población y Desarrollo Comunitario (PDA), 186
ateroesclerosis, 203
atorvastatina (Lipitor), 204
autistas, desorden de espectros, 110

Back to Sleep, campaña, 79
bacteroidetes, 101
baja estatura, 210
betaína, 58
bifosfonatos, efectos de, 86
Blake, Tom, 132
Blane, Gilbert, 97
Bonaparte, Napoleón, 210
braquidactilia tipo D, 33
BRCA1, gen
    cáncer de mama y ovario con, 169-171
    reparación del ADN y, 169
Buck, Pearl, 108
Burns, George, 156

cafeína, metabolismo de, 99, 100
cambio epigenético
    actividades diarias y, 169, 170
    cambios proactivos y prevenibles para, 171, 172
    desórdenes psiquiátricos por, 63-66
    expresión genética y, 57-60
    heredabilidad de, 59-62, 64-66
    impronta en genes y, 21, 22
    manifestación en las abejas melíferas, 55-58
    medio ambiente en, 193-195
    modificación del crecimiento celular por, 100-102
    por la dieta, 55-58
    ventanas de susceptibilidad embrionaria a, 65, 66
    Véase también ADN, metilación de
canalopatías y gen *SCN9A*, 151
cáncer
    células basales, 207, 208
    expresividad variable en, 45
    hipótesis de Knudson y, 43, 44
    historia de, 155, 156
    melanomas, 27, 28
    prevención de, 170-172
    síndrome de Von Hippel-Lindsau y, 42-45
    sistema linfático y, 201, 202
    susceptibilidad e inmunidad al, 206-209
    té verde para la prevención del, 100-102
    terapia de hormona de crecimiento y, 212
cáncer de mama
    epigalocatequina-3-galato y, 100-102
    gen *BRCA1* y, 169-171
    pacientes pervivientes con, 170, 171
    zurdera y susceptibilidad a, 128, 130, 131
cáncer de piel
    carcinoma de células basales, 207, 208
    melanoma, 28
cáncer de pulmón, 156, 157
capacidad de carga de oxígeno (sangre), 144-148
carcinoma broncogénico, 157
cariotipo, 180, 183, 184

ÍNDICE ANALÍTICO

castración
    cantantes italianos del siglo XVIII, 189-191
    esperanza de vida con, 190
castrati, 190
celular, crecimiento y muerte
    membranas en manos y pies 33, 34
    proteína Gremlin y, 34
    proteína Patched-1 y, 208, 209
    proteína Sonic Hedgehog y, 208, 209
    regulación del gen *PTCH1* y, 208, 209
    restricción y promoción de, 208, 209
Charoenpohl, Parinya, 187
ciclo de salud ósea, 85
ciliopatías, 134
cilios
    disquinesia de, 133-136
    en la concepción, 134, 135
    formación de órganos y, 137, 138
    función pulmonar y, 134-136
    genes relacionados con, 135, 136
    lateralización embrionaria y, 132-135
    metabolismo del alcohol y, 133, 134
cilios nodales. *Véase* cilios
citogenetistas, 22
citosina, 84, 167, 184
clinodactilia, 33
Clinton, Bill, 96
cobalamina o vitamina B12, 120
codeína
    gen *CYP2D6* y metabolismo de, 114-117
    prohibición de la FDA de, 114
código genético humano, 58, 59, 65, 74, 84, 86, 114, 148, 152
colágeno
    en los arapaima, 83, 84
    flexibilidad esquelética y, 82-84
    gen *COL1A1* y, 84
    osteogénesis imperfecta y, 71, 72
    producción y funciones de, 82, 83
    vitamina C y producción de, 97, 98
colesterol lipoproteína de baja densidad (LDL)
    ateroesclerosis y, 203

    cambios alimentarios para, 17, 18
    hipercolesterolemia familiar y, 203, 204
    paradoja de la prevención y, 116, 117
COL1A1, gen, 84
comer en exceso, genes para, 98, 99
Comisión de Equidad en las Oportunidades de Empleo, 162
compañías tabacaleras
    declaración sobre el cigarro, 157-159
    intereses en secuenciación de genoma, 156, 157
compatibilidad genética, 164-166
configuración molecular
    aminoácidos, 138, 139
    esteroisómeros de la vitamina E, 139, 140
Consejo para la Investigación del Tabaco, 158
cortisol
    en madres y bebés tras el 9/11, 64-66
    niveles en la hiperplasia adrenal congénita, 181, 182
    reducción en los niveles tras trauma por bullying, 64
CRFR2, gen, 62
cromosomas, 22
cromosoma X
    gen *SOX3*, 184, 185
    gen *SOX3* y ambigüedad de género, 191
    gen *XIST* y, 184
cromosoma Y
    desarrollo y, 183, 184
    región determinante del sexo *(SRY)* de, 180, 184, 185
CYP1A2, gen, 100
    metabolismo de la cafeína y la nicotina, 99-101
    tabaquismo y, 100, 101
CYP2D6, gen, 114, 216

Damon, Johnny, 197
De Beers, diamantes, 49, 50
dedos con membranas en manos y pies, 33, 34

233

defectos de nacimiento
    cambio epigenético y, 59-61
    fisuras faciales y, 24-26
    defectos del tubo neural en, 119, 120, 122, 123
defectos del tubo neural (NTD), 119, 123
deficiencia de ornitina transcarbamilasa (OTC)
    ciclo de la urea y el amoniaco con, 89-91, 105, 109, 110
    metabolismo en, 105
    nutrición y dieta en, 92-94
    trasplante de hígado en, 105
    variabilidad en la expresión genética, 108-110
    Véase también aciduria arginosuccínica (ASA)
De Morbis Artificum Diatriba, 161
de novo, mutaciones, 77, 198
desarrollo embriónico
    cilios nodales y lateralización en, 65, 66
    susceptibilidad epigenética durante, 133
desarrollo sexual
    ambigüedad sexual en, 191
    expresión genética y, 185, 186
    hijras, 189, 190
    kathoey, 186-189
    reasignación de género y, 187, 188
desorden de estrés postraumático (PTSD), 64, 65
desórdenes del desarrollo sexual (DSD), 177, 178
destino genético
    conducta y, 45-47
    flexibilidad de, 57, 58, 66
dexametasona en hiperplasia adrenal congénita, 182, 183
diagnóstico genético
    etapas estratégicas en, 34-36
    gestalt de, 29, 31, 32
    uso de características físicas para, 29-32
    Véase también señales dismórficas
dietas. *Véase* nutrición y dietas

dinosaurios y cáncer, 155
discriminación genética
    hackeo del genoma y, 164, 165
    Ley de Información y No Discriminación Genética, 163
    tren Burlington Northern Santa Fe, 162, 163
dislexia y lateralización, 130
disquinesia ciliar primaria (PCD), 136
distiquiasis, 28
DNAH5, gen, 136
DNAI1, gen, 136
dolor
    control de dolor crónico, 152, 153
    costo del dolor crónico, 149, 150
    gen *SCN9A* y, 150-152
    insensibilidad al, 149-151
dosis genética, 184, 185

Eastlack, Harry, 76, 77
Egeland, Borgny, 106-108
Ehlers-Danlos, síndrome de, 34
eje hipotalámico-pituitario-adrenal (HPA)
    en el trauma, 64
enfermedad cardiovascular (CVD)
    ateroesclerosis y, 202-204
    carnitina y microbioma, 104
    colesterol LDL en, 203, 204
    trimetilamina N-óxido (TMAO), 104
enfermedades congénitas
    dismorfismo en el diagnóstico de, 23, 24, 35, 36, 77, 177-179
    displasia de cadera, 69-71
    hiperplasia adrenal, 181, 183
    insensibilidad al dolor, 150-153
Enfermedades de los obreros (Ramazzini), 161
enfermedades genéticas
    desarrollo de medicamentos y, 206, 207
    entender la biología mediante, 15, 16
enfermedades psiquiátricas con cambio epigenético, 63-66
enfermedades raras, 201-203
Enterobacter en el sistema gastrointestinal, 102, 103

enzimas
    deficiencia de ornitina transcarbamilasa, 90, 91
    en el secuenciamiento de ADN, 22, 23
    expresión genética mediante la inducción de, 51-53
    fructosa-bifosfato aldolasa B, 19
    HMG-COA reductasa, 204
EPAS1, gen, 148
epigalocatequina-3-galato, 101
epigenética, 14, 21, 56, 60, 61, 63, 64, 66, 210
epigenoma
    pérdida de peso y, 60, 61
    único de cada persona, 194-196
EPOR, gen, 146-148
eritropoyetina (EPO)
    en enfermedad renal, 145, 146
    producción de glóbulos rojos y, 144, 145
    respuesta atenuada a, 148
    sintética, 145, 146
    uso en la comunidad de deportistas de resistencia, 145, 146
errores metabólicos
    aciduria arginosuccínica, 205, 206
    deficiencia de ornitina transcarbamilasa, 89-91, 106-108
    deficiencia de vitamina C, 96, 97
    fenilcetonuria, 106-109
    fructosa-bifosfato aldolasa B, 19
    manifestaciones cognitivas de, 110, 205
errores metabólicos congénitos. *Véase* errores metabólicos
escorbuto, 96, 97
espina bífida. *Véase* defectos del tubo neural (NTD)
espinaca y cambio epigenético, 58
esquizofrenia y lateralización, 130
estrategia *just-in-time* (JIT), 51
estrés. *Véase* trauma
ética, problemas y dilemas
    cirugía y acciones preventivas, 171, 172
    diagnóstico observacional, 29-32
    "hackeo" del genoma, 165, 166
    selección sexual, 192
    valor cultural asimétrico del género, 174-176
eunucos, 190
    Véase también castración
exoma, 20, 99
exora, secuenciamiento de. *Véase* secuenciamiento del genoma
expresión y represión genéticas
    biología sexual y, 190-192
    cafeína y nicotina y, 99-101
    características físicas y, 146, 147
    desarrollo sexual y, 185, 186
    dieta y efectos nutricionales en, 55-60, 98-101
    efectos ambientales sobre, 53-54, 143-146
    estrategias biológicas, 51-53
    flexibilidad de, 47-49
    heredabilidad, 59, 60
    modelo de producción y demanda para, 49-53, 85, 86, 194
    neurofibromatosis tipo 1, 41-43
    sexo genético y, 190-192
    tiempo en los efectos de, 190, 191
    variaciones en, 47, 48
    variaciones en las abejas mieleras, 55-57
    vitamina E en, 139
expresividad variable, 41, 43, 45

factor de crecimiento insulínico 1, 211
fallo renal
    heterocigosidad del gen *SOX18*, 200, 201
    síndrome de hipotricosis linfedema telangiectasia, 196-198
farmacogenética, 121, 123
fenilalanina, 107
fenilcetonuria (PKU)
    ácido fenilpirúvico, 106, 107
    fenilalanina y, 107, 108
    pruebas para, 107-109
fenilpirúvico, acido, 107
fibrodisplasia osificante progresiva (FOP), 76

235

firmicutes, 101
flatulencia, 142, 143, 149
Følling, Asbjørn, 106, 205
Food and Nutrition Board, recomendaciones, 92
Ford, Henry, 50, 51
FOXC2, gen, 28
fructosa difosfato adolasa B, 19

gastrointestinal, sistema
    desarrollo embriológico de, 102
    microbios en, 101, 102
    obesidad y *Enterobacter* en, 102, 103
gastrosquisis, 102
genealogía
    "hackeo" de, en un website, 163-165
    mormones y, 124-126
género
    ambigüedad de, 177-179
    castración y, 189-191
    cirugía de reasignación, 187
    hijras, 189, 190
    identidad, 176-178, 189, 190
    kathoey, 186-189
    reconocimiento del "tercer género", 187-190
    selección de, 174-176
genes
    ADN y, 22
    herencia transgeneracional y, 14-16
    impronta y, 21, 22
    juicios de calidad biológica y, 24, 25
genes con impronta, 21
genoma
    deleción o duplicaciones en, 113, 114
    estrategia de expresión eficiente para, 50, 51
    experiencia y cambios a, 13-16
    expresión variable de, 53, 54, 56-58
    factores ambientales y, 185, 193-195
    imágenes de cariotipo de, 183, 184
    "letras" de los nucleótidos en, 14, 15
    relación y, 146, 147

glóbulos rojos
    cambios de altitud y, 144, 145
    en la anemia macrocítica, 118, 119
    eritropoyetina y producción de, 144, 145
    niveles naturalmente elevados de, 145, 146
    viscosidad de la sangre y, 144, 145
    viscosidad de la sangre y derrames, 148
Glyde Gear (empresa), 79
goofy. *Véase* lateralización
Gorlin, síndrome de, 207-209
Gremlin, proteína, 34
guanina, 84, 146, 167, 184
Guthrie, Robert, 107, 108, 205
Guthrie, tarjetas de, 108

"hackeo" del genoma, 155-172
heredabilidad
    del cambio epigenético, 59, 60
    experiencias traumáticas y, 65, 66
herencia
    aplicaciones comerciales, 155-172
    cambio epigenético, 13-16, 55-66
    desarrollo sexual, 173-192
    dolor, 141-154
    enfermedades raras, 193-213
    estrategia diagnóstica y de investigación, 17-36, 152, 153, 199-202, 212, 213
    expresión genética en, 37-54, 127-140
    lateralización, 127-140
    medicación y dosis, 113-126
    modelamiento de la herencia genética, 215, 216
    nutrición y dieta, 89-111
    salud esquelética, 67-87
herencia autosómica dominante, 41
herencia flexible, 15
herencia genética
    anticipación en, 167, 168
    competencias atléticas y, 146, 147
    dieta como reflejo de, 93, 94
    intolerancia a la lactosa y, 94-96
herencia parental
    genes con impronta a través de, 21, 22

ÍNDICE ANALÍTICO

mutación en las células de los órganos reproductores, 198, 199
pruebas genéticas para compatibilidad, 164-166
herencia transgeneracional
 cambios inducidos por la dieta, 58-60
 cambios inducidos por trauma en, 64-66
hibridación fluorescente in situ (FISH), 180
hipercolesterolemia familiar, 203
historia médica familiar, 124, 172
hiperplasia adrenal congénita, 182
historias clínicas
 deficiencia de ornitina transcarbamilasa (Cindy), 89-92, 105, 106
 deficiencia de ornitina transcarbamilasa (Richard), 108-110
 desórdenes del desarrollo sexual (Ethan), 178-182
 enfermedad de Huntington (David y Lisa), 160-169
 fenilcetonuria (Borgny, Liv y Dag), 105-108
 fibrodisplasia osificante progressiva (Ali), 75-77
 hipersensibilidad a la codeína (Meghan), 114
 insensibilidad congénita al dolor (Gabby), 149-151
 intolerancia hereditaria a la fructosa (Jeff), 17-20, 92, 93
 hipoxia hipobárica (Sharon), 141-143
 neurofibromatosis tipo 1 (Ralph y Adam), 37, 38
 osteogénesis imperfecta (Grace), 68-72
 reasignación de sexo (Tin-Tin), 186-189
 síndrome de hipotricosis-linfedematelangiectasia (Nicholas), 195-199
 síndrome de hipotricosis-linfedematelangiectasia (Thomas), 200, 201
 síndrome de Von Hippel-Landau (Kevin), 42-45

hormona del crecimiento (HC)
 baja estatura y, 210-212
 cáncer y terapia con, 212
 factor de crecimiento insulínico 1 y, 211
 síndrome de Laron y cáncer, 212
 receptores en el síndrome de Laron, 210, 211
huesos congelados con bifosfonatos, 86
hemocromatosis, 206, 207, 212
heterocromía iridum, 27
heterofilia, 54
heterocigosidad del gen *SOX18,* 199, 200
hibridación genómica comparativa por microarreglos, 184
hierro, 92, 206
hígado
 cáncer de, 18, 19
 ciclo de la urea en, 90, 91
 colesterol LDL y, 203, 204
 lateralización de, 132-136
 metabolismo del alcohol y, 52
 trasplante de, 104, 105
hijras, 189, 190
hipertelorismo, 23, 26, 208
hipertelorismo orbital, 23, 207, 208
hipospadias, 179
hipotelorismo, 25-27
hipotelorismo orbital
 anemia de Fanconi con, 26
 holoprosencefalia y, 26
hipotricosis. *Véase* síndrome de hipotricosis-linfedematelangiectasia (HLTS)
hipoxia hipobárica
 aclimatización a, 143, 144
 ascensión al monte Fuji, 141-144
 expresión genética y, 143-145
 producción de eritropoyetina en, 145, 146
 producción de glóbulos rojos en, 144, 145
Hirschprung, enfermedad de, 33
HLTRS, 201
HLTS, 196-200
HMG-COA reductasa, 204

237

Holliday, Robin, 58-60
holoprosencefalia, 26
HTT, gen, en la enfermedad de Huntington, 167, 168
Huntington, enfermedad de, 166-169

Iglesia de Jesucristo de los Santos de los Últimos Días, 124
insensibilidad congénita al dolor, 149-153
intolerancia a la fructosa. *Véase* intolerancia hereditaria a la fructosa (HFI)
intolerancia a la lactosa
    herencia genética y, 94, 95, 147
    prueba genética para, 99, 100
intolerancia hereditaria a la fructosa (HFI)
    consecuencias de, 18-20
    intolerancias alimentarias en, 17-20
    nutrición y, 92, 93

Jirtle, Randy, 59, 60, 185
Jolie, Angelina, 169-171

kathoey, 186-188
Kellogg, John Harvey, 75
Klar, Amar, 129, 130
Knudson, hipótesis de para el desarrollo del cáncer, 44
Kraft, Nina, 145

Laron, síndrome de, 207-209, 211, 212, 216
lateralidad. *Véase* lateralización
lateralización (corporal)
    congruencia en, 128, 129
    de órganos, 130-133
    enfermedades psiquiátricas y, 130, 131
    formación de órganos y, 137, 138
    función cerebral y, 128-130
    herencia de, 129-131
    proteínas en, 132, 133
    situs inversus, 135-137
lateralización (molecular)
    aminoácidos, 138, 139
    compuestos sintéticos y, 138

esteroisómeros de la vitamina E, 139, 140
Lauck, Gerold, 50
LDLR, gen, 203
Lefty2, proteína, 133
Leisinger, Ulrich, 46
lesiones por esfuerzos repetitivos, 161
"letras" genéticas. *Véase* nucleótidos
Ley de Americanos con Discapacidades, 162
Ley de Información y No Discriminación Genética (GINA), 163
linfidema, 28, 195-197
linfedema-distiquiasis, síndrome de (LD), 28
Lipitor (atorvastatina), 204, 206
Little, Clarence Cook, 159, 160
logo/marca biológica, 25

mal de altura. *Véase* hipoxia hipobárica
maleabilidad esquelética
    colágeno y flexibilidad en, 82-84
    curvatura de la columna en niños de primaria, 78-80
    efectos ambientales y de la actividad sobre, 74, 75, 77-79, 85-87
    efectos del bifosfato en, 85, 86
    fisiología de las células óseas, 74
    juanetes y, 78, 79
    plagiocefalia posicional, 79-82
Malletier, Louis Vuitton, 24, 25, 32
Mäntyranta, Eero Antero, 145
Marfan, síndrome de, 27, 33
Marmite, 119, 120
Mary Rose (barco inglés), 77, 78
mastectomía preventiva, 171
MECP2 en trauma, 62
medicina genética
    asesoría al paciente en, 120, 121
    James Paget y, 201-203
    intervención personalizada, 20, 21
    prueba para portadores del gen *MTHFR*, 121
    secuenciamiento de ADN en, 22, 23
medio ambiente
    cambio epigenético a causa de, 193-195

heterofilia en, 54
medios sociales, 163-166
melanoma y gen *PAX3*, 28
memoria
    en las enfermedades metabólicas, 206
    pérdida en la neurofibromatosis, 41, 42
Mendel, Gregor
    herencia binaria de, 21, 22, 38, 42, 43, 54
    trabajo con abejas de, 39-41
metiltetrahidrafolato reductasa (*MTHFR*), 120, 121
microbioma
    enfermedades cardiovasculares y, 104
    obesidad y, 102, 103
Miguel Ángel, *David* de, 81, 82, 86, 135
Millar, David, 145
modelos de expresión de producción y demanda, 49-52
monte Fuji, ascenso, 141-143, 148-150, 152, 153
Moreschi, Alessandro, 190
mosaicismo gonadal, 199
Mozart, Wolfgang Amadeus, 45-47
MTHFR, gen, 120, 121
Müller, Carl, 203
Museo Mutter, 76, 77
mutación de células reproductoras. *Véase* mosaicismo gonadal
mutaciones
    efectos de la betaína en, 57-59
    específicas de los sherpas, 147, 148
    heredadas, 198
    mutaciones *de novo*, 76, 77
    nucleótidos en, 84, 85
    señales de dismorfismo, 77
mutaciones recesivas
    compatibilidad genética y, 165, 166
    genes en, 40-42
    modelo predictivo para, 129, 130

Nadal, Rafael, 78
Naranjo, Michael, 134, 135, 137
naturaleza-crianza, 54, 55
neurofibromatosis tipo 1 (NF1), 38, 41, 42

neuronas de serotonina y gen *SERT*, 63
Nodal, proteína, 133
Noonan, síndrome de, 30, 31, 210
Norr, Roy, 157
Novak, Robby, 72
nucleótidos
    ADN y, 19, 20
    cambios a la sensibilidad a la eritropoyetina, 146, 147
    citosina, 84, 167, 168, 184
    en el código genético, 84, 184
    en la enfermedad de Huntington, 167, 168
    genoma, 184
    guanina, 84, 146
    polimorfismos de un solo nucleótidos, 149
    timina, 84, 184
nutrición genética personalizada, 99, 100, 105-107
nutrición y dieta
    cambio de actitudes y hábitos sobre, 95
    cambios epigenéticos con, 57-60
    comida saludable *versus* suplementos, 122, 123, 139, 140
    consumo diario recomendado, 97, 98
    deficiencias en, 96, 97, 110, 111
    efectos microbianos en, 104
    grasas en, 103, 202, 203
    herencia y, 94-96, 98, 110
    nutrición genética personalizada, 99, 100, 105-107, 110, 111
    nutrición personalizada, 97-99
    nutrigenómica, 98, 99, 105, 106
    obesidad y, 103
    pérdida de peso y cambio epigenético, 60-62
    raíces de la ciencia nutricional, 97
    requisitos individuales para, 91-94, 97, 98
    suplementos en, 116-118, 120, 122, 123, 139
    vitaminas y minerales en, 91-93, 96, 97
nutrigenómica, 92, 99, 121, 123

obesidad
  estilo de vida y, 98-100
  durante el embarazo, 65, 66
  herencia y estilo de vida en, 98, 99
  infección con *Enterobacter* y, 103, 104
  medio ambiente y herencia en, 98, 99
  microbios intestinales y, 102, 103
Occhilupo, Mark, 127, 128, 131
O'Neal, Shaquille, 146
osteogénesis imperfecta (OI)
  acusaciones de abuso infantil en, 72-74
  bifosfonatos en, 85, 86
  diagnósticos y tratamiento de, 73-75
osteoporosis, 75, 86, 87
Ötzi (cuerpo de los Alpes de Ötztal), 113, 123, 124
óxido nítrico y presión sanguínea, 205, 206

Paget, James, 202
paladares hendidos y hoyuelos en rasgos faciales, 25, 26
paradoja de la prevención, 113, 115, 116, 125
parto prematuro espontáneo, 98
Patched-1, proteína, 208
patrones de herencia
  anticipación en, 167, 168
  de lateralidad, 129, 130
  dominantes y recesivos en, 40-44
  expresión diferencial, 58, 59
  impronta y, 21, 22
  mosaicismo gonadal, 199
  mutaciones *de novo*, 77
  prueba de compatibilidad prenatal para, 164-166
PAX3, gen, 28
pérdida de peso y metilación de ADN, 60-62
Phelps, Michael, 146
Pink Lotus Breast Center, 171
plagiocefalia posicional, 80
policitemia, primaria familiar y congénita (PFCP), 145
polimorfismos de un solo nucleótido (SNP), 149

Prader-Wlli, síndrome, 21, 210
previvientes, pacientes, 171
problemas de aprendizaje con errores metabólicos, 205, 206
pruebas genéticas
  cariotipo en, 180, 183-185
  confidencialidad para, 172
  hibridación fluorescente *in situ* (FISH) para, 180
  hibridación genómica comparativa por microarreglos en, 183, 184
  uso discriminatorio de, 162, 163
  uso para seguros, 163, 164
pruebas genéticas prenatales
  disponibilidad de, 120, 121
  para compatibilidad, 165, 166
  ultrasonido para decidir el sexo, 175-177
PTCH1, gen, 208

Ramazzini, Bernardino, 161
Ranunculus flabellaris, heterofilia en, 53
rasgos faciales
  desarrollo cerebral reflejado en, 25, 26
  embriología de, 24-26
  logo/marca biológica de, 24, 25
reacciones adversas a los medicamentos, 113
reversión de sexo-xx, 182, 183
Riggs, Arthur, 58-60
Rose, Geoffrey, 115, 116
Rosenbloom, Arlan, 211

sangre, viscosidad con el cambio de altura, 144-146
Schaffgotsch, Anton Ernst, 38, 39, 58
SCN9A, gen, 151, 152
secuenciamiento del genoma
  Apis mellifera, 56
  beneficios personales de, 19, 20, 110, 111
  dosis de medicamentos y, 114, 115
  familia e historia ancestral, 124-126
  historia de, 19, 20

ÍNDICE ANALÍTICO

implicaciones nutricionales y dietéticas de, 110
nucleótidos en, 19, 20
Ötzi (cuerpo de los Alpes de Ötztal), 123, 124
peligros del secuenciamiento anónimo, 163
prueba del gen *MTHFR* durante el embarazo, 120, 121
recetas personalizadas y prevención con, 115, 116
riesgos de secuenciamiento no anónimo, 163
selección natural y evolución, 147, 148
señales dismórficas
   aracnodactilia, 32, 33
   aspecto general, 35
   braquidactilia tipo D, 32, 33
   características específicas del sexo como, 187-189
   clinodactilia, 32, 33
   cuello membranoso, 30, 31
   dedo gordo del pie corto y doblado, 77
   desórdenes del desarrollo sexual y, 177-179
   diagnóstico genético mediante, 23, 24, 35, 36
   distiquiasis, 28
   en el trastorno del espectro alcohólico fetal, 31-33
   escleróticas azules, 71, 72
   fisuras palpebrales hacia arriba, 26, 27
   heterocromía iridum, 26-28
   hipertelorismo, 206-209
   hipospadias, 179
   hipotelorismo, 25, 26
   hipotricosis, 195, 196
   linfedema, 195, 196
   macrocefalia, 206-208
   pliegue en el lóbulo de la oreja, 23
   pliegues de piel, 38
   pliegues palmares, 32, 33
   sindactilia, 33, 207, 208
   síndrome de Gorling, 207, 208

telangiectasia, 195, 196
sexo genético, factores que lo modifican, 190, 191
Sherpa, Apa, 147
sherpas
   monte Everest y, 147
   mutación específica del gen *EPAS1* en, 147, 148
   orígenes y migración de, 143-145
   respuesta atenuada a la eritropoyetina, 148
siderocilina (antibiótico), 16, 206, 207
silenciamiento del cromosoma X, 184, 185
sindactilia tipo 1, 33
síndrome de Down. *Véase* trisomía
síndrome de hipotricosis-linfedematelangiectasia (HLTS)
   fallo renal y, 197, 198
   gen *SOX18* y, 196-199
   heterocigosidad en, 200
   homocigosidad en, 199
   linfedema en, 195-197
síndrome del hombre de piedra. *Véase* fibrodisplasia osificante progresiva (FOP)
síndrome de muerte súbita infantil, 80
sistema linfático y gen *SOX18*, 195-197
situs inversus totalis, 136
SLC23A1, gen, 98
SLC23A2, gen, 98
Sonic Hedgehog proteína
   control del crecimiento celular y, 208, 209
   desarrollo embriológico y, 132, 133
sorbitol, 19, 93
SOX3, gen, 184, 185, 191
SOX18, gen
   heterocigosidad de, 199, 200
   síndrome de hipotricosis-linfedematelangiectasia (HLTS), 196-199
   sistema linfático y salud renal, 201, 202
SRY, región del cromosoma Y, 180, 184, 185
SS Nickeliner, 173-175

241

sucrosa, 19, 93
superbacterias, 16, 206, 207
suplementos de aceite de pescado, 117, 121
suplementos vitamínicos, 121, 123

tabaquismo
    cáncer de pulmón por, 156, 157
    CYP1A2, gen y, 100, 101
    Véase Consejo para la Investigación del Tabaco
tacto, sensación de y cilios, 134, 135
Takemitsu, Toru, 134
telangiectasia. *Véase* síndrome de hipotricosis-linfedematelangiectasia (HLTS)
terapia vibracional para las enfermedades óseas, 75, 87
"tercer género"
    reasignación de género y, 187
    reconocimiento legal de, 189, 190
    travestismo en, 187
té verde y protección del cáncer, 101
timina, 84, 184
tocoferol, 139, 140
toma de decisiones médicas, 19-22
trastorno de déficit de atención con hiperactividad (TDHA) y lateralización, 130, 131
trastorno del espectro alcohólico fetal (FASD), 31-33
trauma
    cambio epigenético con, 61-63
    cambios psicológicos tras el, 63, 64
    gen *SERT* con, 63, 64
    genes *CRFR2* y *MECP2* en la heredabilidad de, 61-63
    heredabilidad de, 61, 62, 65, 66
    niveles de cortisol tras el, 64-66
    9/11 y, 64-66
    simulado (en ratones), 61, 62
    trauma por bullying. *Véase* trauma
tren Burlington Northern Santa Fe (BNSF), 160
trimetilamina N-óxido (TMAO), 104
trisomía 21, 26, 32

ultrasonido fetal
    efectos comerciales de, 175, 176
    efectos culturales de, 175-177
    usos de, 175, 175
urea, ciclo de, 90, 205

vegetariana/vegana, dieta, 92-94, 96
vitamina B12 y ácido fólico, 120
vitamina C
    escorbuto y, 96, 97
    gen *SLC23A2* y necesidades de, 98
    ingesta diaria recomendada de, 97, 98
    nacimientos prematuros espontáneos y, 97, 98
    síntesis en los mamíferos, 97
vitamina E, 139, 140
Von Hippel-Landau, síndrome (VHL), 43

Waardenburg, síndrome, 27, 28
Wills, Lucy, 117-119

XIST, gen, 184

Yehuda, Rachel, 65

zoledronato, 86
Zúrich, estudio de traumas en la primera infancia, 61

Esta obra se imprimió y encuadernó
en el mes de septiembre de 2015, en los
talleres de Limpergraf S.L.,
que se localizan en la
calle de Mogoda, nº 29,
08210, Barberà del Vallès (España)